同济博士论丛
TONGJI Dissertation Series

总主编 伍 江 副总主编 雷星晖

魏 凯 袁万城 著

地震作用下桥梁深水基础流固耦合效应及抗震方法研究

Earthquake Induced Fluid-Structure Effects and Seismic Response Analyses of Deepwater Foundations for Bridge

同濟大學出版社
TONGJI UNIVERSITY PRESS

内容提要

本书以深水桥墩和深水桩群基础为研究对象，针对深水基础桥梁地震灾害过程中流固耦合效应的模拟、作用机理、结构地震响应计算及设计开展了以下四方面的工作：① 建立深水基础灾变过程的数值分析方法；② 推导深水桥墩流固耦合频域、时域地震响应的闭合解析解；③ 研究深水桩群基础模型的模态流固耦合效应；④ 提出深水高桩承台基础地震响应实用分析方法。

本书可供从事土建工程的科研与设计人员以及有关专业的师生参考。

图书在版编目(CIP)数据

地震作用下桥梁深水基础流固耦合效应及抗震方法研究/魏凯，袁万城著. —上海：同济大学出版社，2017.5

(同济博士论丛/伍江总主编)

ISBN 978-7-5608-7030-4

Ⅰ. ①地…　Ⅱ. ①魏…②袁　Ⅲ. ①桥梁基础—深水基础—地震作用—耦合作用—研究②桥梁基础—深水基础—抗震措施—研究　Ⅳ. ①U443.1②TU753.6

中国版本图书馆 CIP 数据核字(2017)第 093902 号

地震作用下桥梁深水基础流固耦合效应及抗震方法研究

魏　凯　袁万城　著

出 品 人　华春荣　　责任编辑　司徒妙龄　胡晗欣

责任校对　徐春莲　　封面设计　陈益平

出版发行　同济大学出版社　　www.tongjipress.com.cn

(地址：上海市四平路 1239 号　邮编：200092　电话：021-65985622)

经　　销　全国各地新华书店、建筑书店、网络书店

排版制作　南京展望文化发展有限公司

印　　刷　浙江广育爱多印务有限公司

开　　本　787 mm×1092 mm　1/16

印　　张　13

字　　数　260 000

版　　次　2017 年 5 月第 1 版　　2017 年 5 月第 1 次印刷

书　　号　ISBN 978-7-5608-7030-4

定　　价　64.00 元

"同济博士论丛"编写领导小组

总序

在同济大学110周年华诞之际，喜闻“同济博士论丛”将正式出版发行，倍感欣慰。记得在100周年校庆时，我曾以《百年同济，大学对社会的承诺》为题作了演讲，如今看到付梓的“同济博士论丛”，我想这就是大学对社会承诺的一种体现。这110部学术著作不仅包含了同济大学近10年100多位优秀博士研究生的学术科研成果，也展现了同济大学围绕国家战略开展学科建设、发展自我特色，向建设世界一流大学的目标迈出的坚实步伐。

坐落于东海之滨的同济大学，历经110年历史风云，承古续今、汇聚东西，秉持“与祖国同行、以科教济世”的理念，发扬自强不息、追求卓越的精神，在复兴中华的征程中同舟共济、砥砺前行，谱写了一幅幅辉煌壮美的篇章。创校至今，同济大学培养了数十万工作在祖国各条战线上的人才，包括人们常提到的贝时璋、李国豪、裘法祖、吴孟超等一批著名教授。正是这些专家学者培养了一代又一代的博士研究生，薪火相传，将同济大学的科学研究和学科建设一步步推向高峰。

大学有其社会责任，她的社会责任就是融入国家的创新体系之中，成为国家创新战略的实践者。党的十八大以来，以习近平同志为核心的党中央高度重视科技创新，对实施创新驱动发展战略作出一系列重大决策部署。党的十八届五中全会把创新发展作为五大发展理念之首，强调创新是引领发展的第一动力，要求充分发挥科技创新在全面创新中的引领作用。要把创新驱动发展作为国家的优先战略，以科技创新为核心带动全面创新，以体制机制改革激发创新活力，以高效率的创新体系支撑高水平的创新型国家建设。作为人才培养和科技创新的重要平台，大学是国家创新体系的重要组成部分。同济大学理当围绕国家战略目标的实现，作出更大的贡献。

大学的根本任务是培养人才，同济大学走出了一条特色鲜明的道路。无论是本科教育、研究生教育，还是这些年摸索总结出的导师制、人才培养特区，“卓越人才培养”的做法取得了很好的成绩。聚焦创新驱动转型发展战略，同济大学推进科研管理体系改革和重大科研基地平台建设。以贯穿人才培养全过程的一流创新创业教育助力创新驱动发展战略，实现创新创业教育的全覆盖，培养具有一流创新力、组织力和行动力的卓越人才。“同济博士论丛”的出版不仅是对同济大学人才培养成果的集中展示，更将进一步推动同济大学围绕国家战略开展学科建设、发展自我特色、明确大学定位、培养创新人才。

面对新形势、新任务、新挑战，我们必须增强忧患意识，扎根中国大地，朝着建设世界一流大学的目标，深化改革，勠力前行！

万　钢

2017 年 5 月

论丛前言

承古续今，汇聚东西，百年同济秉持“与祖国同行、以科教济世”的理念，注重人才培养、科学研究、社会服务、文化传承创新和国际合作交流，自强不息，追求卓越。特别是近 20 年来，同济大学坚持把论文写在祖国的大地上，各学科都培养了一大批博士优秀人才，发表了数以千计的学术研究论文。这些论文不但反映了同济大学培养人才能力和学术研究的水平，而且也促进了学科的发展和国家的建设。多年来，我一直希望能有机会将我们同济大学的优秀博士论文集中整理，分类出版，让更多的读者获得分享。值此同济大学 110 周年校庆之际，在学校的支持下，“同济博士论丛”得以顺利出版。

“同济博士论丛”的出版组织工作启动于 2016 年 9 月，计划在同济大学 110 周年校庆之际出版 110 部同济大学的优秀博士论文。我们在数千篇博士论文中，聚焦于 2005—2016 年十多年间的优秀博士学位论文 430 余篇，经各院系征询，导师和博士积极响应并同意，遴选出近 170 篇，涵盖了同济的大部分学科：土木工程、城乡规划学(含建筑、风景园林)、海洋科学、交通运输工程、车辆工程、环境科学与工程、数学、材料工程、测绘科学与工程、机械工程、计算机科学与技术、医学、工程管理、哲学等。作为“同济博士论丛”出版工程的开端，在校庆之际首批集中出版 110 余部，其余也将陆续出版。

博士学位论文是反映博士研究生培养质量的重要方面。同济大学一直将立德树人作为根本任务，把培养高素质人才摆在首位，认真探索全面提高博士研究生质量的有效途径和机制。因此，“同济博士论丛”的出版集中展示同济大学博士研究生培养与科研成果，体现对同济大学学术文化的传承。

“同济博士论丛”作为重要的科研文献资源，系统、全面、具体地反映了同济大学各学科专业前沿领域的科研成果和发展状况。它的出版是扩大传播同济科研成果和学术影响力的重要途径。博士论文的研究对象中不少是“国家自然科学基金”等科研基金资助的项目，具有明确的创新性和学术性，具有极高的学术价值，对我国的经济、文化、社会发展具有一定的理论和实践指导意义。

“同济博士论丛”的出版，将会调动同济广大科研人员的积极性，促进多学科学术交流、加速人才的发掘和人才的成长，有助于提高同济在国内外的竞争力，为实现同济大学扎根中国大地，建设世界一流大学的目标愿景做好基础性工作。

虽然同济已经发展成为一所特色鲜明、具有国际影响力的综合性、研究型大学，但与世界一流大学之间仍然存在着一定差距。“同济博士论丛”所反映的学术水平需要不断提高，同时在很短的时间内编辑出版 110 余部著作，必然存在一些不足之处，恳请广大学者，特别是有关专家提出批评，为提高同济人才培养质量和同济的学科建设提供宝贵意见。

最后感谢研究生院、出版社以及各院系的协作与支持。希望“同济博士论丛”能持续出版，并借助新媒体以电子书、知识库等多种方式呈现，以期成为展现同济学术成果、服务社会的一个可持续的出版品牌。为继续扎根中国大地，培育卓越英才，建设世界一流大学服务。

伍　江

2017 年 5 月

前言

近年来，随着我国经济的高速增长，跨江、海、河谷以及水库的深水桥梁大量修建。这些桥梁的规划与建设，给桥梁工程界带来巨大的机遇和挑战。如何考虑地震下深水对基础结构的影响，成为困扰深水桥梁抗震设计的主要问题。现行规范对地震作用下深水桥梁流固耦合效应的适用范围有限，且有明显局限性；对深水基础考虑流固耦合效应的地震响应分析方法的研究仍处起步阶段；同时，深水基础水下动力试验不足，无法为理论研究提供验证。因此，本书以深水桥墩和深水群桩基础为研究对象，针对深水基础桥梁地震灾变过程中流固耦合效应的模拟、作用机理、结构地震响应计算及设计开展了以下四个方面的工作：

(1) 介绍并论证了采用 ϕ-U 格式势流体理论进行深水基础三维流固耦合时域、频域动力分析的可行性，通过对流体单元选取、流固耦合接触、流体边界定义及精细化网格划分等问题的系统研究，建立了深水基础灾变过程的数值分析方法。

(2) 推导深水桥墩流固耦合频域、时域地震响应的闭合解析解，在兼顾结构柔性、高阶振型、上部结构贡献、结构-土相互作用、水深变化及水体可压缩性等因素的同时，提高了计算效率；通过对解析式的合理简化，提出桥墩-水-土耦合自振周期快速计算方法。以不同深水桥墩算例为对象，通过与有限元计算结果进行比较，验证了本书方法的有效性。为提高算法实用性及编程可读性，所有算法都附带清晰明确的流程图。

(3) 研究深水群桩基础模型的模态流固耦合效应。通过深水群桩基础模型的水池动力试验，研究水深对具有不同桩基布置形式深水群桩模型动力特性的影响，并校核势流体有限元流固耦合数值模型。随后，基于验证的数值模型，计算水深对高阶振型和模态动水压力的影响，从机理上研究承台、水深及桩基布置对地震作用下深水群桩基础流固耦合效应的影响。

(4) 提出深水高桩承台基础地震响应实用分析方法。该方法结合附加质量方法及势流体有限元方法各自的优势，解决了如何计算承台附加质量的难题；同时，提高了桩身动水附加质量的计算精度，大大提高了深水桥梁抗震计算水平。基于实用分析方法，研究承台几何截面角部修正等对结构地震动水效应的影响。

(5) 提出深水桥梁群桩-桁架组合基础体系，通过在原群桩体系上安装桁架结构，控制桩间反向振型并增强基础刚度，并改善桩基受力。利用试验和数值方法研究了该体系对深水桥梁抗震性能的影响。

最后，对本书的主要结论进行总结并就未来进一步工作的方向进行简要的讨论。

目 录

第1章 引言

1.1 研究背景

20 世纪 90 年代以来，随着我国经济的高速增长，包括大型桥梁在内的社会基础设施建设得到迅猛发展，多处宏伟的越江、跨海工程已经建成，或已开始付诸实施。这些跨江海大桥或为国家重要干线公路的咽喉通道，或为城际间高速交通网络的枢纽。例如，从黑龙江省同江市到海南省三亚市的沿海高等级公路干线上有五个大型越江、跨海工程，自北向南依次为渤海湾跨海工程、上海长江口越江工程、杭州湾跨海工程、伶仃洋跨海工程和琼州海峡跨海工程，将我国沿海最发达的三个经济区——渤海湾经济区、长江三角洲经济区和珠江三角洲经济区连接起来。同时，内陆地区跨江、河、山谷的桥梁也在大量地修建。这些重大跨江、海、水库的桥梁工程对国家的经济发展甚至安全都具有重要的战略意义[1,2]。这些深水桥梁的规划与建设，给桥梁工程界带来巨大的机遇和挑战。深水桥梁的设计、施工和运营中还面临很多不同于陆地桥梁的特殊问题，一方面，桥梁基础多处水深流急、水文地质条件复杂的特殊环境；另一方面，基础不仅需要承受上部结构自重以及墩台荷载，还要抵御风、车辆以及地震和船舶碰撞等多种偶然荷载的作用，使得这些桥梁基础受到的水平和竖向作用力巨大[3,4]。

1.1.1 深水桥梁基础的分类及发展

通过对表 1－1 所列建于 2002—2012 年之间的 30 余座深水桥梁的基础资料调查统计发现，国内外在深水及软弱河床上修建的桥梁基础或下部结构形式大致包含深水群桩基础、深水桥墩以及沉井基础 3 类。

表 1-1　最近十年国内外主要大跨度深水桥梁基础形式统计

桥　名	桥　型	主跨布置/m	基础形式	建成时间	国籍
泰州长江大桥	三塔双跨钢箱梁悬索桥	390+2×1 080+390	中塔沉井边塔高桩承台基础	2012	中国
泸州黄舣长江大桥	双塔双索面组合梁斜拉桥	39+53+48+520+53+5×48	群桩基础	2012	中国
木浦大桥	双塔单索面钢箱梁斜拉桥	80+210+550+210+80	主桥沉井引桥高桩承台基础	2012	韩国
九堡大桥	三跨结合梁梁拱组合体系	3×210	高桩承台群桩基础	2012	中国
紫阳汉江特大桥	连续箱梁	95+2×170+95	钻孔桩群桩基础	2012	中国
武汉二七长江大桥	三塔双索面斜拉桥	616+616	群桩基础	2011	中国
柔佛州大桥	双塔单索面结合梁斜拉桥	119.5+500+119.5	高桩承台群桩基础	2011	马来西亚
John James Audubon 桥	双塔双索面斜拉桥	195.5+482+195.5	高桩承台群桩基础	2011	美国
清水浦大桥	双塔四索面组合梁斜拉桥	54+166+468+166+54	群桩基础	2011	中国
大胜关长江大桥	六跨连续钢桁拱桥	108+192+336+336+192+108	高桩承台群桩基础	2011	中国
四川资阳沱江二桥	简支梁桥	5×40	群桩基础	2010	中国
宜万铁路长江大桥	连续刚构柔性拱桥	130+2×275+130	高桩承台群桩基础	2010	中国

续　表

桥　　名	桥　　型	主跨布置/m	基础形式	建成时间	国籍
鄂东 长江大桥	双塔双索面 混合梁斜拉桥	3×67.5+72.5+ 926+72.5+ 3×67.5	群桩基础	2010	中国
荆岳 长江大桥	双塔双索面 钢箱梁斜拉桥	100+298+816+ 80+2×75	群桩基础	2010	中国
闵浦大桥	双塔双索面 双层结合梁 斜拉桥	4×63+708+ 4×63	群桩基础	2010	中国
仁川大桥	双塔双索面 斜拉桥	80+260+800+ 260+80	群桩基础	2009	韩国
上海 长江大桥	双塔钢箱梁 斜拉桥	92+258+730+ 258+92	高桩承台 钢管桩 群桩基础	2009	中国
金塘大桥	双塔双索面 钢箱梁斜拉桥	77+218+620+ 218+77	高桩承台 群桩基础	2009	中国
Suramadu 桥	双塔双索面 钢箱梁斜拉桥	192+434+192	高桩承台 群桩基础	2009	印尼
苏通大桥	双塔双索面 钢箱梁斜拉桥	2×100+300+ 1088+300+ 2×100	高桩承台 钢管桩 群桩基础	2008	中国
马昌大桥	双塔双索面 结合梁斜拉桥	175+400+175	高桩承台 群桩基础	2008	韩国
杭州湾大桥	双塔双索面 钢箱梁斜拉桥	90+150+448+ 150+90	高桩承台 群桩基础	2008	中国
黄埔大桥 （南汊桥）	双塔钢箱梁 悬索桥	290+1108+350	高桩承台 群桩基础	2008	中国

续 表

桥　名	桥　型	主跨布置/m	基础形式	建成时间	国籍
Tacoma Narrows 桥	双塔桁架梁悬索桥	853	沉井基础	2007	美国
湛江海湾桥	双塔双索面混合梁斜拉桥	60＋120＋480＋120＋60	高桩承台群桩基础	2006	中国
安庆长江大桥	双塔双索面钢箱梁斜拉桥	50＋215＋510＋215＋50	高桩承台群桩基础	2005	中国
东海大桥	双塔单索面斜拉桥	73＋132＋420＋132＋73	高桩承台群桩基础	2005	中国
润扬长江大桥北汊桥	双塔双索面钢箱梁斜拉桥	176＋406＋176	高桩承台群桩基础	2005	中国
Rio-antirio 大桥	四塔双索面结合梁斜拉桥	286＋3×560＋286	深水圆柱墩隔震基础	2004	希腊
鄂黄长江大桥	双塔双索面混合梁斜拉桥	55＋200＋800＋200＋55	高桩承台群桩基础	2002	中国
钟祥汉江特大桥	连续箱梁	57＋3×100＋57	群桩基础	2002	中国

1. *深水群桩基础*

群桩基础通常由按照一定顺序排列的群桩及桩顶的大体积混凝土承台组成。它将承台以上结构物传来的外力通过承台分散至各桩，由桩传到较深的地基持力层中，承台将各桩联成一整体共同承受荷载。桩是基础中的柱形构件，其作用在于穿过软弱的压缩土层或水，把桩基坐落在更硬或更密实或压缩性较小的地基持力层上。各桩所承受的荷载由桩通过桩侧土的摩阻力及桩端土的抵抗力将荷载传递到桩周土层中去。由于群桩基础具有将上部载荷直接传送到深部较好持力层的优点，因此，在遇到软弱河床或覆盖层中赋存有软弱夹层时，往往采用桩基础。

正是因为其承载力高、能适应各种复杂地质条件、造价低、施工风险小、工期短等特点，深水群桩基础在国内外跨江海桥梁工程中被广泛采用[5-8]。我国深水桥梁基础从武汉长江大桥普通钢筋混凝土管桩开始，发展到预应力钢筋混凝土管桩。在修建江西九江长江大桥时，首创了双壁钢箱围堰钻孔桩复合基础[9]。到了 20 世纪 90 年代，随着我国桥梁建设向跨江海等外海或宽阔水域发展，主要发展的便是深水高桩承台基础形式(图 1-1)，根据文献[10]，我国已经施工的深水群桩基础最深已达 70 多米。

图 1-1 深水群桩基础

2. 深水桥墩

除群桩基础，另外一种量大面广的深水基础形式，就是多见于我国西部山区跨水库及季节性河流桥梁的深水桥墩(图 1-2)。受水库蓄水及河流水位变化的影响，这类桥梁的桥墩在使用期内往往会周期性地淹没在很深的水中，如岷江庙子坪岷江大桥[11](当三峡成库蓄水时，#2 和 #3 主墩淹没水深达 96 m 和 84 m)、奉节长江公路大桥[12](位于紫坪铺水库库区)等。另外，日本津轻海峡大桥也采用了深水圆柱空心桥墩，桥墩直径 25 m，最大水深 150 m[13]。

图 1-2 深水桥墩

此外，希腊 Rio-Antirio 大桥[14]的建成，又为地震区深水基础的设计建造翻开了新的一页。桥址水深 65 m，因为桥梁位于强烈地震带，于是工程师首先在主塔基础下打入 150～200 根空心圆钢管，然后在该区域上覆盖 3 m 厚的砾石层，随后将直径 90 m、高 13.5 m 的沉井基础放置在砾石层上，基础上部则为变截面圆柱墩，底部直径为 38 m，顶部直径为 27 m。

3. 沉井基础

除了群桩基础，在深水流急的江河中，沉井基础由于其埋深大，整体性好，承载面积大，能承受较大的垂直和水平荷载，也是一种常见的基础形式。以日本明石海峡大桥为例，作为目前世界上基础位于水深较深的桥梁之一，其基础所处水深 60 m，采用沉箱基础，根据塔柱底部尺寸，并兼顾稳定的需要，分别选择直径 80 m、高 70 m 和直径 78 m、高 67 m[3]。

1.1.2 深水桥梁震害

我国可能或正在建造深水基础桥梁的地区如台湾海峡、雷州半岛、渤海湾、四川、贵州等库区河谷地带，都是地震发生较为频繁的地区。近年发生的几次大地震也多次证明，即便已经考虑了抗震设计的现代桥梁结构，也会因设计不合理、震害考虑不周全或受地震次生灾害影响而出现严重的破坏甚至发生结构倒塌，从而直接危害人民生命财产安全[15-19]。

2008 年发生在我国汶川的 M8.0 级地震造成了极其重大的人员伤亡和财产损失，主要的国、省主干道一度因为桥梁破坏、道路受阻等原因完全中断，给受灾地区的救援和恢复重建工作带来极大的不便。其中，庙子坪岷江大桥位于都汉高速公路，跨越紫坪铺水库，跨径布置由都江堰至汶川方向分别为 2×50 m（简支 T 梁）+125 m+220 m+125 m（连续刚构）+17×50 m（简支 T 梁）方案，如图 1-3 所示。水库蓄水后，大多数桥墩成为深水桥墩。汶川地震发生时，#4 及#5 桥墩处的水深接近 50 m。

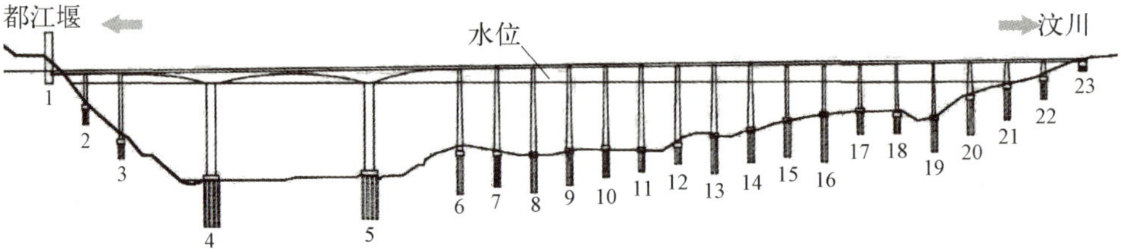

图 1-3 庙子坪岷江大桥布置图

需要说明的是，该桥已进行过专题的深水桥梁抗震设计[11]，但遗憾的是，汶川地震后桥梁第 10 跨 T 梁掉落（图 1-4）。同时，通过潜水员和水下摄像等多种检测手段发现，#5 主墩墩底水下开裂（图 1-5），且裂缝环向基本连通，最大宽度达到 0.8 mm[20]。由于该裂缝位于水面以下 40～50 m，桥墩修复加固的难度极大，主墩裂缝的深水修复与加固也成为震后庙子坪桥修复加固的重点和难点。据最后统计，修复该桥墩的费用占了该桥总加固费用的 60%[21]。庙子坪岷江大桥的严重震害，引起了人们对深水桥梁抗震性能及设计方法的广泛关注[22]，尤其是如何通过对结构进行合理的抗震设计，避免结构水下震害的发生。

图1-4 落梁震害[20]

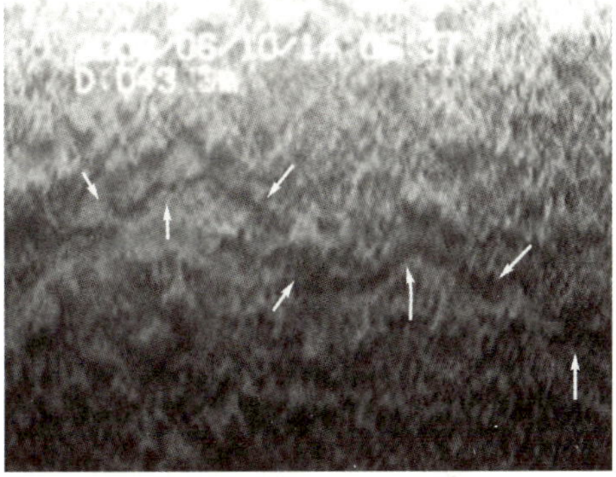

图1-5 桥墩水下开裂[20]

如何考虑地震下水对结构的影响，是深水桥梁与陆地桥梁抗震研究的主要区别。这就需要对地震下深水基础-水体耦合作用，即基础与水的流固耦合动力分析问题进行系统的理论研究。结构-水的相互作用研究最早始于对波流作用下海洋平台结构响应的研究，随着认识的深入，20世纪中叶，人们开始关注地震对深水结构-水相互作用的影响。大量研究及试验[23-27]表明，水的存在会改变结构的动力特性，如周期、振型、阻尼比等参数，进而影响结构在地震作用下的受力情况。这一现象在深水桥梁高桩承台基础中同样存在，且因承台（如苏通大桥[28]、东海大桥[29]）整体或多半位于水线以下，更增加了地震动水效应对结构的影响。这些影响在桥梁抗震设计中是不容忽略的[30]。随着桥梁深水基础的巨型化趋势，其在地震作用下的动水效应也越来越引起设计人员的关注。而现行规范[31]对地震作用下结构动水效应、结构-水-土耦合效应认识不足，仅有的条文只是针对作用于桥梁墩、柱上的动水力计算方法进行了粗略规定，未能对大跨度桥梁深水基础的地震动水效应，给出切实有效的计算方法，显现出较大的局限性和不适用性；有关深水基础考虑流固耦合效应的地震响应分析方法的研究仍处起步阶段，对于新型数值计算方法缺乏认识，对考虑水、土等多介质耦合效应对深水基础桥梁的动力特性影响机理认识不明；同时，受试验条件限制，有关桥梁深水基础的水下动力试验数据严重不足，无法为理论研究提供验证；此外，对深水桥梁基础的结构形式及抗震构造措施研究和开发相对其他结构形式也明显滞后。

中国是一个内陆多山且拥有300多万平方千米海域、1.8万千米海岸线的大国。中国共产党十八大报告明确提出，优化国土空间开发格局，建设海洋强国、维护海洋权益是发展之要、民生之需；中国将努力促进陆地国土空间和海洋国土空间的协调开发[32]。加快内陆交通、跨海连岛工程建设是实现上述目标的有力保障。因此，无论从国家需求，还是从重大桥梁工程抗震技术需求考虑，都需要提出相应的支撑技术以及新的抗震结构体系。因此，深入认知深水基础所处的结构-水-土多介质耦合环境，寻找切实可行的多介质耦合动力分析手段，探索新型结构形式，对地震作用下深水桥梁基础流固耦合效应及相关地震反应计算、试验方法进行系统研究，不仅对完善深水基础桥梁考虑多介质耦合效应的抗震设计理论有重大研究意义，对于提高跨江海桥梁的可行性和地震安全性也具有科学的指导意义。

1.2 研究现状

1.2.1 结构流固耦合振动理论研究

流固耦合问题是流体力学与固体力学交叉而生成的一门力学分支，它是研究变形固体在流场作用下的各种行为以及固体位形对流场影响这二者相互作用的一门科学。流固耦合的重要特征是两相介质之间的相互作用，变形固体在流体载荷作用下会产生变形或运动。变形或运动又反过来影响流体流动，从而改变流体载荷的分布和大小。从总体上来看，流固耦合问题按其耦合机理可分为两大类：第一类问题的特征是耦合作用仅仅发生在两相交界面上，在方程上的耦合是由两相耦合面上的平衡及协调来引入的如气动弹性、水动弹性等。第二类问题的特征是两域部分或全部重叠在一起，难以明显地分开，是描述物理现象的方程，特别是本构方程需要针对具体的物理现象来建立，其耦合效应通过描述问题的微分方程来体现。深水基础与水的流固耦合问题属于第一类问题。结构考虑流固耦合效应的振动计算问题，早期是从水工结构开始的，这也就是通过界面耦合的情况，只要满足耦合界面力平衡，界面相容就可以。计算采用简化的水体运动方程和结构动力学方程，从理论推导入手，建立耦合方程，然后进行求解。其中的代表就是附加质量和阻尼的方法。

1933 年，Westergaard[33]基于刚性结构和不可压缩流体的假设，创造性地提出采用“附加质量”的概念表征地震作用下水体在大坝坝面上产生的动水压力。此后，基于该思想，研究者对水中桥梁墩、柱结构进行动力分析时，普遍认为，此时结构密度应为结构自重和动水质量的和。但是，受制于当时计算能力的限制，理论上确定动水附加质量系数 C_a 非常困难，因此，Morison[34]，Todd[35] 和 Sarpkaya[36] 等先后利用试验方法研究了水中柱体的动水压力分布，根据试验数据，他们提出了基于绕流理论的半理论半经验公式，认为圆柱和方形截面柱体的附加质量系数可近似取为 1.0，对长 h、宽 b 的矩形截面柱体沿平行长度方向振动的情况，取 $C_a = \frac{b}{h}$。这一近似处理为开展考虑柱体结构-水相互作用的结构地震反应分析提供了便捷手段。Nagaya 和 Hai[37]，Chang 和 Liu[38]，Uściłowska和 Kołodziej[39] 等结合 Euler - Bernoulli 梁理论推导了各类水下桥墩在不同水深情况、不同荷载作用及采用底端固结或弹性约束时的结构-水耦合自由振动方程及自振频率闭合解析解。Öz[40] 及 Wu[41-44] 则结合有限元方法对上述解析结果进行了验证。Byrd 和 Nilrat[45] 基于附加质量概念研究了水下重力式沉井基础的地震响应，并用闭合解析解对计算结果进行了校核。在我国，这一概念被广泛应用。郑海荣[46] 用附加质量来计算水对桥墩的作用，将桩-土-上部结构-流体所组成的相互作用体系作为一个整体来进行地震反应分析，研究了场地条件、地震输入模式等的影响。袁迎春等[47] 验证了附加阻尼项对结构响应的影响条件，研究发现该项对结构地震响应贡献较小，地震分析中可以仅考虑附加质量的贡献。高学奎[48] 采用有限元方法来分析深水桥墩的地震响应，用附加质量考虑水的影响，研究发现：动水压力的影响程度主要与桥梁总质量及水深等因素有关。与水中单一柱体(桥墩、桩)结构不同，高桩承台群桩基础通常由群桩和承台组成，且因承台部分或整体多半位于水线以下，更增加了地震动水效应对结构的影响。群桩效应以及承台的复杂流固耦合边界，都大大增加了该流固耦合问题的复杂性。赖伟[49] 在动水效应计算中引入水中悬浮圆柱体横荡时的辐射、散射效应解析式[50]，通过经验公式进行形状修正，实现了对矩形承台的地震动水附加质量和附加阻尼的求解。袁万城等[51,52] 根据线性简化的 Morison 方程计算动水附加质量和文献[49]的成果，研究了考虑结构-水相互作用对大跨度斜拉桥、组合结构拱桥地震响应的影响。宋波[53] 基于 Morison 方程提出了针对圆柱体承台的动水附加质量简便分析方法，并结合振动台试验对方法进行了验证。

"动水附加质量"方法毕竟属于半经验半解析方法，虽然求解方便，但它不能客观真实地反映流体-结构耦合界面上的动水压力特征，无法考虑结构柔性以及流体可压缩性等因素[54]，在求解高阶振型时误差较大(文献[55]图 6)。Chopra 等[56] 通过研究发现，结构刚性假设无法在试验中得到系统合理的证实，且上述方法对相对尺度较大的圆柱体进行分析时会产生较大误差。文献[57]的研究表明,对于大直径圆柱结构而言,水体可压缩和不可压缩模型的动水力差异显著,不考虑水体的可压缩性会使计算产生明显误差。因此,人们开始关注如何抛开“附加质量”的限制,直接研究地震作用下水体在水下结构上产生的动水压力。数学上,任何流固耦合问题都可由其耦合方程严格定义,这组方程的定义域同时有流体域与固体域。而未知变量含有描述流体现象的变量和含有描述固体现象的变量,一般而言该方程具有以下两点特征:① 流体域与固体域均不可单独地求解;② 无法显式地消去描述流体运动的独立变量及描述固体现象的独立变量。利用解析方法可以在频域直接对上述方程进行同步求解。Goto 和 Toki[23]首先根据辐射波浪理论推导了忽略水体压缩性时,桥梁水下柔性墩、柱上的地震动水压力分布的频域解析表达式。Penzien 等[58]用随机振动分析方法研究了海浪和强震共同作用下,底部固定的近海塔架平台安全性,研究发现:波浪和地震共同在结构上产生的动水效应,随着结构周期和水深的增加,逐渐增大。Liaw 和 Chopra[59]建立了水下圆柱体在简谐地震动下完整的耦合动力学方程,考虑了结构柔性、水体压缩性和表面波等因素的影响,并给出了结构一阶振动时的结构地震响应和动水压力解析解。研究发现水体表面波对结构地震响应的影响很小,可以忽略。居荣初和曾心传[60]在不可压缩流体动力学的理论基础上建立了求解悬臂梁式结构物地震响应的解析方法。Xing 等[61]建立了上述结构在二维直角坐标系下的耦合动力方程,通过利用分离变量法求解控制方程得到了该耦合系统的特征值方程,方程考虑了水体压缩性和表面波的影响,为耦合系统的动力特性精确求解提供了有效手段。但是,上述动水压力解析表达复杂,且没有闭合解,较难在实际分析中应用。Han 和 Xu[62]通过对恰好浸没柱体地震作用下的耦合变分方程的解析解进行数学变换及简化,得出了该类结构动水附加质量的快速精确解析计算公式,经过与试验比较,其精度大大好于传统附加质量方法。杜修力等[57]采用由频域有理函数近似和时域辅助变量实现构成的时间卷积算法求解频域动水力公式,将动水力的频域解析公式实现为高精度、高效率时域算法。上述理论方法具有较高计算精度。但计算过程比较繁琐,缺乏实用的简化闭合解,且对桥墩高阶振型对地震响应的贡献考虑不足。

解析解毕竟只限于少数的经典问题,由于水中结构的几何造型愈发复杂,流固耦合解析分析遇到了空前的困难。随着数值计算方法和计算机技术的高速发展,为实现对复杂结构的流固耦合动力分析,20 世纪 70 年代后,科技人员开始研究并开发更加先进、准确的数值分析方法,通过直接或迭代数值求解进行流固耦合分析。这些方法主要分域法(微分型方法)和边界元法(积分型方法)两大类。常用的域法有有限单元法(Finite element method)和有限差分法(Finite difference method)。

有限元方法。有限元法以单元代替整个域,用单元节点有关的插值函数来描绘单元内部特性,从而将整个域的微分方程组变换成与节点未知量相关联的代数方程组。因为水体通常被认为是无黏流体,最常见的两类用来模拟水体的有限单元为:基于拉格朗日方程和基于欧拉方程的势流体单元。前者是在基于位移的经典结构有限元的基础上发展而来的。结构与流体的节点位移自由度满足协调方程。流体单元形函数与结构单元相同,采用体积弹性模量和剪切模量实现对流体运动的模拟。在拉格朗日流体单元中,无须专门的流固耦合边界单元,流固耦合边界的相容条件可以通过流固两侧完全一致的网格划分,满足流体域上的节点位移与对应结构域的结构节点位移相等而自动生成。因此,这类基于位移的流体单元可以很容易被传统的结构有限元软件采用。虽然基于拉格朗日方程的流体有限元方法已经成功应用于很多流固耦合分析问题[63-66],但是它在频域计算时假频过多、模态计算精度低、效率差,不太适于地震响应频域分析。针对上述问题,科学家基于流体动力学中的欧拉方法[60,67],提出了基于势函数(压力势、位移势及速度势)的流体单元。欧拉方法的优势在于它不会被假频问题困扰,同时,因为该类单元使用单独的势变量而不是依靠节点位移,使流体域的节点自由度数目大大降低。这类单元计算所用内存明显减小,同时计算效率高,为解决具有复杂流固耦合边界的问题提供了可能。但是,因为采用势函数作为流固介质的传递途径,因此,这类单元需要在流固接触的位置定义流固耦合边界,通过边界建立两种介质之间的相容协调关系。

常用的势流体单元,即为由 Everstine[68]提出的基于速度势的 $\phi-U$ 格式势流体单元,这种单元以速度势作为流体状态变量,从而使系统方程变为对称矩阵,进一步提高了计算效率,使该单元成功用于各类流固耦合、波浪传递及压强分析[69-71]。基于上述方程,研究人员提出了一系列流体边界单元[72-76],实现了势流体单元与结构单元、Navier - Stokes 流体单元、无限边界单元的耦合,可对无限水体及半无限水体中高、低速流固耦合动力问题进行求解。

目前,势流体单元已成功用于各类结构的流固耦合分析中,如大坝[77]、相邻复杂柱体[78]等,且数值计算结果与解析结果吻合良好[77]。在我国,戴大农[79,80]从系统的位移-速度势有限元方程出发,建立了流固耦合系统动力响应的模态分析理论。朱晞、高学奎[81]采用势流体单元模拟水体,研究了矩形截面深水桥墩的地震响应。宋波等[82]利用 ANSYS 的势流体 Fluid142 单元研究了某斜拉桥深水群桩基础的动力特性、地震响应及桩身动水压力,并对振动台试验结果进行了验证。杨吉新等[83,84]研究发现,势流体数值分析法可以用于所有形式的桥墩,计算精度高、灵活性强,但对建模能力要求较高。杨万理等[85]对流体域边界条件的简化和流体域范围进行了探讨,提出了一种采用吸波边界的墩-水耦合有限元建模方法,并给出了基于该方法的常用深水桥墩的理想流体域范围。

有限差分法。有限差分是用一组流体域内的节点相关联的代数方程组代替微分方程组,用有限差分代替微分的一种近似解法。有限差分法作为计算机流固耦合数值模拟较早采用的方法,在考虑流体非线性问题的求解上具有优势。Chen 等[86]在欧拉方程基础上提出了新的有限差分假设,并采用了非线性自由液面边界,计算了水下刚性圆柱体在三维地震作用下的非线性动水响应。Ali 等[87]利用有限差分法研究了波浪作用下两根相邻桩上的非线性动水压力,并用根据散射理论得到的解析精确解证明了方法的有效性。但有限差分法只考虑网格点上的数值而不考虑值在网格点之间如何变化,Xing 等[88]提出了有限差分和有限元混合方法,可用于刚体结构的非线性的流固耦合动力分析。

边界元法。边界元[89]是一种继有限元法之后发展起来的一种新数值方法,与有限元法在连续体域内划分单元的基本思想不同,边界元法是只在定义域的边界上划分单元,用满足控制方程的函数去逼近边界条件。所以,边界元法与有限元相比,具有单元个数少,数据准备简单等优点。与传统解析方法相比,边界积分可以降低求解维度、无须寻找泛函,可求解复杂边界问题且精度较高。经过近四十年的研究和发展,边界元法已经成为一种精确高效的工程数值分析方法,推动了结构-水体耦联振动分析的发展。从数学上,主要分为边界积分法(Boundary integral method)和边界元法(Boundary element method)两类。Taylor 等[90]利用边界积分法推导了水下圆柱结构按照一阶无水振型振动时的广义动水附加质量和附加阻尼矩阵。Williams[91,92]用格林函数法计算了受高频地面运动激励的露出水面的竖直圆柱体的动力响应,研究了柱体不同的几何尺寸和材料特性的影响。Sun 和 Nogami[93]改进了基于格林函数进行边界积分的方法,提出了基于 Trefftz 完备函数积分的水下刚体结构的地震响应分析方法。

虽然传统边界元方法具有诸多优点,但在求解非线性问题时,常会遇到边界积分奇异性问题,从而造成求解困难。近年来,科学家提出通过联合运用有限元和边界元理论模拟结构与流体,通过一定的数学、力学模型将二者分离,从而满足进行结构与流体流固耦合动力分析的需要。通过组合,不仅在一定程度上克服了由于积分奇异性造成的困难，同时又对收敛性、误差分析以及各种不同的边界元法形式进行了统一的数学分析，为边界元法的可行性和可靠性提供了理论基础[94-100]。近年，比例边界有限元方法(Scaled Boundary Finite Element Method，简称 SBFEM)的出现将有限元-边界元在流固耦合分析中的应用推向了新的高度。作为一种半解析的数值方法，比例边界有限元方法比完全数值方法具有更高的精度，方法结合了有限元和边界元的优点，采用相对少的剖分单元就可以得到较高精度的模拟结果。文献[101—105]分别基于 SBFEM 方法研究了波浪作用下具有各种复杂几何外形(椭圆、多空)的单桩、群桩结构的流固耦合问题。

1.2.2 深水基础-水-土多介质耦合作用研究

结构-土动力相互作用问题(Soil Structure Interaction, SSI)一直是国际桥梁抗震研究的焦点，已有近百年的历史。地震作用下桥梁基础-土相互作用一般包括以下两个方面的相互作用：

(1) 由惯性力引起的相互作用，也称为惯性相互作用，通常由两种惯性力产生：上部结构传递给桩基础的惯性力以及桩基础自身的惯性力；

(2) 由所谓地震运动引起的相互作用，也称运动相互作用，一般是指土体在地震下的自由场运动通过桩土接触面传递给结构，使结构随土体一起运动。已有的研究成果表明考虑桩-土-结构动力相互作用会使结构的动力特性、地基输入特性和地震反应发生改变：动力特性的改变表现为自振周期延长、阻尼增大和振型改变；地基输入特性的改变表现为结构的存在会改变地表的输入使其不同于无结构时的地表输入；地震反应的改变是指结构内力和位移响应发生变化。对于基础坐落在软弱土层上的桥梁下部结构来说，在地震发生时，桥梁上部结构的惯性力将通过基础反馈给地基土壤，使土壤产生局部变形。同时，地基土自身也会因地震力作用而发生变形，反过来影响上部结构的反应。这即所谓土-结构基础的相互作用。考虑二者相互作用的影响，不仅可以更准确地掌握桥梁上部结构的地震反应，对于正确计算土中基础的内力和变形也十分必要。

近年计算机技术的发展为 SSI 研究提供了有力的分析手段。根据表 1-1 所列统计，大型深水桥梁结构往往都采用桩基础，桩-土动力相互作用成为土-桥梁结构相互作用问题中核心的课题之一。至今已有不少关于桥梁桩基动力特性的研究报告，国内外研究人员也提出了许多不同的桩-土动力相互作用计算方法。其中，以 Winkler 地基梁方法的应用最为广泛[106]。这种方法将桩看成置于土介质中的梁，将桩周土对桩的动力阻抗用连续分布的相互独立的弹簧和阻尼器代替，在此基础上，可以进一步考虑土层沿深度的非均匀变化甚至土的非线性性质。由于该方法简便实用，物理概念清楚，计算工作量小，因此在学术界与工程中得到了广泛重视，国内外学者对此开展了深入的探讨。20 世纪 60—70 年代，美国学者 J. Penzien 等[107]提出了集中质量法，它将桥梁上部结构多质点体系和桩-土体系的质量联合作为一个整体，来建立整体耦联的地震振动微分方程组进行求解。该模型假定桩侧土是 Winkler 连续介质。以半空间的 Mindlin 静力基本解为基础，将桩-土体系的质量按一定的厚度简化并集中为一系列质点，离散成一理想化的参数系统。并用弹簧和阻尼器模拟土介质的动力性质，形成一个包括地下部分的多质点体系，可以方便地考虑成层土的非均匀性、非线性和阻尼特性等因素。作为一种简便而有效的集中参数计算力学模型，具有代表性的动力 Winkler 方法还有 Matlock 模型[108]、Novak 模型[109]和 Nogami 模型[110]等。各力学模型可参照相应文献，在此不再赘述。

不考虑土-结构相互作用的结构流固耦合分析是不全面的。20 世纪 70 年代，人们开始进行深水基础-水-土耦合效应的研究[111-113]。国际上，Stefanou[114]提出了一种可以进行结构-水体相互作用计算的液体单元形式，并在动力平衡方程中引入相对位移的方法处理固体与液体之间接触单元，使用集中方法模拟土体，研究了土-结构-水相互作用研究。Yamada 等[115]对近海平台在地震与海浪影响下进行了考虑桩-土-结构相互作用分析，波浪采用 Bretschnider 海浪谱形式，使用与频率相关的弹簧阻抗模拟桩-土作用，研究了两种不同荷载影响下海洋平台的响应特征。Venkataramana 等[116]研究了在地震和波浪共同作用下近海平台结构的土-结构相互作用，使用 Bretschnider 海浪谱和 Morison 方程模拟海浪荷载，使用子结构矩阵求解土-结构相互作用，结果表明考虑土-结构-海水相互作用对结构的响应影响显著。Parra 等[117]研究了在 10～35 m 水深湖中的钢筋混凝土石油平台桩-土-结构相互作用，探讨了在地震荷载作用下竖向和斜向桩基延性抗震性能。Ganev 等[118]根据 1995 年阪神地震桥塔强震观测资料，对三跨 885 m 长的 Higashi 斜拉桥进行地震反应分析并与观测数据进行了对比，研究了沉井基础-水-土-结构相互作用。Livaoglu 等[119]采用有限元建立结构模型，利用边界元理论和有限元/边界元技术模拟水-结构和土-结构相互作用，进行了水塔多介质耦合的地震频域分析。国内，陈熙之、解明雨、孙燠纯[120]采用 Morison 修正公式考虑桩-水相互作用，对于桩-土相互作用按照如下思路：首先确定没有结构物存在的自然地基的动力反应；然后将自然地基各质点的反应作为已知的弹性力与阻尼输入结构，从而综合研究了水下桩结构考虑水、土耦合时的弹塑性地震反应。房营光、孙钧[121]基于解析方法考虑群桩与水流和地基土之间的动力相互作用,研究了水位位于承台底面以下时,平台-群桩-水流-土体系统的地震反应分析问题,并给出了对系统地震响应的解析方法。郑史雄[122]则应用附加质量的思想将水离散成有限单元,对一圆端形截面桥墩进行了考虑液-固相互作用的水平地震反应分析,且考虑了土与基础的动力相互作用,分析表明液-固相互作用对深水桥墩的水平地震反应有较大影响,并且对墩顶位移、墩身内力等反应均是产生增大的影响。冯玉涛等[123]利用 Trefftz 函数和微波理论建立求解地震中桥墩表面动水压力的计算方程,由线性化的 Morison 公式给出计算地震中动水能量对桩体的波浪推力方程,引入改进的 Penzien 模型考虑桩-土-结构相互作用的影响,以庙子坝岷江大桥为背景,对桩-土-水-结构相互作用下大桥的地震安全性进行了分析。李彤[124]采用动力相互作用因子法模拟动力群桩效应,用 Morison 修正公式考虑动水压力的影响,利用子结构方法建立了土-群桩-结构-水动力相互作用体系地震反应分析的实用方法。在此基础上,研究了桩间距等对群桩动力阻抗函数和相互作用体系地震反应的影响、水位对相互作用体系动力特性和地震反应以及群桩桩顶内力分布的影响等问题。陈国兴等[125]用基于 ABAQUS 软件为平台的并行计算技术,对考虑波流影响的地基土-群桩-桥墩体系进行三维非线性地震反应数值模拟,并分析了考虑和不考虑波流作用时不同地震动作用下深水大型群桩基础桥墩结构的非线性地震反应特性。黄信和李忠献[126]采用附加质量考虑动水压力,研究了分别采用 Morison 方程和辐射波浪理论计算桥墩动水压力对结构地震响应的影响。随后,又分析了考虑弹性土体-结构相互作用以及双向地震作用时,动水压力作用对桩基桥墩地震响应的影响,研究表明:采用 Morison 方程计算的动水压力明显大于采用辐射波浪理论的结果;考虑土-结构相互作用会降低动水压力对桥墩地震响应的影响,同时,考虑双向地震作用会加剧动水压力对桥墩地震响应的影响。

1.2.3 地震下深水桥墩、群桩基础流固耦合试验研究

通过查阅文献,国外开展了大量水下桥墩动力试验(振动、模态),用以验证结构流固耦合振动分析理论的正确性,比较有代表性的研究工作有:Goto 和 Toki[23]首先通过水下悬臂桥墩模型的动力试验,验证了根据辐射波浪理论推导的桥墩地震动水压力分布的频域解析表达式。Pegg[127]通过开展水下圆柱体的模态试验,得到了结构的动水附加质量和附加阻尼值随频率变化的曲线,并将试验结果与根据势流理论得到的结果进行了比较,发现势流理论的计算结果与试

验吻合很好。Maheri[25]通过一系列水下悬臂柱体的振动试验证明，经典的附加质量理论仅适用于单自由度体系，对于高阶振型，会产生明显的误差。Wu 和 Hsu[43]试验研究了考虑墩底弹性约束的水下柱体结构的振动问题，并利用试验结果验证了改进后的动水附加质量简化算法。国内关于深水桥墩的试验研究开展较晚，多为现象阐述型，主要有：张敏[128]和杨吉新[129]分别利用有机玻璃模型研究了水下圆柱、矩形截面桥墩的自振振动频率随水深的变化关系。

高桩承台群桩基础作为深水基础的一种重要结构形式，在跨江海大跨度桥梁中广泛应用。相比深水桥墩，国外有关深水群桩基础的振动试验比较少见[130]。与国外不同，这一课题在我国因为实际工程需要受到了工程界极大关注，国内相关学者在这一领域开展了大量工作。王君杰、赖伟等[49,131]将深水高桩基础的承台理想化为一个浸入水中的截断圆柱体，建立了截断圆柱体的地震动水压等效附加质量与等效附加阻尼矩阵的计算方法，提出了非圆柱体等效为圆柱体的近似处理方法；在频域建立了深水高桩基础桥梁考虑动水力效应的地震振动方程，并首次进行了水下振动台试验研究，验证了上述理论方法的正确性。兰雅梅等[132,133]利用上海交通大学海洋工程国家重点实验室的风、浪、流试验水池研究了不规则波与均匀流共同作用于小尺度单桩及斜群桩承台的水动力特征，研究表明，承台的存在对作用在桩基上的波流力有显著的影响。宋波等[27]为验证动水力简便计算方法的准确性和可靠性，以南京长江三桥南塔基础为原型，将模型置于盛水的钢箱中，通过对钢箱进行振动台加载，开展了水中模型振动台试验，通过对比无水和有水状态时动力荷载作用下的模型试验和计算的结果，发现该方法在低频简谐波输入时，吻合较好，但在高频输入时，该方法结果相比试验值偏小 10%以上。黄信[134]同样利用盛水钢箱开展了水中群桩基础桥墩的振动台试验，验证了其推导的基于辐射波浪理论的地震作用下水-桥墩动力相互作用计算方法。柳春光等[135]进行了水下桩墩结构模型体系的振动台试验，探讨了动水压力对结构体系动力特性和地震响应的影响，研究发现，模型在水中的自振频率比无水时有所降低；动水压力的大小与输入的加速度峰值有关并且在相同的峰值加速度下沿模型从上到下依次递增。

1.2.4 存在的问题

虽然地震作用下桥梁深水基础流固耦合作用问题，经过多年理论、试验研究，已取得一定进展，但也应当看到，考虑复杂耦合效应的桥梁地震反应分析在我国尚属起步阶段，无论对深水桥墩，还是对深水群桩基础，仍存在一些尚未解决的关键问题，从研究内容来看，主要包括以下几方面：

（1）虽然有限元方法是解决考虑流固耦合结构地震响应的有效手段，但对其在桥梁深水基础中的适用性和准确性缺乏研究和理论、试验验证，特别是在三维数值模拟领域，面临的问题有：求解所需的流体单元的选取、水体-结构相互作用的有限元处理、流体与结构单元的接触、边界定义以及频域、时域的数值求解等问题都亟待解决。

（2）考虑水体可压缩性、高阶振型贡献、水、土多种耦合效应共同作用对深水圆形截面桥墩动力特性、地震响应的影响机理尚不明确，理论推导还不完善，如何在流固耦合理论分析中计入土-结构相互作用有待研究。

（3）现有关于深水群桩基础地震动水效应的研究对群桩基础-水动力耦合机理认识不足；解析计算方法无论在精度还是效率上都有待改进；同时，与深水桥墩水下试验相比，水下群桩结构的动力试验研究较少，且不够深入。已有群桩基础试验无法满足对解析、数值计算方法的试验校核的需要。

（4）虽然有限元数值方法能对深水群桩基础问题进行求解，但是面对拥有数十根桩的巨型群桩基础，对结构及水体的三维建模及有限元离散将十分困难，且计算规模巨大，难以实现，需要寻找合理有效的实用简化方法，特别是如何对承台的动水效应进行准确、有效的计算。

（5）深水群桩基础虽被广泛应用，但结构形式单调，缺乏有效创新。过去的研究多为针对深水基础地震动水效应计算方法开展研究，却少有针对深水群桩基础的合理抗震体系及构造措施的研究。

因此，如何能够将试验、有限元和实用解析方法进行组合应用，取长补短，无论对完善深水桥梁抗震计算理论，还是对增强深水基础抗震设计水平，都具有重大理论意义和科学参考价值。

1.3 本书的研究内容

1.3.1 研究目的

本书根据国内外相关领域的研究动向，结合我国重大工程的实际需求和已有的研究基础，以常见的深水圆截面桥墩和深水群桩基础为研究对象，确定了有限的研究目标，针对深水基础桥梁地震灾变过程中的流固耦合效应问题开展了以下研究：基于势流体有限元的流固耦合分析理论，从理论上揭示了地震作用下深水基础流固耦合效应的作用机理，建立对深水基础灾变过程的精确数值分析方法；推导深水桥墩多介质耦合频域、时域地震响应分析方法和考虑结构-水-土耦合的桥墩自振周期快速计算方法，公式兼顾了多种复杂因素的影响，通过算例分析，验证了本书解析方法的正确性和有效性。利用试验和数值手段全面研究了深水群桩模型的模态流固耦合效应，并从工程计算的角度，提出了较为实用的高桩承台基础地震动水效应数值解析混合算法。最后在评价已有深水基础体系的基础上，提出并研究了深水桥梁群桩-桁架组合基础体系的抗震性能。

本书实施的技术路线如图 1-6 所示。

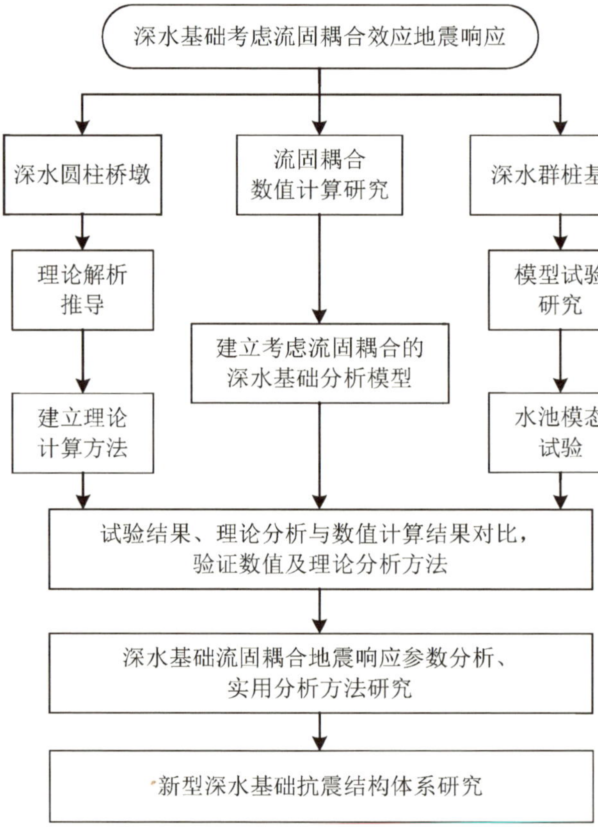

图 1-6　本书的研究技术路线

1.3.2　章节安排

本书共分为 8 章，主要内容安排如下：

第 1 章为引言，主要介绍本书的研究背景、研究意义及相关问题的研究现状及文献综述，并给出了本书的研究内容和技术实施路线。

第 2 章给出了基于势流体理论的水-结构流固耦合的深水群桩基础三维有限元数值分析方法，详细讨论了精细化建模过程，实现对各类深水基础-水耦合系统的流固耦合建模及地震频域、时域反应分析；并利用前人单桩试验结果验证了势流体有限元方法；最后，通过数值方法初步研究了深水桥墩地震响应计算的影响因素。

第 3 章通过改进桥墩流固耦合动力方程，推导了深水桥墩多介质耦合频域、时域地震响应分析方法，方法兼顾了结构柔性、高阶振型、上部结构贡献、场地条件、水深变化及水体可压缩性等因素；基于上述方法，提出了考虑结构-水-土耦合的桥墩自振周期快速计算方法。

第 4 章基于不同深水桥墩算例，通过比较解析方法与势流体数值方法的计算结果，全面验证了第 3 章解析方法进行桥墩考虑流固耦合效应后的地震反应分析和自振周期快速求解的有效性。

第 5 章首先介绍了九桩、五桩和四桩深水群桩基础模型的水池动力试验方案设计，包括试验参数的选择、试件的设计、模态测试及数据采样分析方法和试验装置布置等。随后，采用势流体单元精确数值建模，对试验进行了高精度的数值仿真，验证流固耦合建模求解技术在分析桥梁深水群桩基础时的有效性。最后利用经过验证的数值模型，讨论水深、桩基布置形式等对高阶振型和模态动水压力的影响。

第 6 章针对桥梁深水高桩承台基础-水体耦合数值求解复杂的问题，提出具有合理的流体动力学表达的地震作用下深水高桩承台基础地震响应实用分析方法，并对承台动水效应开展参数化研究。

第 7 章在研究群桩模态动水效应和已有深水基础体系的基础上，提出了深水桥梁群桩-桁架组合基础抗震体系，通过试验和数值分析对其效果进行了验证。

第 8 章为总结和展望，对本书的研究内容和结果进行归纳和总结，并指出有待进一步研究的问题。

第2章 基于势流体有限元的三维流固耦合分析理论

通过第1章的文献综述，基于速度势的 $\phi-U$ 格式势流体单元（个别文献称为“声流体单元”[85]），可以进行二维、三维流固耦合、波浪传递及动水压强数值分析，如：

- 以流体压力分布和结构位移和应力分布为研究对象的静力分析
- 频率分析：计算结构和流体自然频率及振型
- 考虑压力波在流体中快速传播而不引起大运动的瞬态分析
- 考虑流体流经某一区域，且区域边界上满足微小运动假定的瞬态分析

数值模拟过程中，$\phi-U$ 格式势流体单元和结构单元配合使用，结构的运动将造成与其接触的势流体单元产生垂直于边界方向的运动，而流体单元运动产生的反力以动水压强的形式作用于结构上，从而实现结构-水体耦合。势流体单元可以在不与结构相互接触的势流体边界上施加压力边界条件，利用这一特点可以模拟实际中的液体自由表面，同时，通过配合边界元的使用，势流体单元可以近似的模拟无限区域水体问题。

为了便于读者理解该类新型单元的计算、建模过程，本章将基于本书的符号体系对 $\phi-U$ 格式的势流体[68]有限元计算分析理论及数值计算方法进行简要的介绍。随后，基于文献[128]单桩试验，验证了数值方法的准确性并对网格划分过程进行了讨论。

2.1 研究对象

图2-1所示 $\phi-U$ 格式的势流体单元以位移 U 和速度势 ϕ 两个状态变量。它首先满足以下基本假设[68,69,77,136]：

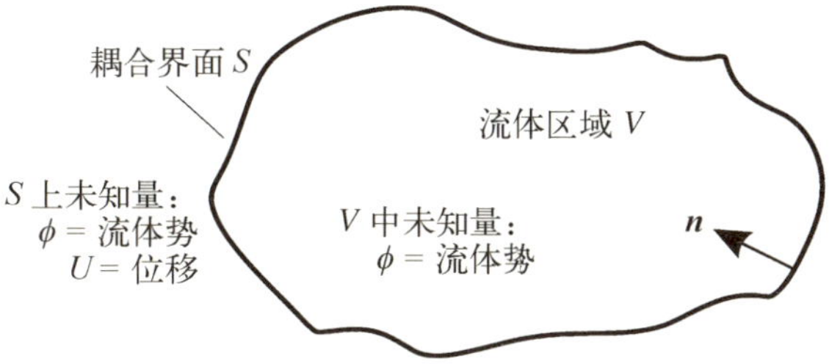

图 2-1　势流体单元示意图

- 流体无黏、无旋、无热传递、轻微可压缩：

$$\frac{\rho_w}{\rho_{w0}} = 1 + \frac{p}{\mu_w} \tag{2-1}$$

- 不计体积力：

$$\Omega(x) = 0 \tag{2-2}$$

- 流体流动速度和密度变化无穷小：

$$\nabla\phi \approx 0;\ \rho_w \approx \rho_{w0};\ h = \int \frac{\mathrm{d}p}{\rho_w} \approx \frac{p}{\rho_{w0}} \tag{2-3}$$

式中，ρ_w 为流体密度函数，ρ_{w0} 为流体公称密度；ϕ 为速度势函数（流体速度等于 $\nabla\phi$）；∇ 为拉普拉斯算子；h 为流体的焓，满足 $h = \int \frac{\mathrm{d}p}{\rho_w}$；$p$ 为流体的压强；$\Omega(x)$ 为 x 坐标处的加速度体力势；$\mu_w = C_w^2\rho_w$ 为流体体积模量，C_w 为声音在水中的压缩波速。如无特别说明，本书进行结构地震作用下多介质耦合分析时，仅限于线性范畴。同时，忽略了洋流、波浪等因素造成的水体流动，假设水体为静水环境，耦合过程中，仅考虑因为地震造成的流体运动。

2.2　ϕ-U 格式势流体流固耦合分析理论

2.2.1　势流体单元基本方程

根据上述假设，速度势函数 ϕ 满足以下方程[73,137]：

连续性方程：

$$\frac{\partial \rho}{\partial t}+\nabla(\rho \nabla \phi) \approx \frac{\partial \rho}{\partial t}+\rho_{\mathrm{w}} \nabla^{2} \phi \approx \frac{\rho_{\mathrm{w}}}{\mu} \cdot \frac{\partial p}{\partial t}+\rho_{\mathrm{w}} \nabla^{2} \phi=0 \tag{2-4}$$

其中，t 为时间变量。因此，

$$\nabla^{2} \phi=-\frac{1}{\mu} \cdot \frac{\partial p}{\partial t} \tag{2-5}$$

能量守恒方程：

$$h=\Omega(x)-\frac{\partial \phi}{\partial t}-\frac{1}{2} \nabla \phi \nabla \phi \approx-\frac{\partial \phi}{\partial t} \tag{2-6}$$

将式(2-3)和式(2-6)代入式(2-5)，可以得到 Helmholtz 波浪方程的一个特殊解：

$$\nabla^{2} \phi=-\frac{\rho_{\mathrm{w}}}{\mu_{\mathrm{w}}} \frac{\partial h}{\partial t}=\frac{1}{C_{\mathrm{w}}^{2}} \frac{\partial^{2} \phi}{\partial t^{2}} \tag{2-7}$$

2.2.2 流固耦合动力方程

为建立虚功方程，我们对式(2-7)进行如下变换：

$$\int_{V_{\mathrm{w}}} \nabla^{2} \phi \delta \phi \mathrm{d} V=\int_{V_{\mathrm{w}}} \frac{1}{C_{\mathrm{w}}^{2}} \cdot \frac{\partial^{2} \phi}{\partial t^{2}} \delta \phi \mathrm{d} V \tag{2-8}$$

式(2-8)右边为标准达朗伯力积分，式(2-8)左边可按照如下形式进行向量积分：

$$\nabla^{2} \phi \delta \phi=\nabla(\nabla \phi \delta \phi)-\nabla \phi \nabla(\delta \phi)。$$

可得

$$\int_{V_{\mathrm{w}}} \nabla(\nabla \phi \delta \phi) \mathrm{d} V-\int_{V_{\mathrm{w}}} \nabla \phi \nabla(\delta \phi) \mathrm{d} V=\int_{V_{\mathrm{w}}} \frac{1}{C^{2}} \cdot \frac{\partial^{2} \phi}{\partial t^{2}} \delta \phi \mathrm{d} V \tag{2-9}$$

根据变分原理，式(2-9)左边第一项可改写为

$$\int_{V_{\mathrm{w}}} \nabla(\nabla \phi \delta \phi) \mathrm{d} V=-\int_{S_{\mathrm{w}}} \frac{\partial u}{\partial t} \boldsymbol{n} \delta \phi \mathrm{d} S \tag{2-10}$$

通过上述推导，我们得到了式(2-7)以速度势函数 ϕ 作为变量的变分形式：

$$-\int_{V_{\mathrm{w}}} \rho_{\mathrm{w}} \ddot{\phi} \delta \phi \mathrm{d} V+\int_{V_{\mathrm{w}}} \mu_{\mathrm{w}} \nabla \phi \delta \nabla \phi \mathrm{d} V+\int_{S_{\mathrm{w}}} \mu_{\mathrm{w}} \dot{\boldsymbol{u}} \cdot \boldsymbol{n} \delta \phi \mathrm{d} S=0 \tag{2-11}$$

其中，V_w 为流体体积，S_w 为垂直速度正方向的流体边界，$\boldsymbol{n}$ 为边界 S_w 上指向流体区域的单位向量，见图2-2。地震作用下，结构与水体通过速度势函数与流固耦合边界上对应的结构速度变量相耦合，由式(2-11)可以得到地震荷载作用下采用 $\phi-U$ 格式势流体单元的流固耦合动力方程[136]：

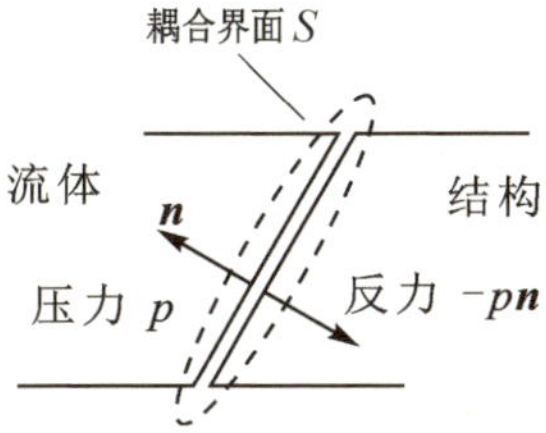

图 2-2　结构、流体力学平衡示意图

$$\begin{bmatrix}\boldsymbol{M}_{ss} & 0\\ 0 & -\boldsymbol{M}_{ww}\end{bmatrix}\begin{bmatrix}\ddot{\boldsymbol{U}}\\ \ddot{\boldsymbol{\Phi}}\end{bmatrix}+\begin{bmatrix}\boldsymbol{C}_{ss} & \boldsymbol{C}_{sw}\\ \boldsymbol{C}_{ws} & 0\end{bmatrix}\begin{bmatrix}\dot{\boldsymbol{U}}\\ \dot{\boldsymbol{\Phi}}\end{bmatrix}+$$

$$\begin{bmatrix}\boldsymbol{K}_{ss} & 0\\ 0 & -\boldsymbol{K}_{ww}\end{bmatrix}\begin{bmatrix}\boldsymbol{U}\\ \boldsymbol{\Phi}\end{bmatrix}=\begin{bmatrix}-\boldsymbol{M}_{ss}\boldsymbol{l}^{(\xi)}\ddot{u}_g^{(\xi)}(t)\\ -\boldsymbol{C}_{ws}\boldsymbol{l}^{(\xi)}\ \dot{u}_g^{(\xi)}(t)\end{bmatrix} \tag{2-12}$$

其中，

$$\boldsymbol{M}_{ss}=\rho_s\int_{V_s}\psi_s^T\psi_s\mathrm{d}V；\ \boldsymbol{K}_{ss}=\rho_s\int_{V_s}\psi_s^T D_s^T\psi_w\mathrm{d}V；$$

$$\boldsymbol{M}_{ww}=\frac{\rho_w}{C_w^2}\int_{V_w}\psi_w^T\psi_w\mathrm{d}V；\ \boldsymbol{K}_{ww}=\rho_w\int_{V_w}B_w^T B_w\mathrm{d}V；$$

$$\boldsymbol{C}_{sw}=-\rho_w\int_{s_w}\psi_s^T n\psi_s\mathrm{d}S；\ \boldsymbol{C}_{ws}=\boldsymbol{C}_{sw}^T；\ \boldsymbol{C}_{ss}=a_R\boldsymbol{M}_{ss}+b_R\boldsymbol{K}_{ss}；$$

$$\boldsymbol{B}_w=\begin{bmatrix}\dfrac{\partial\psi_w^{(1)}}{\partial x} & \dfrac{\partial\psi_w^{(2)}}{\partial x} & \cdots & \dfrac{\partial\psi_w^{(n_w)}}{\partial x}\\ \dfrac{\partial\psi_w^{(1)}}{\partial y} & \dfrac{\partial\psi_w^{(2)}}{\partial y} & \cdots & \dfrac{\partial\psi_w^{(n_w)}}{\partial y}\end{bmatrix} \tag{2-13}$$

式中，ψ_s 和 ψ_w 分别是实体和流体单元的等参数标准形函数矩阵；ρ_s 和 V_s 分别是结构材料密度及体积；$\boldsymbol{D}_s$ 为实体单元弹性矩阵；n_s 和 n_w 分别为建模采用的实体和势流体单元的节点数。

坐标转换矩阵 $\mathbf{1}^{(\xi)}$ 与节点位移向量 U 维度相同，仅含 **0**，**1** 元素，随地震动荷载 $\ddot{u}_g^{(\xi)}(t)$ 和 $\dot{u}_t^{(\xi)}(t)$ 输入变化而变化。使用上角标 (ξ) 区别地震动输入方向，有 $\xi=x，y$。

$\boldsymbol{M}_{ss}$ 和 $\boldsymbol{K}_{ss}$ 分别为深水结构的质量和刚度矩阵；$\boldsymbol{M}_{ww}$ 和 $\boldsymbol{K}_{ww}$ 分别是周围水体的势能和动能矩阵；$\boldsymbol{C}_{sw}$ 和 $\boldsymbol{C}_{ws}$ 是流固接触面上流体速度势与结构位移的相互耦合矩阵；系数 a_R 和 b_R 用于定义结构的瑞利阻尼矩阵 $\boldsymbol{C}_{ss}$。

上述方程中流体运动与结构运动的双向耦合，大大提高了流固耦合数值模拟的精度，将地震加速度时程 $\ddot{u}_g^{(\xi)}(t)$ 作为质量比例荷载输入，即可利用“*Newmark* β”方法进行地震时程分析。为了进一步计算水下结构的模态响应，当忽略结构的阻尼，流体运动满足无穷小速度假设，同时不考虑无限远边界，可由式(2-12)傅里叶变换得到 ϕ-U 格式势流体单元的特征值方程：

$$\left(-\tilde{\omega}_j^2\begin{bmatrix}\boldsymbol{M}_{ss} & 0\\ 0 & \boldsymbol{M}_{ww}\end{bmatrix}-\tilde{\omega}_j\begin{bmatrix}0 & \boldsymbol{C}_{ws}^T\\ \boldsymbol{C}_{ws} & 0\end{bmatrix}+\begin{bmatrix}\boldsymbol{K}_{ss} & 0\\ 0 & \boldsymbol{K}_{ww}\end{bmatrix}\right)\begin{bmatrix}\boldsymbol{U}^{(j)}\\ -\mathrm{i}\boldsymbol{\Phi}^{(j)}\end{bmatrix}=\begin{bmatrix}0\\ 0\end{bmatrix} \tag{2-14}$$

式中，$\mathrm{i}=\sqrt{-1}$，$\tilde{\omega}_j$ 结构-水耦合系统第 j 阶自振频率(rad/s)；$\boldsymbol{U}^{(j)}$ 和 $\boldsymbol{\Phi}^{(j)}$ 分别是第 j 阶结构广义位移和流体速度势特征值矩阵。式(2-14)是一个非标准的特征值问题，其特征值均为非负实数，采用 *Determinant Search* 方法[138]或 *Lanczos Iteration* 方法[138]求解。

流固接触面上坐标为(x, y, z)点的第 j 阶模态动水压力 $p^{(j)}(x, y, z)$可根据式(2-15)求解：

$$p^{(j)}(x, y, z)=\rho_w\omega_j\phi^{(j)}(x, y, z) \tag{2-15}$$

$\phi^{(j)}(x, y, z)$ 是根据特征值矩阵 $\boldsymbol{\Phi}^{(j)}$ 插值得到的(x, y, z)点上的流体速度势特征值。

2.2.3 边界单元定义

进行流固耦合地震响应动力分析时，常用的主要有四种边界条件，分别为流固耦合边界、自由液面边界、无限远边界和固壁边界，如图 2-3 所示。

各边界的数学定义如下：

- 对于流固耦合接触的界面，应定义图 2-3(a)所示流固耦合接触边界，有

$$\frac{\partial\phi}{\partial n}=\dot{u}_n \tag{2-16}$$

- 对于忽略表面波的液面采用图 2-3(b)所示自由液面条件，有

$$\phi=0 \tag{2-17}$$

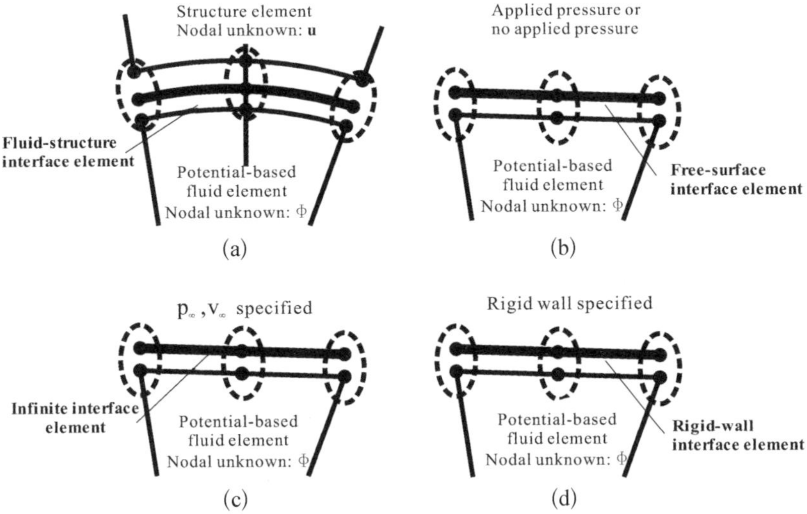

图 2-3　势流体边界单元示意图

- 对于水体侧面采用图 2-3(c)所示无限远边界，有

$$\frac{\partial \phi}{\partial t} = p_{\infty}; \ \frac{\partial \phi}{\partial \boldsymbol{n}} = \dot{u}_{\infty} \tag{2-18}$$

- 对于水体侧面及底面采用图 2-3(d)所示固壁边界，有

$$\phi = 0; \ u = 0 \tag{2-19}$$

如图 2-1 所示，$\dot{u}_n$ 为垂直单位接触面、沿方向 $\boldsymbol{n}$ 的速度矢量，单位向量 $\boldsymbol{n}$ 由结构指向水体，由于在流固耦合接触上没有约束流体的切向运动，因此流体可沿接触面进行自由滑移，这也符合真实情况。其中，在二者接触界面采用流固耦合接触“fluid-structure interface”边界，采用该单元后，试验模型的运动将造成与其接触的水体产生垂直于边界方向的运动，而水体运动产生的动水压强以荷载的形式通过该单元反作用于结构上，实现对动水效应的精确模拟。在水体的上表面设置自由液面“free surface”边界，在模拟水面压强为零的同时，可通过约束“流体势”项，在分析中忽略水体表面波的影响。无限远边界“infinite interface”用于描述水域无穷的情况，但是只能用于时域计算，不能用于模态及频域计算。在水体侧壁、底面设置固壁“rigid wall”边界，用于限制水体穿越边界并模拟边界对水体的反射作用。除上述边界条件，还有无滑移边界、外部流等复杂边界条件[136,139]，因为下文研究未涉及，在此不再介绍。

2.3 软件平台简介

许多商用有限元分析软件，如 ANSYS[83] 和 ADINA[140] 等都提供了势流体单元供用户建模使用。本书根据研究室实际情况，选择 ADINA 作为流固耦合建模及数值分析计算工具。

ADINA R&D, Inc. [141] 由 K. J. Bathe 博士及其合伙人创建于 1986 年，公司开发的用于固体、结构、流体以及结构相互作用的流体流动分析的 ADINA 系统，广泛应用于各个行业的工程仿真分析，包括机械制造、材料加工、航空航天、汽车、土木建筑、电子电器、国防军工、船舶、铁道、石化、能源、科学研究及大专院校等各个工业领域，能实现流场、结构的复杂耦合分析。

ADINA 是一个单机系统的程序，主要用于进行固体、结构、流体以及结构相互作用的流体流动的复杂有限元分析，借助 ADINA，用户无须使用一套有限元程序进行线性动态与静态的结构分析，而用另外的程序进行非线性结构分析，再用其他有限元程序进行流体流动分析。此外，ADINA 系统还是主要的、用于结构相互作用的流体流动的完全耦合分析程序(多物理场)。

ADINA 软件的 STRUCTURE 模块为固体、桁架、梁、管道、金属板、壳体、缝隙和流体提供了多样化和通用的有限元，材料模型有金属、土壤与岩石、塑料、橡胶、织物、木材、陶瓷和混凝土可选。程序主要功能有：有效的线性分析；大变形、大应变；弹塑性、徐变(Creep)分析，包括热效果；屈曲和后屈曲(Post-buckling)分析；静力学和动力学中的接触问题；大型系统的迭代算法；用于所有分析的高效却稀少的算法；静力学和动力学的子结构分析；分析过程中可增减单元；频率和模态叠加分析；反应谱、随机震动分析；结构地震分析；势流体-结构间相互作用；单元、材料模型和载荷二次开发借口等。模块具有上文所述 $\phi-U$ 格式的势流体单元，并提供了流固耦合建模中所需的各种边界条件以及流体与结构耦合接触单元。

2.4 方法讨论与验证

为了验证利用势流体有限元的流固耦合动力分析，并对建模方法开展讨论，作者以文献[128]开展的如图 2-4 所示圆柱桥墩模型试验为模拟对象，数值分析了圆柱墩模型在不同水深条件下的一阶自振频率，并与试验结果进行了对比。

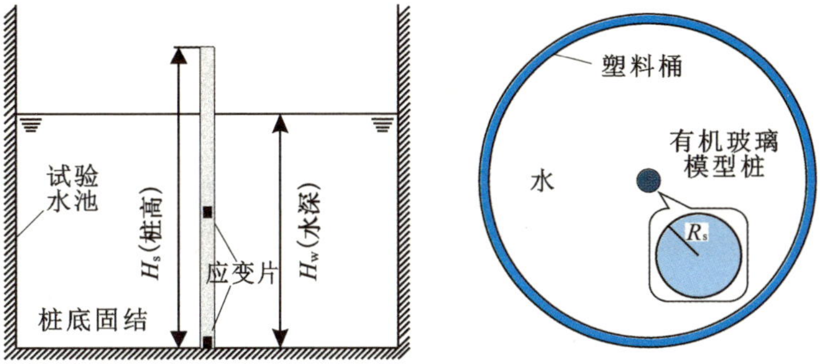

(a) 装置立面图　　(b) 装置平面图

图 2-4　水下单桩模型振动实验装置[128]

2.4.1　单墩试验概况

文献[128]试验参数如下：圆柱桩模型高 $H_s = 0.55$ m、截面半径 $R_s = 0.0146$ m；采用有机玻璃，材料弹性模量 $E_s = 2.44 \times 10^3$ MPa、密度 $\rho_s = 0.696$ kg/m；桩底固结。试验在一个直径为 1 m 的圆桶中进行，桶高 0.63 m。水密度 ρ_w 为 1 000 kg/m³、压缩模量 $\mu_w = 2.30$ GPa。试验水位 H_w 依次取 0，0.44 m，0.52 m 和 0.55 m。

2.4.2　三维有限元建模及讨论

ADINA[136] 为用户提供了如图 2-5 所示的多种实体单元可供三维有限元建模使用。其中，四面体单元常见于机械工程这类具有复杂几何形状的结构划分。对于土木结构的流固耦合建模，8 节点、20 节点和 27 节点的六面体单元，比较容易收敛，应用也最为广泛。其中，8 节点计算效率高，与其他前后处理软件相容性好，但计算精度偏低；27 节点计算精度最高，适用于强非线性问题，但计算效率最低；相对而言，当需要进行高精度的流固耦合计算时，推荐使用 20 节点单元，它可以在保证高计算精度的前提下，仍具有较高的计算效率。

对于上述单桩试验，因为流固耦合接触比较简单，流体单元节点数的影响较小。因此，作者使用 8 节点实体单元模拟实验模型；使用 8 节点 $\phi - U$ 格式的势流体单元模拟水池中水体。桥墩模型与水体在流固耦合边界处的结构、流体节

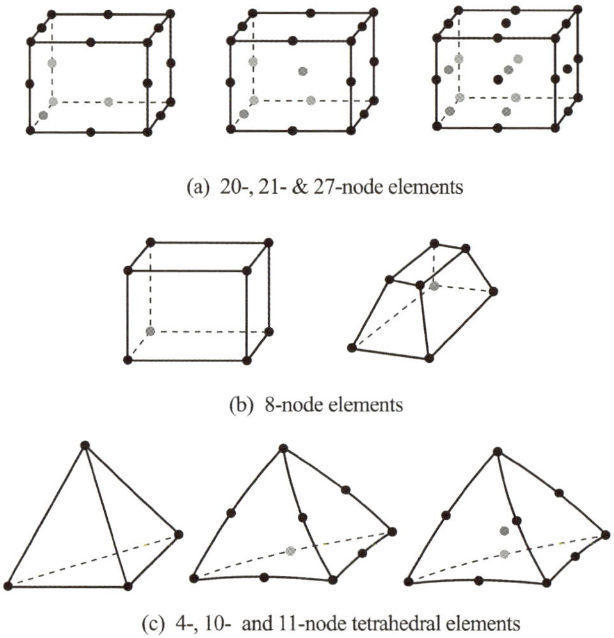

图 2-5　ADINA 提供的实体单元类型

点一一对应，但不进行节点检查，使二者同位置不同编号，通过定义该界面为图 2-3(a)流固耦合接触，实现对结构-水相互作用的双向模拟；水体表面采用图 2-3(b) 自由液面边界，忽略表面波的影响；水体外壁因为水桶壁的存在定义为图 2-3(c)固壁边界。试验的有限元模型如图 2-6 所示。

鉴于试验模型及水体均为圆柱体，为方便对网格划分进行讨论，定义图2-6所示柱状坐标系，u, v, w 分别代表了结点所在位置的平面转角、竖(轴)向坐标

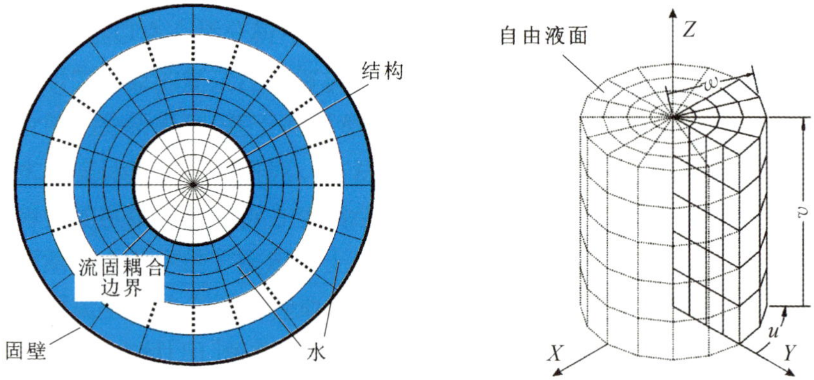

图 2-6　ADINA 流固耦合有限元模型

及径向坐标。熟悉有限元数值模拟的人都了解，网格划分对数值模拟结果的收敛性及稳定性有重要影响，一般，有限元网格越精细，数值模拟和计算精度越高。

根据流固耦合计算的特点，水体竖向 **v** 网格尺寸以及流固耦合边界两侧水体及结构网格的径向尺寸(图 2-7) l_f 和 l_s 的比值 l_f/l_s 会对计算结果产生明显的影响。对于第一个因素，文献[142] 和文献[143] 研究发现，水体竖向 **v** 最大网格尺寸应小于水深的 1/12 时，此时可满足波动在水体中传递的需要。对于后者，过去的文献较少涉及。因此，以水深 $H_w = 0.55$ m时的试验桥墩有限元模型为研究对象，通过参数分析研究了不同 l_f/l_s 对耦合模态计算结果的影响。

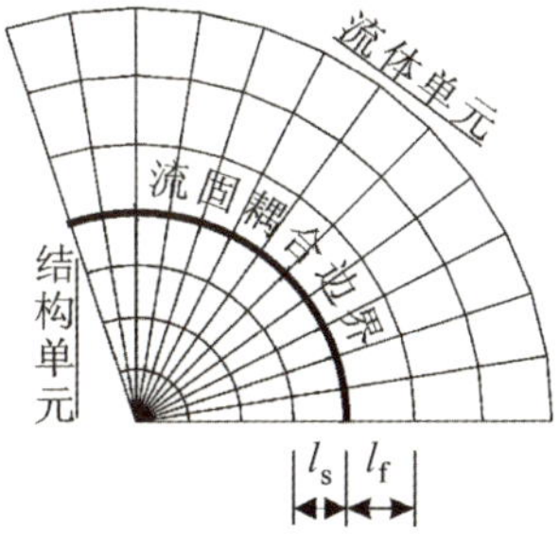

图 2-7　流固耦合边界两侧网格划分示意

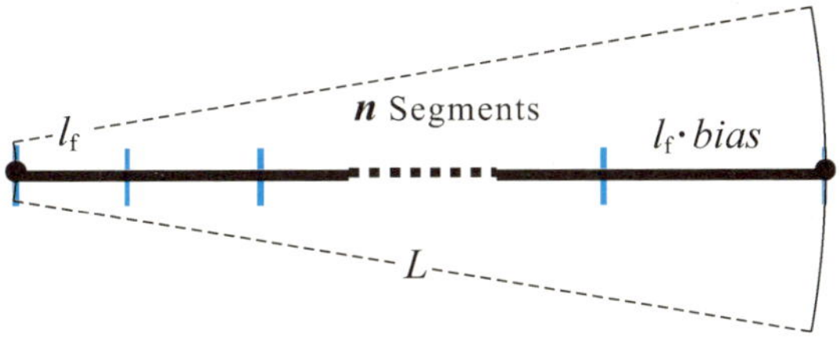

图 2-8　水体沿 *w* 轴网格划分示意

结构网格划分：在满足竖向水体网格要求的基础上，采取扫掠网格划分，圆柱体桥墩在 u，v 和 w 方向分别划分为 20 份、12 份和 4 份，且在后续参数分析过程中，保持该网格不变。

水体网格划分：因为流固耦合边界两侧网格一致的要求，水体在 u 和 v 方向也被确定为 20 份和 12 份，此时的变量只有图 2-8 所示水体在 w 轴上的网格划分。当采用“等比例撒种子”模式进行网格划分时，内层水体网格尺寸 l_f 是一个水体边长 L，网格数 n 和等比例系数 $bias$ 的函数，见式(2-20)：

$$l_f = L(1 - bias^{\frac{1}{n-1}})/(1 - bias^{\frac{n}{n-1}}) \tag{2-20}$$

对于本例，水体边长 L 为定值。首先采用均匀网格离散，即 $bias = 1$ 时，随着网格数 n 由 10 增大到 1 000，水体内层网格尺寸 l_f 逐渐减小，l_f/l_s 也由 26 减小为 0.7。图 2-9 给出了当 $bias = 1$ 时结构一阶频率随 l_f/l_s 或 n 的变化曲线。

取 n 恒为 15 时，采用等比例网格离散，随着等比系数 $bias$ 的增大，l_f/l_s 逐渐减小。此时，结构一阶频率随 l_f/l_s 和 $bias$ 的变化规律见图 2-10。

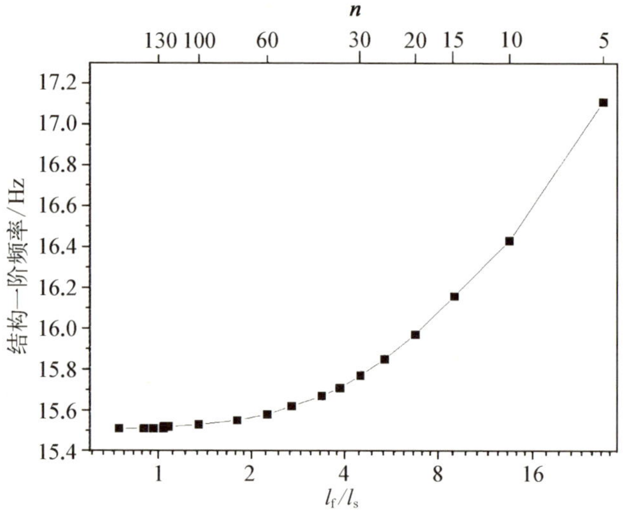

图 2-9　均匀网格划分(水深 0.55 m)时,模型一阶频率随 l_f/l_s 和 n 的变化

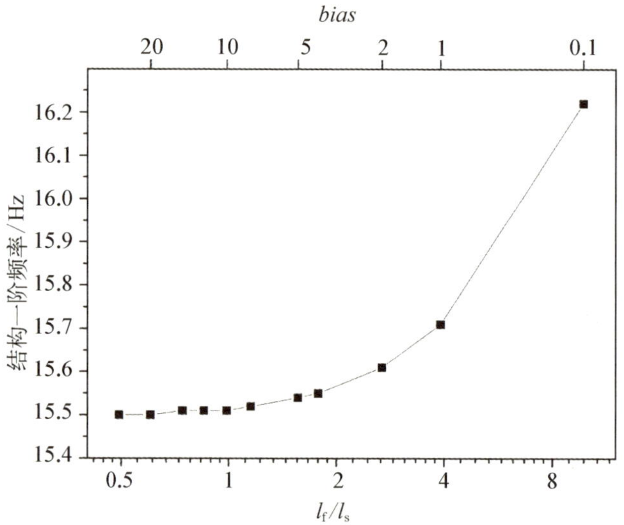

图 2-10　等比网格划分(水深 0.55 m)时,模型一阶频率随 l_f/l_s 和 $bias$ 的变化

由图 2-9 和图 2-10 发现：① 无论采用哪种网格划分方式,只要流固耦合边界两侧的流体、结构网格尺寸的比值 l_f/l_s 接近或小于 1 时,就可以得到收敛的频率计算结果;② 相比均匀网格离散,等比例网格离散能使用较少的网格得到高精度的计算结果,更为经济有效。

综上分析，针对文献[128]试验的流固耦合有限元模型将采用如下网格划分：结构在 u，v 和 w 方向上分别划为 20、12 和 4 份；水深等于 0.55 m 时，水体为 20 份、12 份和 50 份，水体沿 w 轴的 $bias$ 值等于 1.052 5，此时有 $l_f/l_s \approx 1$。对于水深为 0，0.44 m 和 0.52 m 的情况，则仅需调整水体的竖向（v 轴）网格数即可。

2.4.3　结果对比

表 2-1 列出了不同水深（从无水至满水）条件下，水下单墩模型一阶振动频率的势流体有限元计算值和试验值。同时，结构一阶频率计算值和试验值随水深变化的曲线绘于图 2-11。

表 2-1　不同水深条件下，圆柱墩模型一阶频率　　单位：rad/s

水深 H_w/m	H_w/H_s	势流体有限元值	试验值[128]	误　差
0	0	132.1	130.4	1.3%
0.44	0.8	114.4	115.0	−0.5%
0.52	0.95	102.3	107.4	−4.7%
0.55	1	97.4	99.9	−2.5%

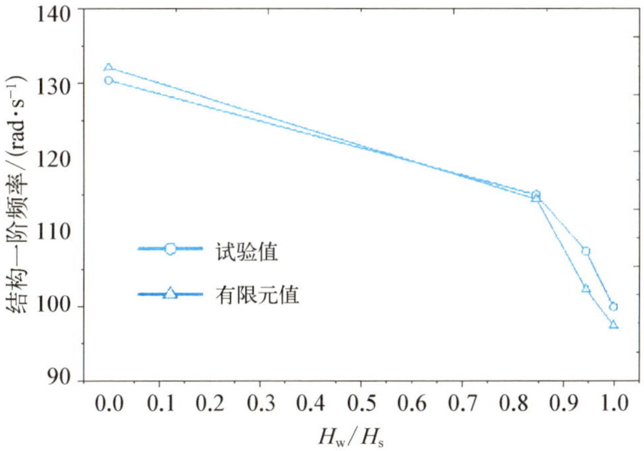

图 2-11　模型一阶频率随水深的变化

通过误差分析，有限元计算结果与试验结果吻合良好。综上比较知：势流体有限元能有效、准确地进行圆柱结构-水耦合系统的频率分析。

2.5 深水桥梁流固耦合地震响应算例

庙子坪大桥的震害及高昂的修复费用说明，如何准确求解水下基础的地震力需求，并进行合理设计转移易损部位成为研究人员关注的主要内容。

2.5.1 地震动输入

选取美国太平洋地震工程研究中心[144]提供的1940年El Centro地震波水平南-北分量作为地震动输入。计算过程中的地震动沿 x 轴输入。图2-12分别给出了该波的加速度和位移的归一化时程曲线，其中，峰值加速度（PGA）$|\ddot{u}_g|_{max}=0.313$ g；峰值位移（PGD）$|u_g|_{max}=0.133$ m。

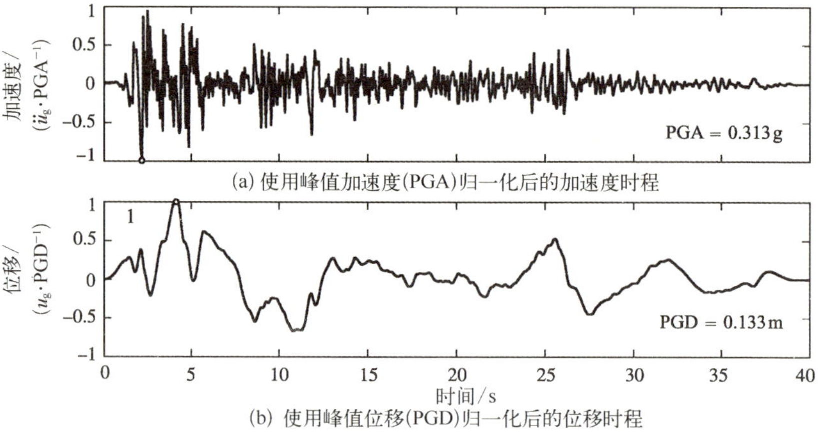

图2-12 Imperial Valley，El Centro地震波南-北分量

2.5.2 深水桥墩地震响应分析

以图2-13(a)所示42 m圆截面桥墩为例，采用直径为4 m的实心圆截面。桥墩浸没在水深为30 m的静水中，水体无波动，且具有理想的无穷远边界。桥墩混凝土弹性模量 $E_s=25$ GPa，密度 $\rho_s=2\,500$ kg/m^3，泊松比 $\nu=0.2$，墩底固结。动力计算中，考虑 $\xi=5\%$ 的模态阻尼比。水体压缩波速 $C_w=1\ 440$ m/s，密度 $\rho_w=1\,000$ kg/m^3。结构、水体分别采用20节点实体单元和势流体单元模拟，有限元网格划分见图2-13。

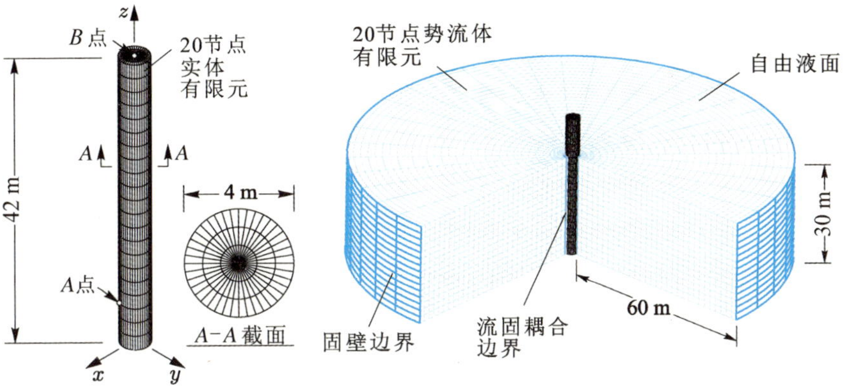

(a) 结构有限元模型　　(b) 考虑水体后，结构-水体耦合有限元模型

图 2-13　有限元桥墩算例

1. 水体的影响

首先计算桥墩在不考虑和考虑水体时的结构自振周期，计算结果列于表 2-2。与之前的水池试验相同，考虑水之后，桥墩自振周期明显延长；且阶数越高，动水作用对振动周期的增幅越明显。

表 2-2　桥墩有、无考虑水体的结构前三阶自振周期比较

振型描述	无水工况周期/s	有水工况周期/s	考虑水体后增幅
一阶	1.000	1.035	+3%
二阶	0.164	0.182	+11%
三阶	0.061	0.073	+19%

然后，采用 Newmark β 方法计算了两种工况下的桥墩的地震时程响应，通过对墩底截面实体单元应力积分得到了地震作用下墩底弯矩和剪力。其中，表 2-3 给出了桥墩不考虑水体和考虑水体情况下的墩底截面地震力和墩顶地震响应峰值；图 2-14 和图 2-15 分别比较了两种工况下桥墩墩底地震力和墩顶地震响应时程。为了清晰的展示误差，图 2-14 和图 2-15 左图为完整地震响应时程，右图为 0～10 s 地震响应。后续的时程图都采用这种左侧完整、右侧放大的格式给出。

根据上述地震时程分析结果知，考虑水体影响后，除墩顶加速度峰值有所减小外，桥墩其余响应均有不同程度的增加，特别是墩底剪力，增幅超过了 20%。采用不同的地震波对深水桥墩进行地震时程分析时，桥墩响应的变化将会有所不同。但是，当桥墩所处水深较深时，忽略水的影响，将低估地震对结构的影响，

表 2-3 圆柱桥墩有、无考虑水体的地震响应峰值对比

峰值 水体	剪力/MN		弯矩/(MN·m)		位移/m		加速度/(m·s^{-2})	
	Max	Min	Max	Min	Max	Min	Max	Min
无水	5.087	−5.462	120.6	−106.5	0.175	−0.190	11.642	−13.616
有水	6.347	−5.573	125.3	−116.9	0.163	−0.205	12.934	−11.866
增幅	+25%	+2%	+4%	+10%	−7%	+8%	+11%	−13%

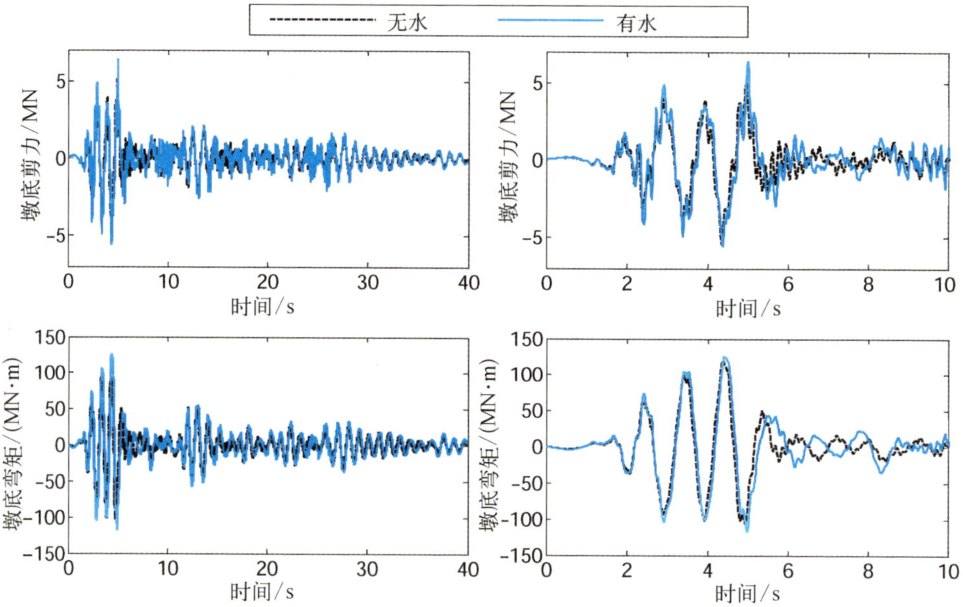

图 2-14 墩底地震力时程

增大结构在地震下的损伤概率。因此,研究考虑流固耦合效应的深水基础地震反应分析方法对提高桥梁的地震安全性,保障人民的生命财产安全具有重大的现实意义。

2. 桥墩高阶振型影响

现有流固耦合地震解析分析方法大多基于模态叠加原理进行计算,但是,因为数学计算的困难,大多解析方法只计入结构一阶振型计算动水效应,而忽略了高阶振型的影响[59]。

图 2-16 和 2-17 分别给出了不同模态叠加数目 j、水下圆柱桥墩的墩顶频域、时域地震响应曲线,地震响应峰值见表 2-4:$j=1$ 表示使用模态叠加(Mode

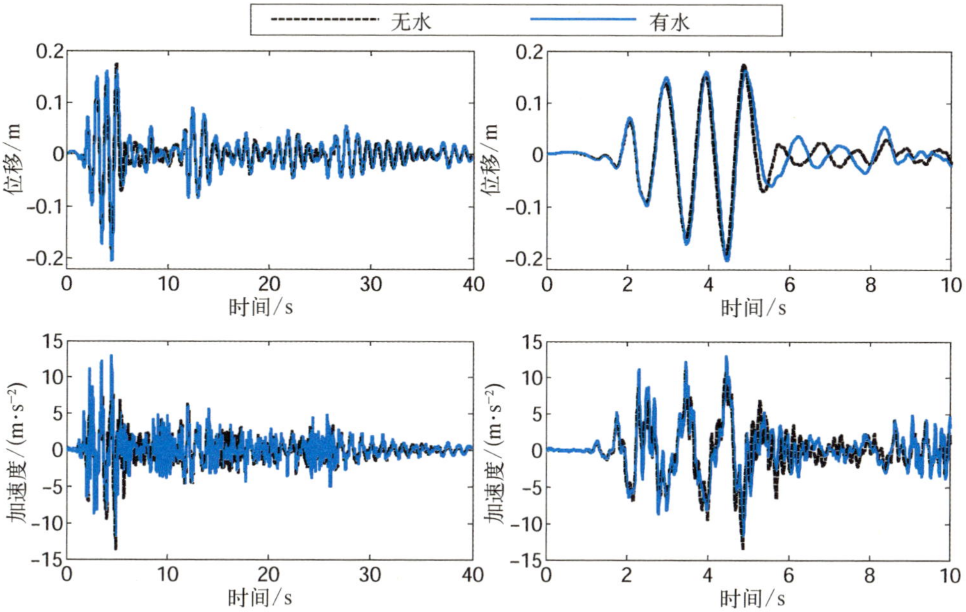

图 2-15　墩顶地震响应时程

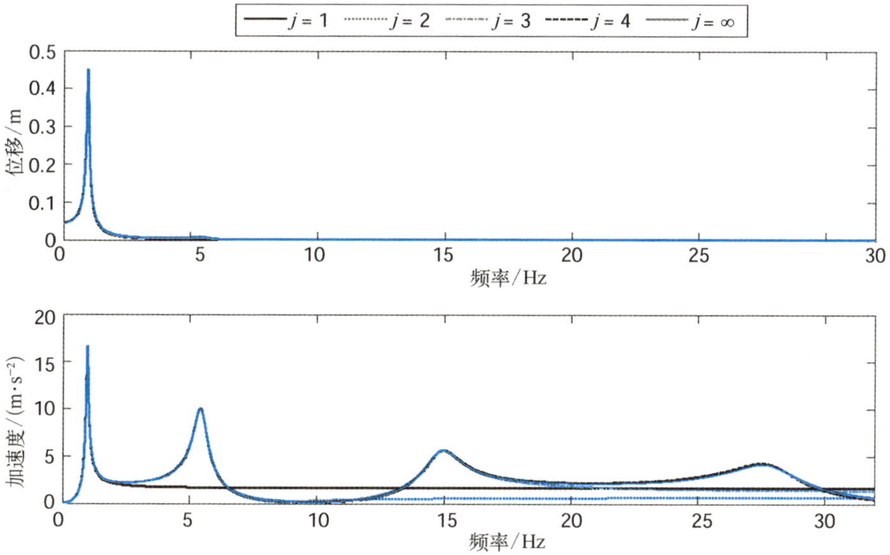

图 2-16　不同模态叠加阶数 j，墩顶位移、加速度频响曲线

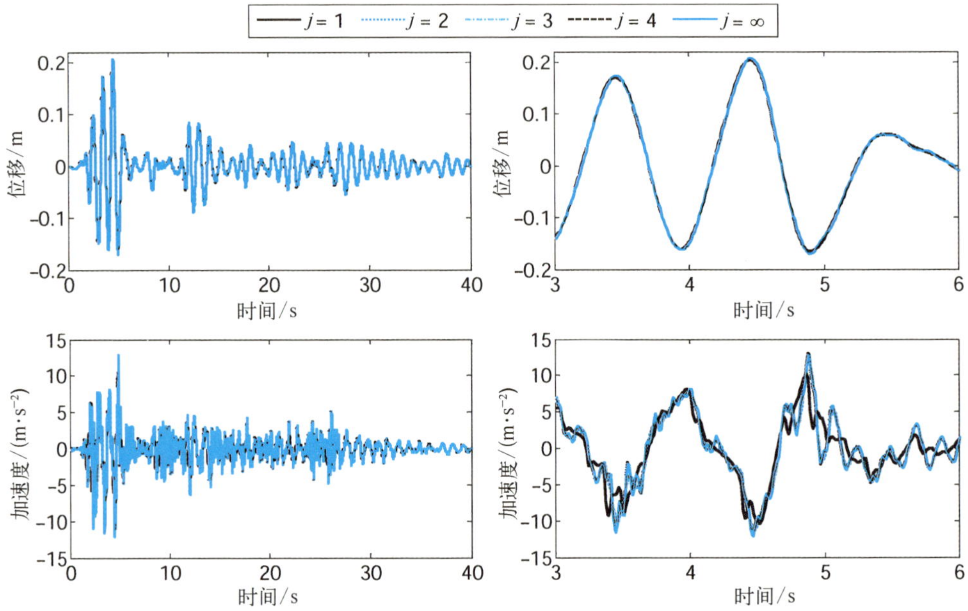

图 2-17　不同模态叠加阶数 j，墩顶地震响应时程曲线(右图为 3～6 s 地震响应)

Superposition)方法进行地震响应时程分析时，仅考虑结构第一阶振型计算得到的响应；$j=2$ 表示使用模态叠加方法进行分析时，考虑结构前两阶振型的结果；$j=3$，4 依次类推；$j=\infty$ 则为直接采用 Newmark β 方法进行地震时程分析的结果。

表 2-4　不同模态叠加阶数 j，圆柱桥墩地震响应峰值对比

工况		$j=1$	$j=2$	$j=3$	$j=4$	$j=\infty$
位移/m	最大值	0.204 0	0.206 7	0.206 8	0.206 8	0.206 8
	最小值	−0.165 2	−0.170 0	−0.170 0	−0.170 0	−0.170 0
加速度/($m\cdot s^{-2}$)	最大值	10.155	12.588	12.837	12.955	12.915
	最小值	−10.395	−11.285	−12.151	−12.076	−12.081

由图 2-16 和图 2-17 可知，加速度响应对高阶振型比较敏感；只考虑一阶振型会造成较大误差，而考虑前四阶振型后，基本可以得到和隐式地震时程分析基本相同的结果。鉴于传统方法对高阶振型的影响考虑不足，在本书后续的研究中，作者将对考虑高阶振型的深水桥墩流固耦合地震反应解析计算方法进行研究。

2.5.3　深水连续梁桥地震响应分析

本节以图 2-18 所示某跨径布置为 60 m+60 m+60 m、墩高为 35 m 的三

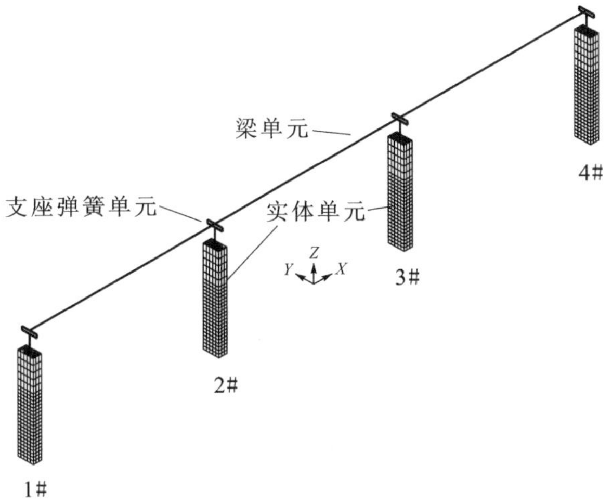

图 2-18　深水连续梁桥算例

跨连续梁桥为例，有限元分析了考虑动水效应对桥梁地震响应的影响。

主梁采用图 2-19 所示箱型截面，四根桥墩采用 5 m×2.6 m 矩形截面实心墩，桥墩、主梁分别采用 C45 和 C55 混凝土，#2 墩为固定墩，其余墩为滑动墩，不考虑支座非线性。考虑水体时，水深 20 m，考虑水体可压缩性，水体压缩波速 $C_w = 1\,440$ m/s，密度 $\rho_w = 1\,000$ kg/m^3。

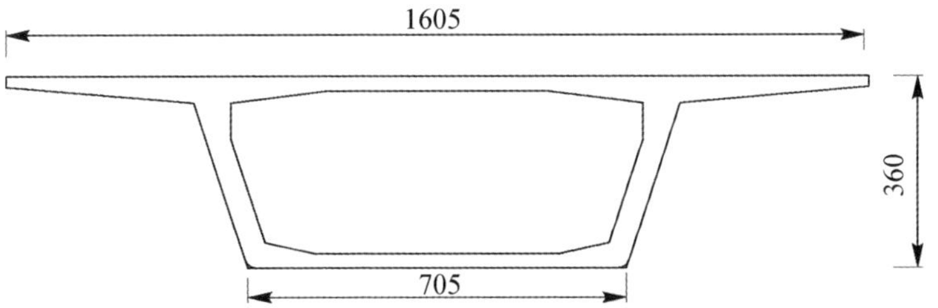

图 2-19　连续梁桥主梁截面示意图(单位：cm)

建模时，桥墩底至墩高 30 m 范围采用三维实体单元，桥墩上部及盖梁、主梁采用梁单元建模，梁单元与实体单元采用定义自由度约束方程的方式实现梁与实体单元之间弯矩、剪力的传递，盖梁与主梁采用弹簧单元模拟支座；考虑流固耦合效应时，水体采用三维势流体单元模拟，有限元模型如图 2-20 所示。水与桥墩接触的位置设置流固耦合边界，模态分析时，水体上表面采用自由液面边界，忽略表面波，水体四周和底面采用固壁边界；时程分析时，水体表面计入表面波，水体四周采用无限远边界取代固壁，以消除波浪反射对时程计算结果的影响。

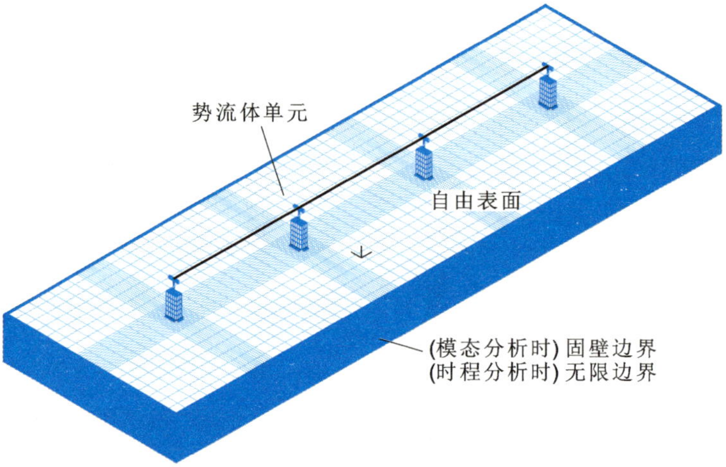

图 2-20　深水连续梁桥流固耦合有限元模型

1. 模态分析结果

表 2-5 给出了桥梁在无水和有水时的前三阶模态及自振周期。对比结构周期可以发现，由于水的存在，结构各阶模态振动周期增大，这与过去按照动水附加质量效应所得到的结果[134]是一致的。此外，水对高阶模态周期的放大效果也较其对低阶振型的影响要强，这与上节水对桥墩模态的影响规律相同。

表 2-5　水体对连续梁桥模态的影响

阶数	振型形状	无水周期	有水周期	动水影响
1		3.621	3.625	+0.1%
2		1.071	1.072	+0.1%
3		0.814	0.832	+2.3%

2. 时程分析结果

沿顺桥向输入 El Centro 地震波，采用 Rayleigh 阻尼。图 2-21 和图 2-22 分别给出了连续梁桥无水模型和有水耦合模型的#2 固定墩的墩底和墩顶地震响应；图 2-23 和图 2-24 则分别给出了连续梁桥#3 滑动墩的墩底和墩顶地震响应。同时，表 2-6 和表 2-7 列出了固定墩与滑动墩的响应峰值。

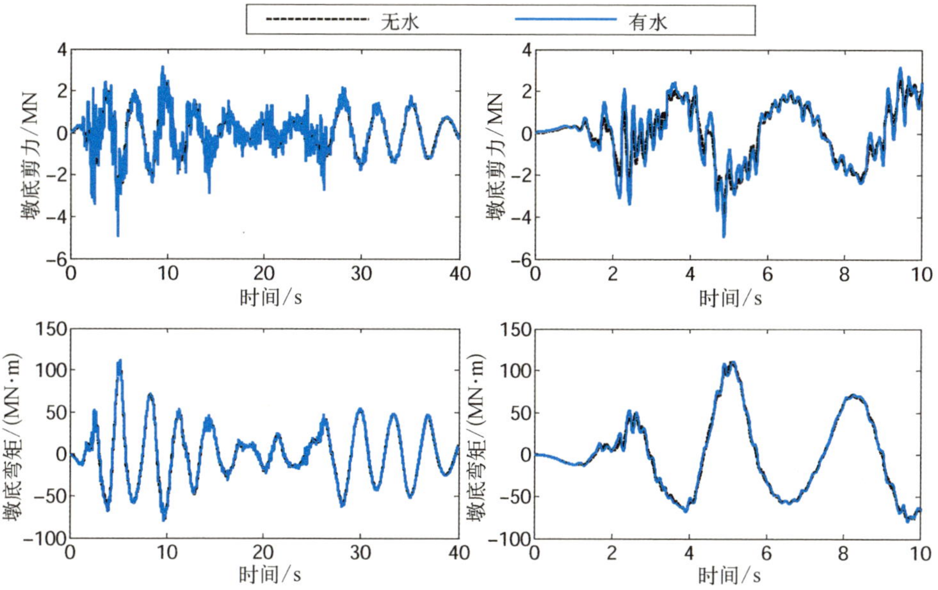

图 2-21　固定墩墩底地震力时程(右图为 0～10 s 地震响应)

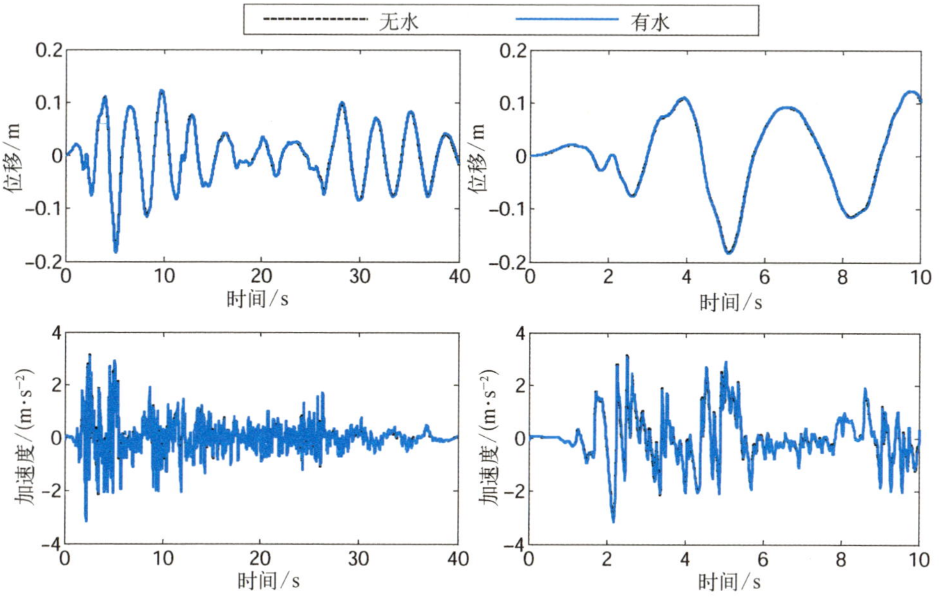

图 2-22　固定墩墩顶地震响应时程(右图为 0～10 s 地震响应)

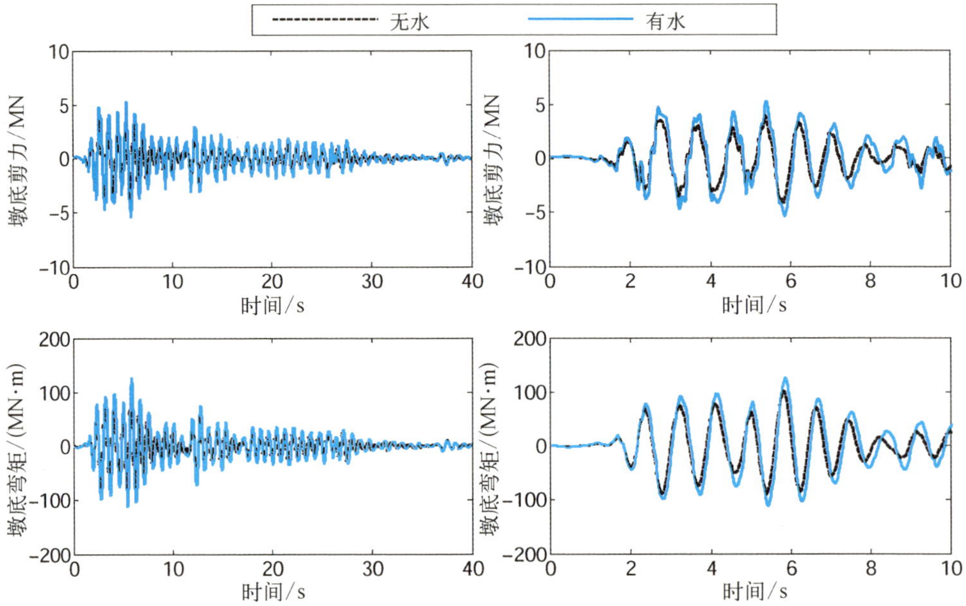

图 2-23　滑动墩墩底地震力时程(右图为 0～10 s 地震响应)

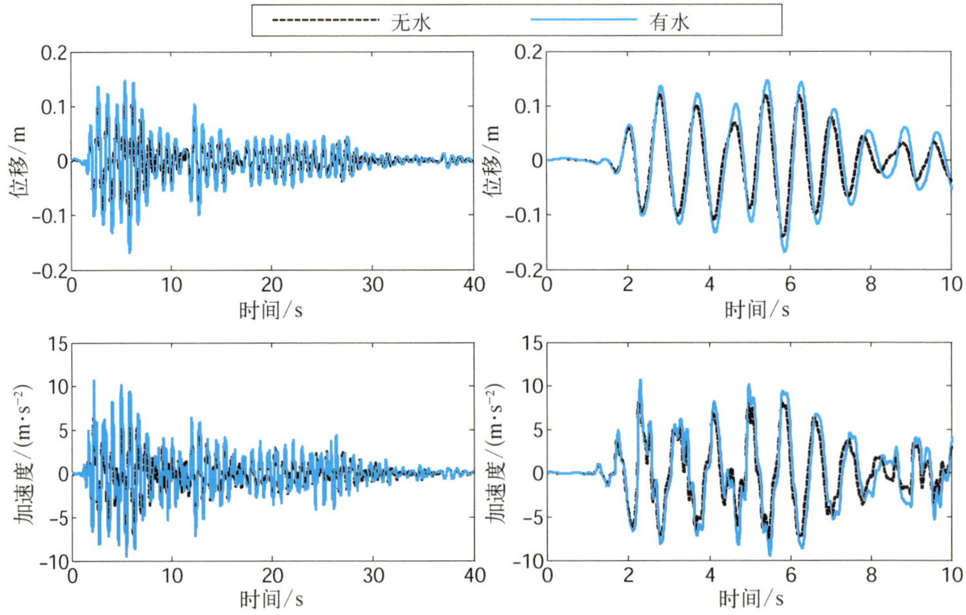

图 2-24　滑动墩墩顶地震响应时程(右图为 0～10 s 地震响应)

表 2－6　固定墩有、无考虑水体的地震响应

水体＼峰值	剪力/MN		弯矩/(MN·m)		位移/m		加速度/($m \cdot s^{-2}$)	
	max	min	max	min	max	min	max	min
无水	2.50	−4.19	109.4	−77.2	0.121	−0.182	3.137	−3.117
有水	3.13	−4.93	110.4	−79.7	0.122	−0.184	3.105	−3.142
增幅	25.2%	17.7%	0.9%	3.2%	0.8%	1.1%	−1.0%	0.8%

表 2－7　滑动墩有、无考虑水体的地震响应

水体＼峰值	剪力/MN		弯矩/(MN·m)		位移/m		加速度/($m \cdot s^{-2}$)	
	max	min	max	min	max	min	max	min
无水	3.98	−4.08	100.6	−89	0.122	−0.139	9.49	−7.35
有水	5.25	−5.4	125	−111	0.146	−0.168	10.62	−9.48
增幅	31.9%	32.4%	24.3%	24.7%	19.7%	20.9%	11.9%	29.0%

通过比较无水、有水情况下，固定墩、活动墩的墩底弯矩、剪力以及墩顶位移、加速度可以发现：① 对于固定墩，考虑水体后，墩底剪力有明显的放大，增幅超过 15%，而水对墩底弯矩、墩顶位移和加速度的影响较小；② 考虑水体后，活动墩的所有地震响应都明显增大，增幅普遍超过 20%，其中，对剪力的影响最为明显，剪力增大超过 30%。此例中，水对活动墩地震响应的影响明显强于其对固定墩地震响应的影响。相比固定墩，活动墩在纵向振动的时候没有主梁的参与，其整体质量较小，因此，相同水深情况下，考虑流固耦合效应后，动水质量效应对滑动墩的影响更加显著。

综上，不考虑流固耦合效应将会明显低估桥墩，尤其是滑动墩的地震需求，从而影响深水桥梁的地震安全性。

2.6　本 章 小 节

本章首先给出了基于 $\phi-U$ 格式势流体理论进行考虑水-结构耦合系统的时域及频域动力反应分析理论，基于 ADINA 软件平台详细讨论了流固耦合建模及地震频域、时域反应分析中：流体单元的选取、流固耦合接触、流体边界定义及精细化网格划分等问题；基于上述方法对前人深水单桩模态试验进行数值模

拟，通过与试验结果比较验证了势流体有限元方法的有效性；最后，通过数值方法初步研究了考虑水体等多种因素对深水桥墩和深水连续梁桥地震响应的影响，为下面的理论、试验研究提供了有力的计算工具和理论依托。

第3章 深水桥墩考虑多介质耦合的解析计算

根据文献综述，关于深水圆截面桥墩的既有研究成果较少可以考虑高阶振型贡献、水、土多种耦合效应的影响，考虑这些因素后流固耦合效应对桥墩地震响应的影响机理也不明确，缺乏完善的理论推导。因此，本章将从解析角度入手，推导兼顾结构柔性、高阶振型、上部结构贡献、场地条件、水深变化及水体可压缩性等因素的深水圆截面桥墩的多介质耦合频域、时域地震响应分析及自振周期计算方法。

3.1 研究对象和基本假设

本节方法适用以下类型的桥墩：① 桥墩满足或近似满足轴对称要求，可由一种或多种材料组成；② 桥墩截面可为空心或实心，且内径可沿高度任意变化；③ 桥墩截面外径倾斜角小于5%时亦适用该方法[145]。

考虑到理论推导的严密性，上部结构被简化为位于墩顶的圆柱体质量块。

本节针对图3-1所示三类圆截面桥墩开展研究。桥墩高 H_s，水深 H_w。水下桥墩圆截面半径 R_s。为方便下面的解析推导，分别采用两种坐标系对桥墩坐标进行定义(图3-1)：① 笛卡尔坐标系(x, y, z)，坐标原点位于桥墩底面中心，z 轴与结构中心对称轴重合；② 柱状坐标系(r, θ, z)，坐标系原点与笛卡尔坐标系重合，r 为点到原点的距离，θ 为研究点与原点连线在(x, y)平面内的投影与 x 轴的夹角。考虑到圆截面桥墩各向同性的特点，下面主要以地震动加速度 $\ddot{u}_g$ 沿 x 轴输入的结构地震响应作为对象开展研究。

为满足结构模态分解和使用 Laplace's Equation 求解波浪方程的需要，下述推导服从如下假设：

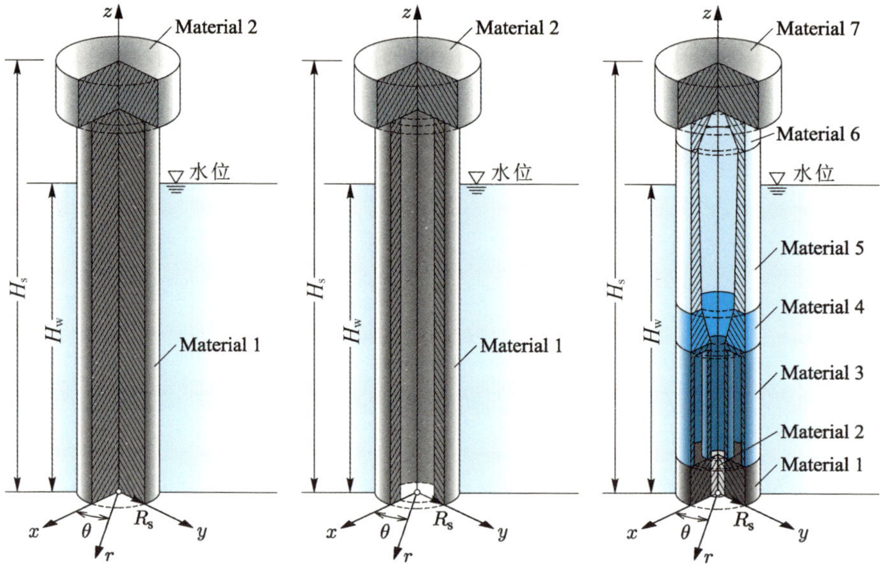

(a) 实心墩　　(b) 空心墩　　(c) 变截面空心墩

图 3-1　研究对象结构示例

(1) 结构材料在地震作用下保持线弹性性质；

(2) 结构位于拥有无限边界的水体中；

(3) 水体无黏、无旋，可压缩；

(4) 水体表面波对结构地震响应的影响非常小，忽略水体表面波的影响。

3.2　地震动水压力与桥墩耦合方程

首先定义柱状坐标系统下 $p(r, \theta, z, t)$ 为作用在墩身为 (r, θ, z) 处的径向动水压力时域响应，它可根据经典线性波浪方程[67]采用如下形式表示：

$$\frac{\partial^2 p}{\partial r^2}+\frac{1}{r}\frac{\partial p}{\partial r}+\frac{1}{r^2}\frac{\partial^2 p}{\partial \theta^2}+\frac{\partial^2 p}{\partial z^2}=\frac{1}{C_w^2}\frac{\partial^2 p}{\partial t^2} \tag{3-1}$$

式中，C_w 为声音在水中的传播速度。根据文献[59]，地震作用下，上述动水压力方程满足以下边界条件：

(1) 忽略自由液面表面波，当 $z=H_w$ 时，有

$$p(r,\ \theta,\ H_w,\ t)=0 \tag{3-2}$$

(2) 水底无竖向位移，当 $z=0$ 时，有

$$\frac{\partial p}{\partial z}(r,\ \theta,\ 0,\ t)=0 \tag{3-3}$$

(3) 流固耦合边界的位移、压力相容条件，当 $r=R_s$ 时，有

$$\frac{\partial p}{\partial r}(R_s,\ \theta,\ z,\ t)=-\rho_w\psi_j^{(x)}(z)\cos(\theta)e^{i\omega t} \tag{3-4}$$

式中，ρ_w 为水体密度。

(4) 结构在 $x-z$ 平面服从下述对称关系，例如，对 $\theta=0$，有

$$\frac{\partial p}{\partial \theta}(r,\ 0,\ z,\ t)=\frac{\partial p}{\partial \theta}(r,\ \pi,\ z,\ t) \tag{3-5}$$

当结构受到沿 x 轴输入的圆频率为 ω 的单位简谐加速度荷载 $\ddot{u}_g(t)=e^{i\omega t}$ 时，动水压力的频域响应可以用下式表达 $\bar{p}(r,\ \theta,\ z,\ \omega)=p(r,\ \theta,\ z,\ t)e^{-i\omega t}$。根据文献[59,146,147]，当考虑高阶振型影响时，作用在水下桥墩外表面 P 点 $(r=R_s,\ \theta=0,\ z)$ 的径向动水压力频域响应可进行如下分解：

$$\bar{p}(R_s,\ 0,\ z,\ \omega)=\bar{p}_0(R_s,\ 0,\ z,\ \omega)-\omega^2\sum_{j=1}^{N_s}\bar{Z}_j(\omega)\ \bar{p}_j(R_s,\ 0,\ z,\ \omega) \tag{3-6}$$

式中，$\bar{p}_0$ 为结构做刚体运动时产生的动水压力频域响应方程；$\bar{p}_j$ 为水中结构按照水平加速度 $\psi_j(z)$ 进行振动时产生的动水压力频域响应方程，其中，ψ_j 即为结构计入无质量地基影响后的第 j 阶振型函数；$\bar{Z}_j$ 是对应于该振型的广义坐标；N_s 为分析过程中所使用的结构 x 向振型总数。考虑到时域响应在实际结构分析中更加实用，作用在 P 点 $(r=R_s,\ \theta=0,\ z)$ 的径向动水压力时域响应可按照如下变换根据该点的频域响应计算得到：

$$p(R_s,\ \theta,\ z,\ t)=p(R_s,\ 0,\ z,\ t)\cos(\theta);$$

$$\bar{p}(R_s,\ \theta,\ z,\ \omega)=\bar{p}(R_s,\ 0,\ z,\ \omega)\cos(\theta) \tag{3-7}$$

Liaw 和 Chopra[59] 根据上节所述边界条件式(3-2)—式(3-5)求解了波浪方程(3-1)，提出了当 $j=1,\ 2,\ \cdots,\ N_s$ 时动水频域响应 $\bar{p}_0$ 和 $\bar{p}_j$ 的闭合解析表

达式，为了便于下面的分析推导，并增强方法的可编程性，我们根据本书的符号体系，重写上述解析解如下：

$$\bar{p}_0(R_s,\theta,z,\omega)=\frac{4\rho_w}{H_w}\left[\sum_{n=1}^{\bar{n}-1}\frac{I_{0n}}{\kappa_n}\mathcal{D}_n(\kappa_n,R_s)\cos(\lambda_n z)e^{i\tau_n R_s}+\sum_{n=\bar{n}}^{N_w}\frac{I_{0n}}{\kappa'_n}\mathcal{E}_n(\kappa'_n,R_s)\cos(\lambda_n z)\right]\cos(\theta) \tag{3-8}$$

$$\bar{p}_j(R_s,\theta,z,\omega)=\frac{4\rho_w}{H_w}\left[\sum_{n=1}^{\bar{n}-1}\frac{I_{jn}}{\kappa_n}\mathcal{D}_n(\kappa_n,R_s)\cos(\lambda_n z)e^{i\tau_n R_s}+\sum_{n=\bar{n}}^{N_w}\frac{I_{jn}}{\kappa'_n}\mathcal{E}_n(\kappa'_n,R_s)\cos(\lambda_n z)\right]\cos(\theta) \tag{3-9}$$

式中，N_w 为计算过程中计入的水体振型总数。

各参数 λ_n，κ_n，κ'_n，I_{0n}，I_{jn}，$\mathcal{D}_n$，$\mathcal{E}_n$ 和 τ_n 分别由以下解析式给出：

$$\lambda_n=\frac{(2n-1)\pi}{2H_w};\quad \kappa_n=\sqrt{\frac{\omega^2}{C_w^2}-\lambda_n^2};\quad \kappa'_n=-i\kappa_n \tag{3-10}$$

$$I_{0n}=-\frac{2H_w(-1)^n}{\pi(2n-1)};\quad I_{jn}=\int_0^{H_w}\psi_j^{(x)}(z)\cos(\lambda_n z)dz \tag{3-11}$$

$$\mathcal{E}_n(\kappa'_n,R_s)=\frac{\mathbf{K}_1(\kappa'_n R_s)}{\mathbf{K}_0(\kappa'_n R_s)+\mathbf{K}_2(\kappa'_n R_s)} \tag{3-12}$$

$$\mathcal{D}_n(\kappa_n,R_s)=\sqrt{\frac{[\mathbf{J}_1(\kappa_n R_s)]^2+[\mathbf{Y}_1(\kappa_n R_s)]^2}{[\mathbf{J}_0(\kappa_n R_s)-\mathbf{J}_2(\kappa_n R_s)]^2+[\mathbf{Y}_0(\kappa_n R_s)-\mathbf{Y}_2(\kappa_n R_s)]^2}} \tag{3-13}$$

$$\tau_n R_s=\arctan\left\{\frac{[\mathbf{Y}_0(\kappa_n R_s)-\mathbf{Y}_2(\kappa_n R_s)]\mathbf{J}_1(\kappa_n R_s)-[\mathbf{J}_0(\kappa_n R_s)-\mathbf{J}_2(\kappa_n R_s)]\mathbf{Y}_1(\kappa_n R_s)}{[\mathbf{J}_0(\kappa_n R_s)-\mathbf{J}_2(\kappa_n R_s)]\mathbf{J}_1(\kappa_n R_s)+[\mathbf{Y}_0(\kappa_n R_s)-\mathbf{Y}_2(\kappa_n R_s)]\mathbf{Y}_1(\kappa_n R_s)}\right\} \tag{3-14}$$

根据各参数在公式中出现的顺序，$\mathbf{K}_\ell$ 为第二类 $\ell=1,2,3$ 阶修正贝塞尔函数；$\mathbf{J}_\ell$ 为第一类 $\ell=1,2,3$ 阶贝塞尔函数；$\mathbf{Y}_\ell$ 为第二类 $\ell=1,2,3$ 阶贝塞尔函数。在式(3-8)和式(3-9)的积分序列中出现的 $\bar{n}$ 等于满足 $\lambda_n>\frac{\omega}{C_w}$ 的最小项数 n。对 $\bar{n}=1$ 恒成立的情况，式(3-8)和式(3-9)的第一积分项将不再存在。

上述公式推导过程中考虑了水体可压缩性。根据文献[57]，对于大直径圆柱结构而言，水体可压缩和不可压缩模型的动水力差异显著，分析中应该考虑水体的可压缩性；而对于小直径圆柱结构而言，水体可压缩和不可压缩模型的动水力基本一致，可以不考虑水体的可压缩性，采用不可压缩水体附加质量模型计算结构动水力。因此，当忽略水体可压缩性时，由式(3－8)和式(3－9)给出的动水压力频域解 $\bar{p}_0$ 和 $\bar{p}_j$ 可以简化为如下形式：

$$\bar{p}_0(R_s, z, \theta, \omega) = \sum_{n=1}^{N_w} \bar{p}_{0n}(R_s, z, \theta, \omega) \tag{3-15}$$

$$\bar{p}_j(R_s, z, \theta, \omega) = \sum_{n=1}^{N_w} \bar{p}_{jn}(R_s, z, \theta, \omega) \tag{3-16}$$

其中

$$\bar{p}_{0n}(R_s, z, \theta, \omega) = \frac{4\rho_w}{H_w}\frac{I_{0n}}{\kappa'_n}\mathcal{E}_n(\kappa'_n, R_s)\cos(\lambda_n z)\cos(\theta) \tag{3-17}$$

$$\bar{p}_{jn}(R_s, z, \theta, \omega) = \frac{4\rho_w}{H_w}\frac{I_{jn}}{\kappa'_n}\mathcal{E}_n(\kappa'_n, R_s)\cos(\lambda_n z)\cos(\theta) \tag{3-18}$$

式中，λ_n，I_{0n}，I_{jn} and $\mathcal{E}_n(\kappa'_n R_s)$ 仍然由式(3－10)、式(3－11)和式(3－12)分别给出，而 κ'_n 则由以下简化公式代替：

$$\kappa'_n = \frac{(2n-1)\pi}{2H_w} \tag{3-19}$$

3.2.1　包含高阶效应水中桥墩动力响应方程

基于模态叠加原理和振型正交性，结构频域广义坐标 $\bar{Z}_j$，$j=1, \cdots, N_s$，可以通过求解下列方程组得到：

$$\bar{\boldsymbol{S}}\bar{\boldsymbol{Z}} = \bar{\boldsymbol{Q}} \tag{3-20}$$

当 $j=1, \cdots, N_s$、$m=1, \cdots, N_s$ 时

$$\bar{S}_{j,m}(\omega) = (-\omega^2 + \omega_j^2 + 2\mathrm{i}\omega\omega_j\xi_j)M_j\delta_{m,j} - \omega^2 B_{j,m}(\omega) \tag{3-21}$$

$$\bar{Q}_m(\omega) = -L_m - B_{0,m}(\omega) \tag{3-22}$$

式中

$$B_{0,m}(\omega)=R_s\int_0^{H_w}\int_0^{2\pi}\bar{p}_0(R_s,\theta,z,\omega)\cos(\theta)\psi_m(z)\mathrm{d}\theta\mathrm{d}z \tag{3-23}$$

$$B_{j,m}(\omega)=R_s\int_0^{H_w}\int_0^{2\pi}\bar{p}_j(R_s,\theta,z,\omega)\cos(\theta)\psi_m(z)\mathrm{d}\theta\mathrm{d}z \tag{3-24}$$

$\delta_{m,j}$ 为克罗内克符号：

$$\delta_{m,j}=\begin{cases}1, & m=j\\0, & m\neq j\end{cases} \tag{3-25}$$

ω_j 为不考虑水时，桥墩结构按第 j 阶 ψ_j 振型振动时的圆频率；ξ_j 为相应的模态阻尼；而 M_j 和 L_m 则分别代表结构此时的广义质量及广义力，可根据下式求解：

$$M_j=\int_0^{H_s}\rho_s(z)[\psi_j(z)]^2\mathrm{d}z;\ L_m=\int_0^{H_s}\rho_s(z)\psi_m(z)\mathrm{d}z \tag{3-26}$$

式中，$\rho_s(z)$ 是结构沿高度的线密度函数。对于利用有限元软件求解振型的情况，通常软件内部已经进行过质量归一化，即广义质量 $M_j=1$，对 $j=1, 2, \cdots, N_s$ 恒成立。

将式(3-8)和式(3-9)分别代入式(3-23)和式(3-24)中，并结合式(3-11)，可知，当 $j=1, \cdots, N_s$、$m=1, \cdots, N_s$ 时，有

$$B_{0,m}(\omega)=\frac{4\pi\rho_w R_s}{H_w}\left[\sum_{n=1}^{\bar{n}-1}I_{0n}I_{mn}\frac{\mathcal{D}_n(\kappa_n,R_s)}{\kappa_n}\mathrm{e}^{\mathrm{i}\tau_n R_s}+\sum_{n=\bar{n}}^{N_w}I_{0n}I_{mn}\frac{\mathcal{E}_n(\kappa'_n,R_s)}{\kappa'_n}\right] \tag{3-27}$$

$$B_{j,m}(\omega)=\frac{4\pi\rho_w R_s}{H_w}\left[\sum_{n=1}^{\bar{n}-1}I_{jn}I_{mn}\frac{\mathcal{D}_n(\kappa_n,R_s)}{\kappa_n}\mathrm{e}^{\mathrm{i}\tau_n R_s}+\sum_{n=\bar{n}}^{N_w}I_{jn}I_{mn}\frac{\mathcal{E}_n(\kappa'_n,R_s)}{\kappa'_n}\right] \tag{3-28}$$

当忽略水体可压缩性时，参数 $B_{0,m}$ 和 $B_{j,m}$ 与频率无关，此时，式(3-27)和式(3-28)可以改写为如下形式：

$$B_{0,m}=\frac{4\rho_w R_s\pi}{H_w}\left[\sum_{n=1}^{N_w}I_{0n}I_{mn}\frac{\mathcal{E}_n(\kappa'_n,R_s)}{\kappa'_n}\right] \tag{3-29}$$

$$B_{j,m}=\frac{4\rho_w R_s\pi}{H_w}\left[\sum_{n=1}^{N_w}I_{jn}I_{mn}\frac{\mathcal{E}_n(\kappa'_n,R_s)}{\kappa'_n}\right] \tag{3-30}$$

3.2.2　公式简化

注意到，无论考虑流体可压缩性与否，$B_{0,m}$ 和 $B_{j,m}$，$j=1, \cdots, N_s$；$m=1, \cdots, N_s$ 均包含由式(3-12)、式(3-13)和式(3-14)给出的 $\mathcal{D}_n$，$\mathcal{E}_n$ 和 τ_n 项，它们的解析表达为包含 Bessel 函数的复杂函数，在计算机编程计算时，比较烦琐、低效，且不便于普通工程技术人员应用。为了提高计算效率，作者在充分分析上述三个参数的曲线形状的基础上，采用拟合的多项式有理函数分别代替原精确函数，如式(3-31)、式(3-32)和式(3-32)所示。图 3-2 至图 3-4 分别给出了本书近似解与精确解的对比图。三条近似曲线与精确解的 R 检验值均大于 0.99。

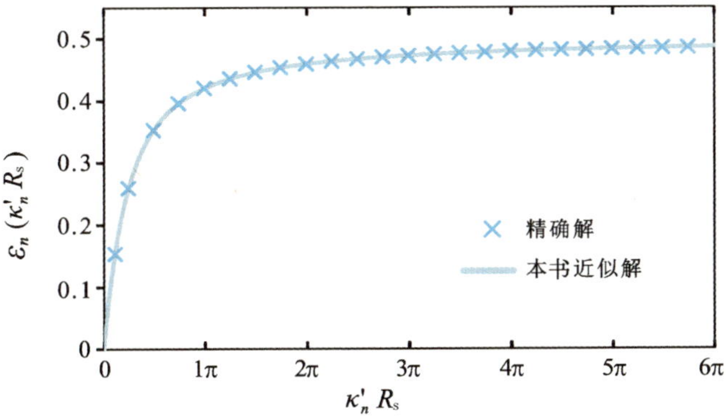

图 3-2　参数 $\mathcal{E}_n(\kappa'_n, R_s)$ 的数值拟合

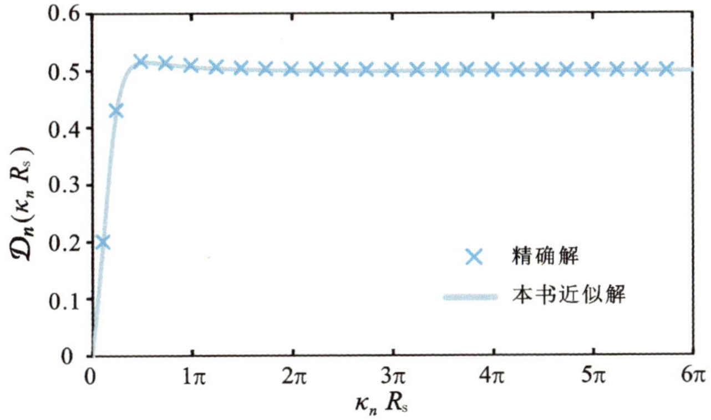

图 3-3　参数 $\mathcal{D}_n(\kappa_n, R_s)$ 的数值拟合

$$\mathcal{E}_n(\kappa'_n, R_s) = \frac{0.5(\kappa'_n R_s)^2 + 0.345\kappa'_n R_s}{(\kappa'_n R_s)^2 + 1.202(\kappa'_n R_s) + 0.670} \tag{3-31}$$

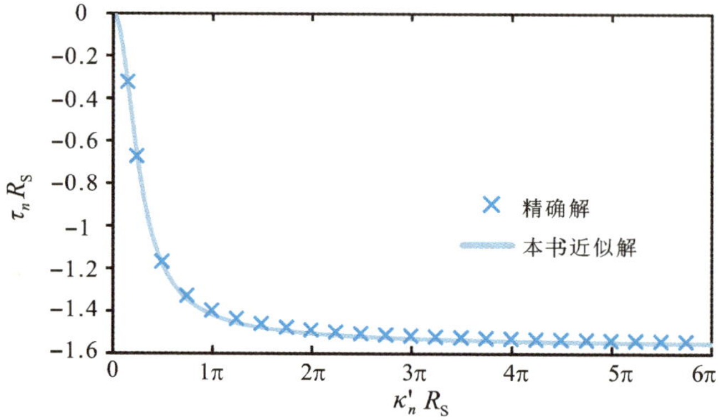

图 3-4　参数 $\tau_n R_s$ 的数值拟合

$$\mathcal{D}_n(\kappa_n, R_s) = \frac{0.5(\kappa_n R_s)^3 - 0.038(\kappa_n R_s)^2 + 0.249\kappa_n R_s}{(\kappa_n R_s)^3 - 0.013(\kappa_n R_s)^2 + 0.019\kappa_n R_s + 0.473} \tag{3-32}$$

$$\tau_n R_s = \arctan\left[\frac{-3.06(\kappa_n R_s)^2 + 0.14\kappa_n R_s - 0.006}{\kappa_n R_s + 1.46}\right] \tag{3-33}$$

3.3　弹性地基的模拟

实际结构不可能是理想边界，土的存在，会减小结构刚度，增大结构尤其顶部的地震响应，造成明显误差。鉴于流固耦合和桩-土相互作用自身的复杂性，同时使用高精度非线性有限元模拟流固耦合及结构-土连续耦合作用仍然面临很多困难[148,149]；边界元方法可以大幅减少单元数，但需要借助外部程序不断迭代，不适于理论推导。

仔细研究弹性地基对结构动力的影响机理，可以发现：考虑弹性地基，不仅使结构频率低于基底完全固结时的结果，同时也会改变结构振型[115]。根据第 3.2.1 节推导可以看出，结构振型函数会对流固耦合计算有重要影响。因此，一种合理、可行的做法既是将基础-土体相互作用简化为一组彼此解耦的墩底弹簧，整合到后续的深水基础耦合计算中，这也是单墩式结构常见的基础模型[150-152]。

对于放大式基础，当场地信息齐全时，地基土刚度计算可以按照文献[153]关于“uncoupled springs”的式(4)—式(7)进行计算。对于桩基础，可以使用我国《公路桥梁抗震设计细则》[31]推荐的 **m** 法进行计算。它的基本原理是将桩作为弹性地基上的梁，按 Winkler 地基梁理论进行求解。根据文献[154]的算例研究，**m** 法与动力 $p-y$ 曲线法对桥墩结构的响应差异是很小的，但应用更为简便，且 **m** 法算得的阻抗矩阵进行抗震分析是可以满足要求的。求得地基弹簧后，对于梁单元模型和实体单元模型，建议分别采用集中和分布弹簧的方式进行定义。

当使用 Euler-Bernoulli 梁理论解析求解振型时，桥墩被简化为平面梁，此时，墩底节点上的弹簧由一个转动弹簧和一个解耦的水平位移弹簧组成，其中，转动弹簧刚度为 K_R，水平弹簧刚度为 K_T。因为桥墩竖向振动振型对结构水平地震响应影响不大，因此，忽略竖向弹簧，理想约束墩底竖向自由度，如图 3－5(a)所示。

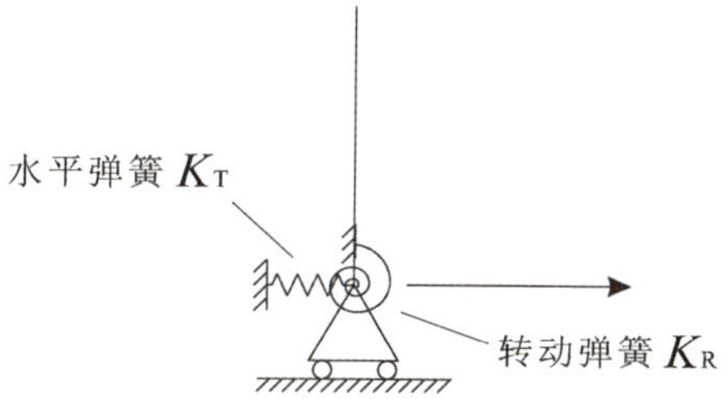

(a) 集中弹簧

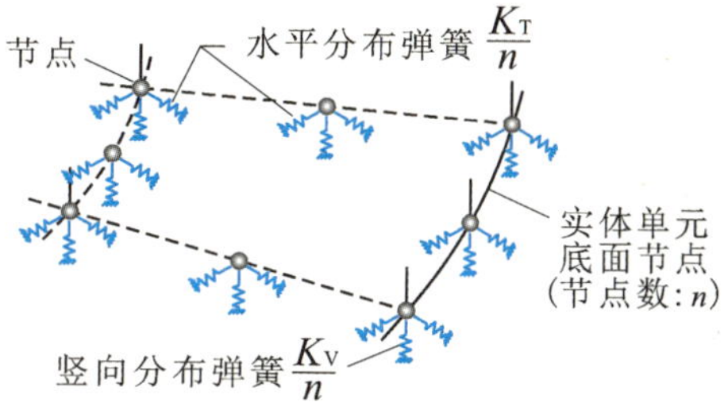

(b) 分布弹簧

图 3－5　弹性地基模拟方法

当利用三维实体有限元模型求解结构振型时，根据上述公式计算的水平位移弹簧需要根据墩底面节点数平均分布到截面的每个节点上，如图 3－5(b)所示。另外，因为实体单元的节点没有转动自由度，因此无法像梁单元模型一样，直接在墩底节点施加转动弹簧，因此，可以通过在节点上定义竖向弹簧模拟地基的转动刚度。取墩底截面竖向刚度总和为 K_V，当 Winkler 弹性地基梁模型成立时，它与地基土转动刚度 K_R 满足以下关系：

$$K_R = \frac{K_V}{A_s} I_s \tag{3-34}$$

其中，A_s 和 I_s 分别为墩底截面面积和转动惯量。求得 K_V 后，将其平均分布在墩底截面上节点即可实现在实体模型中定义转动弹簧的目的。

3.4　基于不同振型解法的动力方程求解

为求解动力方程组(3－20)，根据前文推导，为确定结构受到沿 x 向的地震作

用 $\ddot{u}_g$ 时的地震响应,需要首先确定结构在无水状态下的沿 x 向的振动频率 ω_j 和振型 ψ_j。为求解这两个关键参数,并使本书方法可以兼顾上部结构贡献和场地条件的影响,下文分别推导了利用桥墩振型严格解析解和有限元解的两种计算步骤。

3.4.1 基于 Euler-Bernoulli 解析振型的改进算法

首先建立图 3-6 所示桥墩简化模型,桥墩采用 Euler-Bernoulli 梁模拟,图中 E_sI_s 为桥墩刚度;m_0,J_0 分别是上部结构质量及质心处的等效转动惯矩;e 为上部结构质心距墩顶距离;K_T 和 K_R 分别为桥墩地基水平刚度和抗弯刚度。

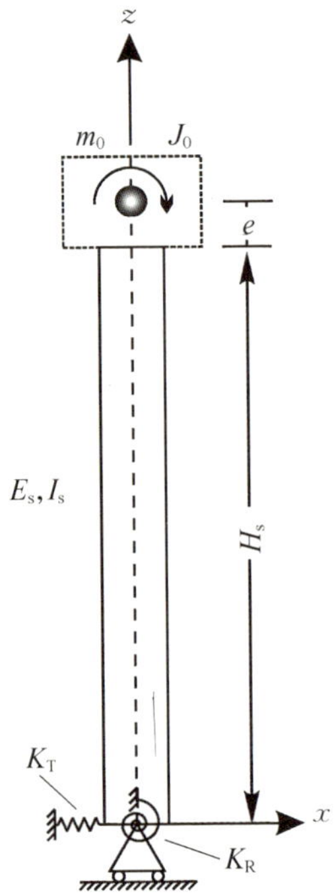

图 3-6 基于 Euler-Bernoulli 理论桥墩简化模型

根据文献[155],结构无水情况下的振型 ψ_j, $j=1,\cdots,N_s$,可以表示为

$$\psi_j(z)=A_1^{(j)}\cos(\beta_j z)+A_2^{(j)}\sin(\beta_j z)+A_3^{(j)}\cosh(\beta_j z)+A_4^{(j)}\sinh(\beta_j z) \quad (3-35)$$

式中,β_j 为对应结构无水时第 j 阶频率 ω_j 的特征值:

$$\beta_j^4=\frac{\omega_j^2\mu_s}{E_sI_s};\ \omega_j=\beta_j^2\sqrt{\frac{E_sI_s}{\mu_s}} \quad (3-36)$$

其中,未知数 $A_1^{(j)}$, $A_2^{(j)}$, $A_3^{(j)}$ 和 $A_4^{(j)}$ 可以利用下述四个边界条件按如下方式求得:

$$E_sI_s\psi'''(0)=-K_T\psi(0) \quad (3-37)$$

$$E_sI_s\psi''(0)=K_R\psi'(0) \quad (3-38)$$

$$E_sI_s\psi''(H_s)=m_0e\omega^2\psi(H_s)+(J_0+m_0e^2)\omega^2\psi'(H_s) \quad (3-39)$$

$$E_sI_s\psi'''(H_s)=-m_0\omega^2\psi(H_s)-m_0e\omega^2\psi'(H_s) \quad (3-40)$$

将式(3-35)代入式(3-37)—式(3-40),可得到以下方程组:

$$\begin{bmatrix} \boldsymbol{a}_{11}^{(j)} & \boldsymbol{a}_{12}^{(j)} & \boldsymbol{a}_{13}^{(j)} & \boldsymbol{a}_{14}^{(j)} \\ \boldsymbol{a}_{21}^{(j)} & \boldsymbol{a}_{22}^{(j)} & \boldsymbol{a}_{23}^{(j)} & \boldsymbol{a}_{24}^{(j)} \\ \boldsymbol{a}_{31}^{(j)} & \boldsymbol{a}_{32}^{(j)} & \boldsymbol{a}_{33}^{(j)} & \boldsymbol{a}_{34}^{(j)} \\ \boldsymbol{a}_{41}^{(j)} & \boldsymbol{a}_{42}^{(j)} & \boldsymbol{a}_{43}^{(j)} & \boldsymbol{a}_{44}^{(j)} \end{bmatrix}\begin{bmatrix} A_1^{(j)} \\ A_2^{(j)} \\ A_3^{(j)} \\ A_4^{(j)} \end{bmatrix}=0 \quad (3-41)$$

式中

$$\boldsymbol{a}_{11}^{(j)}=\boldsymbol{a}_{13}^{(j)}=K_{\mathrm{T}};\ \boldsymbol{a}_{12}^{(j)}=-\boldsymbol{a}_{14}^{(j)}=-E_{\mathrm{s}}I_{\mathrm{s}}\beta_j^3 \tag{3-42}$$

$$\boldsymbol{a}_{21}^{(j)}=-\boldsymbol{a}_{23}=-E_{\mathrm{s}}I_{\mathrm{s}}\beta_j^2;\ \boldsymbol{a}_{22}^{(j)}=\boldsymbol{a}_{24}=-K_{\mathrm{R}}\beta_j \tag{3-43}$$

$$\boldsymbol{a}_{31}^{(j)}=\frac{\beta_j^5(m_0e^2+J_0)\sin(\beta_jH_{\mathrm{s}})}{\mu_{\mathrm{s}}}-\beta_j^2\cos(\beta_jH_{\mathrm{s}})-\frac{\beta_j^4m_0e\cos(\beta_jH_{\mathrm{s}})}{\mu_{\mathrm{s}}} \tag{3-44}$$

$$\boldsymbol{a}_{32}^{(j)}=-\beta_j^2\sin(\beta_jH_{\mathrm{s}})-\frac{\beta_j^5(m_0e^2+J_0)\cos(\beta_jH_{\mathrm{s}})}{\mu_{\mathrm{s}}}-\frac{\beta_j^4m_0e\sin(\beta_jH_{\mathrm{s}})}{\mu_{\mathrm{s}}} \tag{3-45}$$

$$\boldsymbol{a}_{33}^{(j)}=\beta_j^2\cosh(\beta_jH_{\mathrm{s}})-\frac{\beta_j^5(m_0e^2+J_0)\sinh(\beta_jH_{\mathrm{s}})}{\mu_{\mathrm{s}}}-\frac{\beta_j^4m_0e\cosh(\beta_jH_{\mathrm{s}})}{\mu_{\mathrm{s}}} \tag{3-46}$$

$$\boldsymbol{a}_{34}^{(j)}=\beta_j^2\sinh(\beta_jH_{\mathrm{s}})-\frac{\beta_j^5(m_0e^2+J_0)\cosh(\beta_jH_{\mathrm{s}})}{\mu_{\mathrm{s}}}-\frac{\beta_j^4m_0e\sinh(\beta_jH_{\mathrm{s}})}{\mu_{\mathrm{s}}} \tag{3-47}$$

$$\boldsymbol{a}_{41}^{(j)}=\beta_j^3\sin(\beta_jH_{\mathrm{s}})+\frac{\beta_j^4m_0\cos(\beta_jH_{\mathrm{s}})}{\mu_{\mathrm{s}}}-\frac{\beta_j^5m_0e\sin(\beta_jH_{\mathrm{s}})}{\mu_{\mathrm{s}}} \tag{3-48}$$

$$\boldsymbol{a}_{42}^{(j)}=-\beta_j^3\cos(\beta_jH_{\mathrm{s}})+\frac{\beta_j^4m_0\sin(\beta_jH_{\mathrm{s}})}{\mu_{\mathrm{s}}}+\frac{\beta_j^5m_0e\cos(\beta_jH_{\mathrm{s}})}{\mu_{\mathrm{s}}} \tag{3-49}$$

$$\boldsymbol{a}_{43}^{(j)}=\beta_j^3\sinh(\beta_jH_{\mathrm{s}})+\frac{\beta_j^4m_0\cosh(\beta_jH_{\mathrm{s}})}{\mu_{\mathrm{s}}}+\frac{\beta_j^5m_0e\sinh(\beta_jH_{\mathrm{s}})}{\mu_{\mathrm{s}}} \tag{3-50}$$

$$\boldsymbol{a}_{44}^{(j)}=\beta_j^3\cosh(\beta_jH_{\mathrm{s}})+\frac{\beta_j^4m_0\sinh(\beta_jH_{\mathrm{s}})}{\mu_{\mathrm{s}}}+\frac{\beta_j^5m_0e\cosh(\beta_jH_{\mathrm{s}})}{\mu_{\mathrm{s}}} \tag{3-51}$$

方程组(3-41)，当且仅当

$$\mathbf{det}\begin{bmatrix}\boldsymbol{a}_{11}^{(j)} & \boldsymbol{a}_{12}^{(j)} & \boldsymbol{a}_{13}^{(j)} & \boldsymbol{a}_{14}^{(j)}\\ \boldsymbol{a}_{21}^{(j)} & \boldsymbol{a}_{22}^{(j)} & \boldsymbol{a}_{23}^{(j)} & \boldsymbol{a}_{24}^{(j)}\\ \boldsymbol{a}_{31}^{(j)} & \boldsymbol{a}_{32}^{(j)} & \boldsymbol{a}_{33}^{(j)} & \boldsymbol{a}_{34}^{(j)}\\ \boldsymbol{a}_{41}^{(j)} & \boldsymbol{a}_{42}^{(j)} & \boldsymbol{a}_{43}^{(j)} & \boldsymbol{a}_{44}^{(j)}\end{bmatrix}=0 \tag{3-52}$$

成立时，有非零解。

式(3－52)展开后，将变成一个超越方程，有无穷多个根。利用 *Regula falsi*[156]方法可依次求得方程的根 $\beta_1, \beta_2, \cdots, \beta_j, \cdots$。

将 $A_1^{(j)}$ 看作振型函数的归一化因数，其他三个参数 $A_2^{(j)}/A_1^{(j)}$，$A_3^{(j)}/A_1^{(j)}$ 与 $A_4^{(j)}/A_1^{(j)}$ 之间的比例关系可以通过下式求得：

$$\begin{bmatrix} \boldsymbol{a}_{12}^{(j)} & \boldsymbol{a}_{13}^{(j)} & \boldsymbol{a}_{14}^{(j)} \\ \boldsymbol{a}_{22}^{(j)} & \boldsymbol{a}_{23}^{(j)} & \boldsymbol{a}_{24}^{(j)} \\ \boldsymbol{a}_{32}^{(j)} & \boldsymbol{a}_{33}^{(j)} & \boldsymbol{a}_{34}^{(j)} \end{bmatrix} \begin{bmatrix} \dfrac{A_2^{(j)}}{A_1^{(j)}} \\ \dfrac{A_3^{(j)}}{A_1^{(j)}} \\ \dfrac{A_4^{(j)}}{A_1^{(j)}} \end{bmatrix} = \begin{bmatrix} -\boldsymbol{a}_{11}^{(j)} \\ -\boldsymbol{a}_{21}^{(j)} \\ -\boldsymbol{a}_{31}^{(j)} \end{bmatrix} \tag{3-53}$$

将求得的 β_j，$A_1^{(j)}$，$A_2^{(j)}$，$A_3^{(j)}$ 和 $A_4^{(j)}$ 代入式(3－35)之后，可得到第 j 阶振型函数 ψ_j。理论上，此时即可将振型函数式(3－35)代入式(3－11)求解积分项 I_{jn}，然后，根据式(3－27)和式(3－28)(或式(3－29)和式(3－30))求得参数 $B_{0,m}$ 和 $B_{j,m}$。但是，直接积分求解 I_{jn} 需要专门编写积分函数或利用高级程序语言的既有积分函数，计算效率低下。为提高算法效率，我们通过积分式展开、合并同类项，得到了如下改进的数学算法，即将振型函数式(3－35)代入式(3－11)给出的积分项 I_{jn} 后，有

$$I_{jn} = A_1^{(j)}\left(\chi_{jn}^{(1)} + \frac{A_2^{(j)}}{A_1^{(j)}}\chi_{jn}^{(2)} + \frac{A_3^{(j)}}{A_1^{(j)}}\chi_{jn}^{(3)} + \frac{A_4^{(j)}}{A_1^{(j)}}\chi_{jn}^{(4)}\right) \tag{3-54}$$

其中

$$\chi_{jn}^{(1)} = \int_0^{H_\mathrm{w}} \cos(\lambda_n z)\cos(\beta_j z)\mathrm{d}z = \frac{\lambda_n \cos(\beta_j H_\mathrm{w})\sin(\lambda_n H_\mathrm{w})}{\lambda_n^2 - \beta_j^2} \tag{3-55}$$

$$\chi_{jn}^{(2)} = \int_0^{H_\mathrm{w}} \cos(\lambda_n z)\sin(\beta_j z)\mathrm{d}z = \frac{\lambda_n \sin(\beta_j H_\mathrm{w})\sin(\lambda_n H_\mathrm{w}) - \beta_j}{\lambda_n^2 - \beta_j^2} \tag{3-56}$$

$$\chi_{jn}^{(3)} = \int_0^{H_\mathrm{w}} \cos(\lambda_n z)\cosh(\beta_j z)\mathrm{d}z = \frac{\lambda_n \cosh(\beta_j H_\mathrm{w})\sin(\lambda_n H_\mathrm{w})}{\lambda_n^2 + \beta_j^2} \tag{3-57}$$

$$\chi_{jn}^{(4)} = \int_0^{H_\mathrm{w}} \cos(\lambda_n z)\sinh(\beta_j z)\mathrm{d}z = \frac{\lambda_n \sinh(\beta_j H_\mathrm{w})\sin(\lambda_n H_\mathrm{w}) - \beta_j}{\lambda_n^2 + \beta_j^2} \tag{3-58}$$

3.4.2　基于振型有限元解的改进算法

3.4.1 节给出的结构振型解析式假设圆截面桥墩拥有一致截面。但是，许多实际工程中，如图 3-1 (c)所示，不仅采用复杂的变截面，同时还可能采用了一种或多种不同的材料。这类结构的振型很难再用解析方法进行求解，必须借助有限元分析才能实现。利用有限元分析软件的后处理，可以输出经过归一化后的结构横向振型 ψ_j。为了在后续求解中加以利用，可以使用式(3-59) 所示 N_{ψ_j} $(j=1, 2, \cdots, N_s)$ 次多项式进行拟合。多项式系数 $a_{j,k}$ 可使用图 3-7 所示经典拟合技术求得。多项式首项 $a_{j,0}=\psi_j(0)$ 表示因为地基土刚度产生的墩底初始变形。

$$\psi_j(z) \approx \sum_{k=0}^{N_{\psi_j}} a_{j,k}\left(\frac{z}{H_s}\right)^k \tag{3-59}$$

理论上，对轴对称结构进行三维模态分析，结构同一阶频率将会计算出分别沿 x 和 y 向振动的两个正交的振型。当仅考虑结构沿 x 方向的地震响应时，仅计入沿 x 向振动的振型即可。然而，作者通过在 ANSYS、ADINA 及 SAP2000 商业有限元软件实际操作后发现，对轴对称结构进行三维模态分析时，结构同一阶频率的两个正交振型的振动方向不一定始终和 x，y 轴重合，如图 3-8 所示，

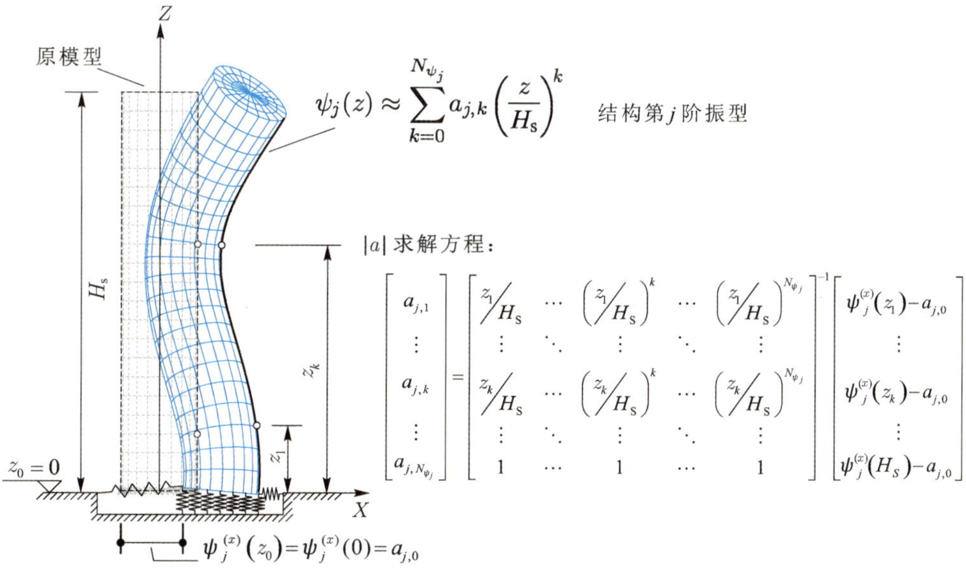

图 3-7　结构有限元振型多项式拟合示意图

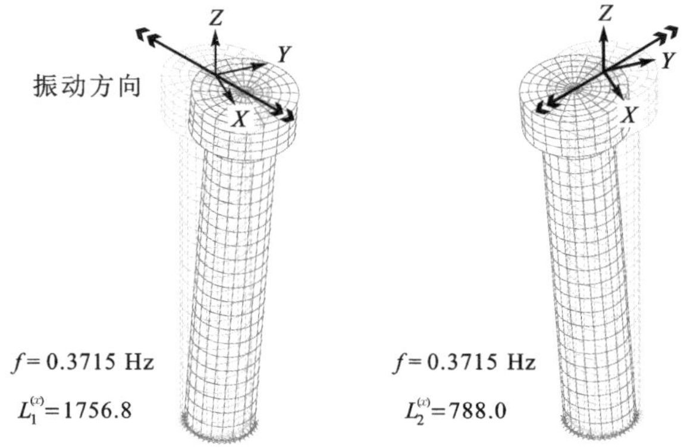

图 3-8　振型方向与坐标轴不重合情况示例

图中，$L_m^{(x)}$ 为计算机算出的该阶振型的沿 x 方向振型参与系数。上述现象主要是因为三维轴对称结构在平面内具有各向同性，而计算机在求解特征值方程过程中与坐标轴的位置无关，且不会自动判断坐标轴的位置，所以会出现与直角坐标轴不重合的情况。

对此，通常有两种处理方法：① 根据振动方向与坐标轴出现的夹角，通过转动坐标轴，重新定义坐标系，使坐标系 $x-y$ 平面与振型振动方向严格重合，在此坐标系下重新模态分析，计算重合状态下的模态参与系数及各点特征值，然后仅计入沿 x 轴的振型；② 同时计入该频率下两个正交振型的 x 向分量。这种方法简单，可以直接使用计算机输出的结果。但是会使参与计算的振型数目翻番，影响后续计算的效率。本书的后续计算中，将按照方法(1)进行处理。

将式(3-59)代入式(3-11)，可得

$$I_{jn}=\sum_{k=0}^{N_{\psi_j}}\frac{a_{j,k}}{H_s^k}\int_0^{H_w}\cos(\lambda_n z)z^k\mathrm{d}z \tag{3-60}$$

上式的求解仍存在积分计算困难的问题，需要对数学算法进行如下改进，根据欧拉公式，有

$$\cos(\lambda_n z)=\frac{e^{-\mathrm{i}\lambda_n z}+e^{\mathrm{i}\lambda_n z}}{2} \tag{3-61}$$

将式(3-61)代入式(3-60)，Bouaanani 和 Perrault[157] 证明了 I_{jn} 可以按照下式展开：

$$I_{jn}=F_{jn}I_{0n}+G_{jn} \tag{3-62}$$

式中

$$F_{jn}=\sum_{k}\left\{\left[\sum_{\ell=0}^{k}(-1)^{k-\ell}\frac{\Lambda_{2\ell}(\lambda_n H_{\mathrm{w}})}{\Lambda_{2k}(\lambda_n H_{\mathrm{s}})}\right]a_{j,\,2k}+\left[\sum_{\ell=0}^{k}(-1)^{k-\ell}\frac{\Lambda_{2\ell+1}(\lambda_n H_{\mathrm{w}})}{\Lambda_{2k+1}(\lambda_n H_{\mathrm{s}})}\right]a_{j,\,2k+1}\right\} \tag{3-63}$$

$$G_{jn}=-\frac{1}{\lambda_n H_{\mathrm{w}}}\sum_{k}\left\{\left[\frac{(-1)^k}{\Lambda_{2k+1}(\lambda_n H_{\mathrm{s}})}\right]a_{j,\,2k+1}\right\} \tag{3-64}$$

Λ_m 为复合函数，z 和 m 分别代表实数和整数，具有以下形式：

$$\Lambda_m(z)=\frac{z^m}{m!} \tag{3-65}$$

为供后人验证及编程时参考，作者将常用的多项式拟合结果代入式(3-63)和式(3-64)，整理如下：

当 $\psi_j^{(x)}(z)$ 采用如下三次多项式拟合时：

$$\psi_j^{(x)}(z)\approx\sum_{k=0}^{N_{\psi_j}=3}a_{j,\,k}\left(\frac{z}{H_{\mathrm{s}}}\right)^k \tag{3-66}$$

式(3-63)和式(3-64)即可打开为

$$F_{jn}=\psi_j^{(x)}(H_{\mathrm{w}})-\frac{2}{\lambda_n^2 H_{\mathrm{s}}^2}a_{j,\,2}-\frac{6H_{\mathrm{w}}}{\lambda_n^2 H_{\mathrm{s}}^3}a_{j,\,3} \tag{3-67}$$

$$G_{jn}=-\frac{1}{\lambda_n^2 H_{\mathrm{s}}}a_{j,\,1}+\frac{6}{\lambda_n^4 H_{\mathrm{s}}^3}a_{j,\,3} \tag{3-68}$$

当采用四次多项式拟合时：

$$\psi_j^{(x)}(z)\approx\sum_{k=0}^{N_{\psi_j}=4}a_{j,\,k}\left(\frac{z}{H_{\mathrm{s}}}\right)^k \tag{3-69}$$

式(3-63)和式(3-64)变为

$$F_{jn}=\psi_j^{(x)}(H_{\mathrm{w}})-\frac{2}{\lambda_n^2 H_{\mathrm{s}}^2}a_{j,\,2}-\frac{6H_{\mathrm{w}}}{\lambda_n^2 H_{\mathrm{s}}^3}a_{j,\,3}+\left(\frac{24}{\lambda_n^4 H_{\mathrm{s}}^4}-\frac{12H_{\mathrm{w}}^2}{\lambda_n^2 H_{\mathrm{s}}^4}\right)a_{j,\,4} \tag{3-70}$$

$$G_{jn}=-\frac{1}{\lambda_n^2 H_s}a_{j,1}+\frac{6}{\lambda_n^4 H_s^3}a_{j,3} \tag{3-71}$$

采用五次多项式拟合时：

$$\psi_j^{(x)}(z)\approx\sum_{k=0}^{N_{\psi_j}=5}a_{j,k}\left(\frac{z}{H_s}\right)^k \tag{3-72}$$

式(3－63)和式(3－64)重写为

$$F_{jn}=\psi_j^{(x)}(H_w)-\frac{2}{\lambda_n^2 H_s^2}a_{j,2}-\frac{6H_w}{\lambda_n^2 H_s^3}a_{j,3}+\left(\frac{24}{\lambda_n^4 H_s^4}-\frac{12H_w^2}{\lambda_n^2 H_s^4}\right)a_{j,4}+\left(\frac{120H_w}{\lambda_n^4 H_s^5}-\frac{20H_w^3}{\lambda_n^2 H_s^5}\right)a_{j,5} \tag{3-73}$$

$$G_{jn}=-\frac{1}{\lambda_n^2 H_s}a_{j,1}+\frac{6}{\lambda_n^4 H_s^3}a_{j,3}-\frac{120}{\lambda_n^6 H_s^5}a_{j,5} \tag{3-74}$$

将式(3－62)分别代入式(3－27)和式(3－28)，$B_{0,m}$ 和 $B_{j,m}$，$j=1,\cdots,N_s$、$m=1,\cdots,N_s$ 项可因式分解为

$$B_{0,m}=\frac{4\rho_w R_s\pi}{H_w}\left\{\sum_{n=1}^{\bar{n}-1}\frac{[F_{mn}+(-1)^{n+1}\lambda_n G_{mn}]\mathcal{D}_n(\kappa_n,R_s)}{\lambda_n^2\kappa_n}e^{i\tau_n R_s}+\sum_{n=\bar{n}}^{N_w}\frac{[F_{mn}+(-1)^{n+1}\lambda_n G_{mn}]\mathcal{E}_n(\kappa_n',R_s)}{\lambda_n^2\kappa_n'}\right\} \tag{3-75}$$

$$\begin{aligned}B_{j,m}=\frac{4\rho_w R_s\pi}{H_w}\Bigg\{&\sum_{n=1}^{\bar{n}-1}\frac{F_{jn}[F_{mn}+(-1)^{n+1}\lambda_n G_{mn}]\mathcal{D}_n(\kappa_n,R_s)}{\lambda_n^2\kappa_n}e^{i\tau_n R_s}+\\&\sum_{n=1}^{\bar{n}-1}\frac{\lambda_n G_{jn}[(-1)^{n+1}F_{mn}+\lambda_n G_{mn}]\mathcal{D}_n(\kappa_n,R_s)}{\lambda_n^2\kappa_n}e^{i\tau_n R_s}+\\&\sum_{n=\bar{n}}^{N_w}\frac{F_{jn}[F_{mn}+(-1)^{n+1}\lambda_n G_{mn}]\mathcal{E}_n(\kappa_n',R_s)}{\lambda_n^2\kappa_n'}+\\&\sum_{n=\bar{n}}^{N_w}\frac{\lambda_n G_{jn}[(-1)^{n+1}F_{mn}+\lambda_n G_{mn}]\mathcal{E}_n(\kappa_n',R_s)}{\lambda_n^2\kappa_n'}\Bigg\}\end{aligned} \tag{3-76}$$

式中，λ_n，κ_n，κ_n'，$\mathcal{D}_n$，$\mathcal{E}_n$ 和 τ_n 由式(3－10)及式(3－13)，式(3－14)依次给出。

当忽略水体可压缩性时，式(3－75)和式(3－76)可以简化为

$$B_{0,m}=\frac{4\rho_{\mathrm{w}}R_{\mathrm{s}}\pi}{H_{\mathrm{w}}}\left\{\sum_{n=1}^{N_{\mathrm{w}}}\frac{[F_{mn}+(-1)^{n+1}\lambda_n G_{mn}]\,\mathcal{E}_n(\kappa_n',R_{\mathrm{s}})}{\lambda_n^2\kappa_n'}\right\} \tag{3-77}$$

$$B_{j,m}=\frac{4\rho_{\mathrm{w}}R_{\mathrm{s}}\pi}{H_{\mathrm{w}}}\left\{\sum_{n=1}^{N_{\mathrm{w}}}\frac{F_{jn}[F_{mn}+(-1)^{n+1}\lambda_n G_{mn}]\,\mathcal{E}_n(\kappa_n',R_{\mathrm{s}})}{\lambda_n^2\kappa_n'}+\sum_{n=1}^{N_{\mathrm{w}}}\frac{\lambda_n G_{jn}[(-1)^{n+1}F_{mn}+\lambda_n G_{mn}]\,\mathcal{E}_n(\kappa_n',R_{\mathrm{s}})}{\lambda_n^2\kappa_n'}\right\} \tag{3-78}$$

除参数 κ_n' 由式(3-19)给出外，其他均与前式相同。

3.5　水下圆截面桥墩地震响应求解

在进行线性抗震分析时，任意地震波都可以通过傅里叶变换，转化为在一定频率范围内的离散的独立简谐荷载。为求解结构的地震时域响应，需要首先求解结构的频域响应。

3.5.1　结构频域响应

首先，输入指定频率范围$[f_{\min}, f_{\max}]$的单位简谐荷载，求解式(3-20)得到在频率范围$[f_{\min}, f_{\max}]$内的频域响应函数向量 $\bar{\mathbf{Z}}$；根据式(3-6)可以求得墩身点 P 动水压力的频响函数，结构沿 x 向水平位移和加速度的频域响应则可按下式求解：

$$\bar{u}(z,\omega)=\sum_{j=1}^{N_{\mathrm{s}}}\psi_j(z)\,\bar{Z}_j(\omega)；\ \bar{\ddot{u}}(z,\omega)=-\omega^2\sum_{j=1}^{N_{\mathrm{s}}}\psi_j(z)\,\bar{Z}_j(\omega) \tag{3-79}$$

式中，$\bar{u}$ 和$\bar{\ddot{u}}$ 即为由 x 向地震动产生的结构水平位移和加速度的频域响应。

3.5.2　地震时域响应

当结构受到沿 x 向输入的地震动加速度$\ddot{u}_g(t)$ 时，结构位移和加速度的时域响应可按如下步骤由频域响应通过傅里叶逆变换换算得到：

$$u(z,t)=\sum_{j=1}^{N_{\mathrm{s}}}\psi_j(z)Z_j(t)；\ \ddot{u}(z,t)=\sum_{j=1}^{N_{\mathrm{s}}}\psi_j(z)\,\ddot{Z}_j(t) \tag{3-80}$$

式中，$Z_j(t)$ 为广义坐标时域解，可采用傅里叶级数展开为

$$Z_j(t)=\frac{1}{2\pi}\int_{-\infty}^{\infty}\overline{Z}_j(\omega)\,\overline{\ddot{u}}_{g}(\omega)e^{i\omega t}d\omega;$$

$$\ddot{Z}_j(t)=-\frac{1}{2\pi}\int_{-\infty}^{\infty}\omega^2\,\overline{Z}_j(\omega)\,\overline{\ddot{u}}_{g}(\omega)e^{i\omega t}d\omega \tag{3-81}$$

式中，$\overline{\ddot{u}}_{g}(\omega)$ 是地震动加速度 $\ddot{u}_g(t)$ 的傅里叶变换，t_a 为输入加速度时程的持时，采用下式计算：

$$\overline{\ddot{u}}_{g}(\omega)=\int_0^{t_a}\ddot{u}_g(t)e^{-i\omega t}dt \tag{3-82}$$

地震加速度 $\ddot{u}_g$ 作用下，墩身 P 点动水压力的时域响应则可由下式求解：

$$\mathrm{Re}[p(R_s,\theta,z,t)]=\frac{1}{2\pi}\int_{-\infty}^{\infty}\bar{p}^*(R_s,\theta,z,\omega)\,\overline{\ddot{u}}_{g}(\omega)e^{i\omega t}d\omega \tag{3-83}$$

式中，$\bar{p}^*(R_s,\theta,z,\omega)$ 是第 3.5.1 节算出的动水压力频域响应 $\bar{p}(R_s,\theta,z,\omega)$ 的共轭。

当不考虑结构非线性因素时，上述地震响应计算步骤已广泛用于各类水下结构的抗震分析计算[92,93,119,158,159]。

3.5.3 计算分析流程

上述深水桥墩多介质地震反应分析方法可按照图 3-9 和图 3-10 所示流程进行 MATLAB 编程。图 3-9 所示为基于 3.4.1 节 Euler-Bernoulli 解析振型函数的深水桥墩多介质地震反应分析流程图；图 3-10 为基于 3.4.2 节有限元振型函数的深水桥墩地震分析流程。为了便于理解和使用，图 3-9 和图 3-10 包含了各流程所需的计算公式。

3.6 桥墩-水-土耦合自振周期快速计算方法

无论水下桥墩位于何种场地条件，考虑结构-水耦合效应后，桥墩的结构自振周期将会发生明显变化[23]，因此，准确确定水下桥墩的多介质耦合振动周期，无论对结构地震安全性评估，还是对结构抗震设计，都具有非常重要的意义。本节通过对前述水下桥墩多介质动力方程进行合理的数学近似，推导了考虑结构-水-土耦合效应的桥墩自振周期快速计算方法。

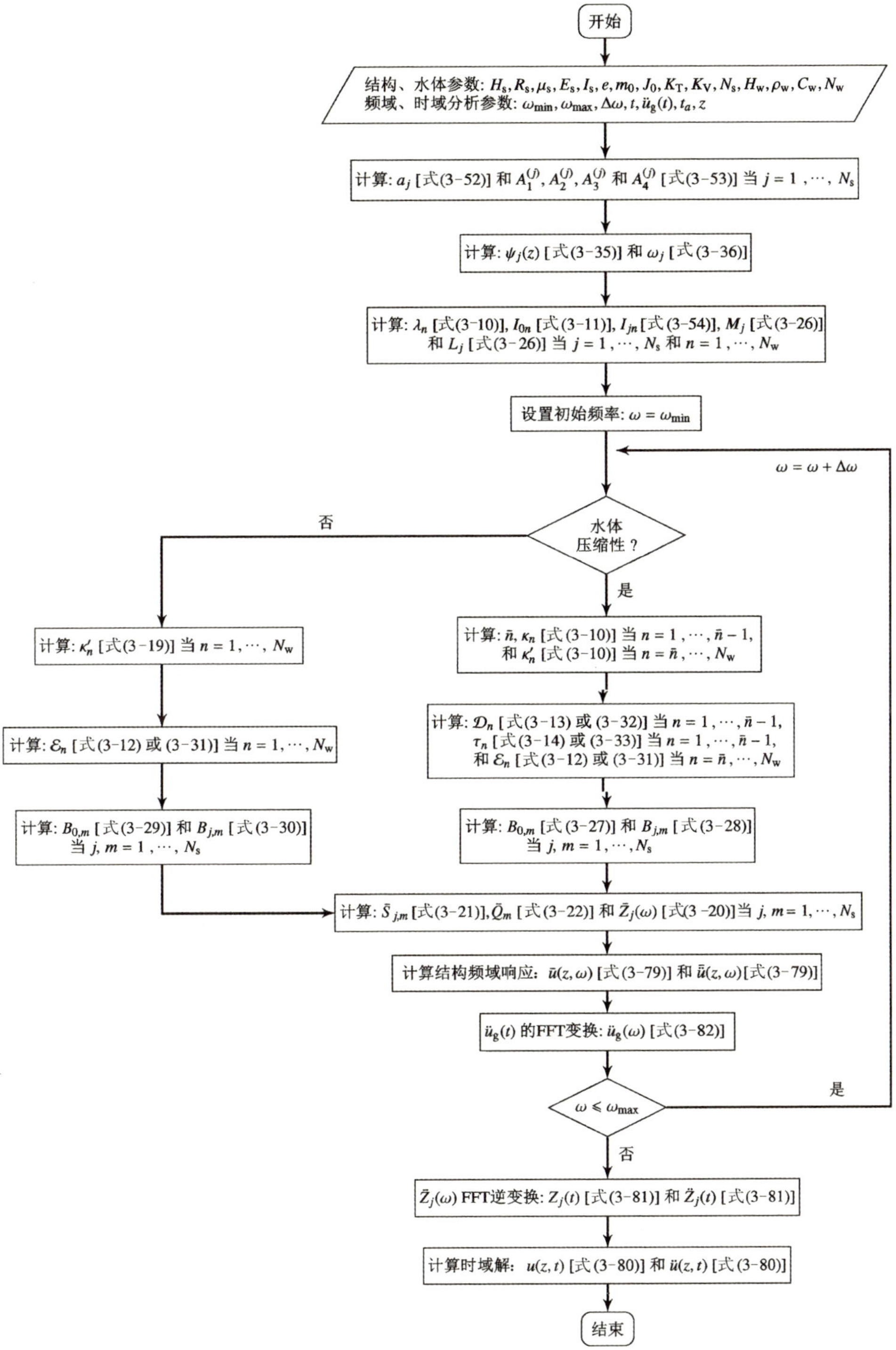

图 3-9　基于 3.4.1 节 Euler-Bernoulli 解析振型函数的地震分析流程

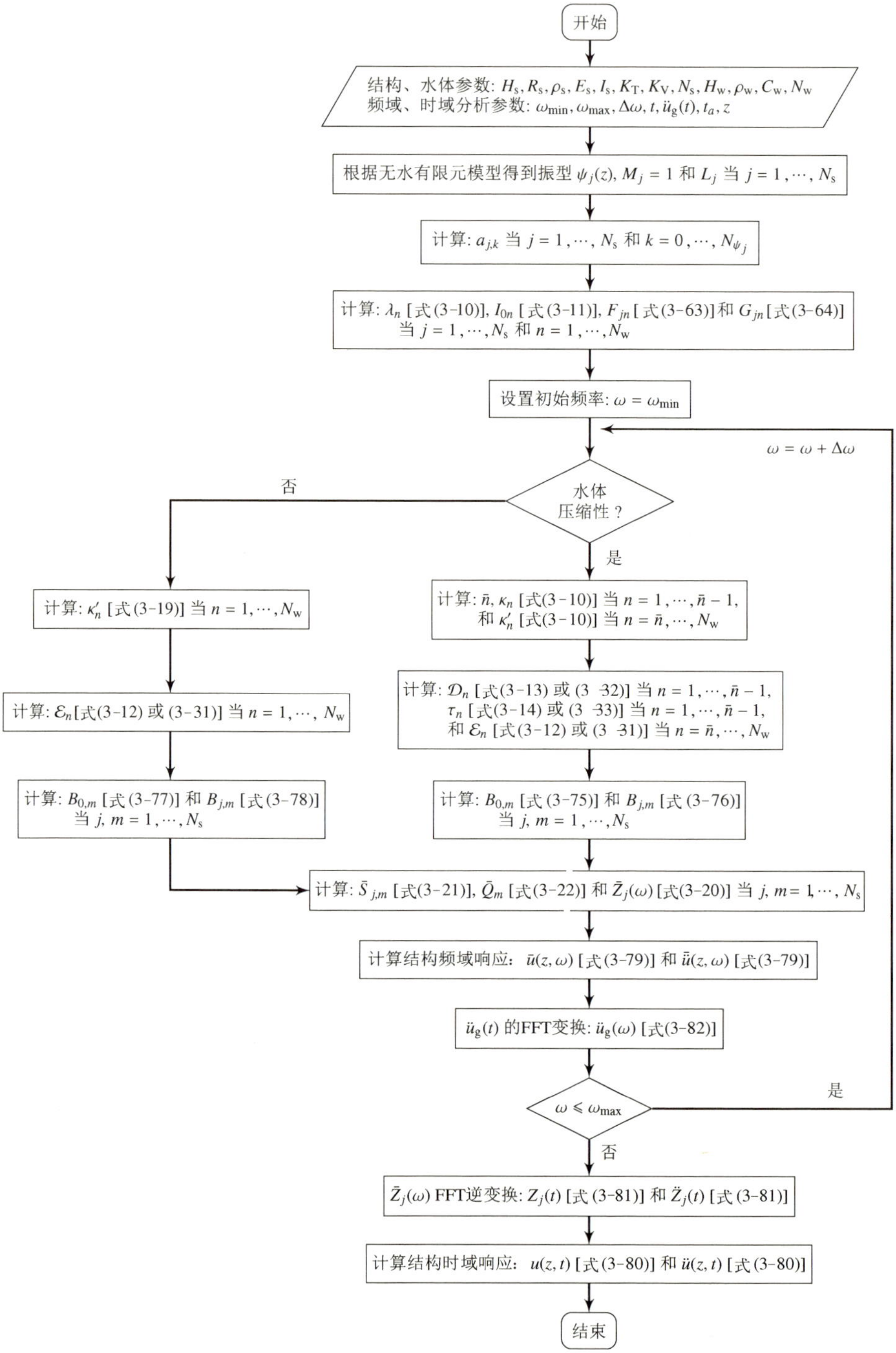

图 3-10　基于 3.4.2 节有限元振型函数的地震分析流程

3.6.1　已有方法的缺陷

目前能够快速准确计算桥墩多介质耦合振动周期的常见方法主要有：规范公式、解析公式、附加质量方法和流固耦合数值方法求解。

1. 规范公式

我国铁路工程抗震设计规范(GB 50111—36)[160]规定，梁式桥梁结构的实体桥墩，在常水位以下的部分，当水深超过 5 m 时，应计入地震动水压力对桥墩的作用。采用圆形或圆端形桥墩时，其有水时的一阶基本周期 $\widetilde{T}_1$ 可以按式(3-84)计算：

$$\widetilde{T}_1 = 2\pi\sqrt{\frac{H_s^3(0.236\rho_s A_s H_s + m_0)}{3E_s I_s}} \tag{3-84}$$

式中，H_s 为桥墩的高度(m)；ρ_s 为墩身的密度(ton/m^3)；A_s 为桥墩高度 H_s 的 1/2 处的截面面积(m^2)；m_0 为墩顶处换算质点的质量(ton)；E_s 为墩身的弹性模量(kPa)；I_s 为桥墩高度 H_s 的 1/2 处截面计算方向的惯性矩(m^2)。

规范公式计算简单，但在公式中没有任何与水深有关的参数，且无法考虑到地基土的情况，是相当近似的公式。此外，规范公式仅能计算一阶频率，具有明显的局限性。

2. 解析公式

当桥墩全部没于水中，即 $H_w = H_s$ 时，水下悬臂圆柱体的第 j 阶自振频率也可以参照文献[62]提出的式(3-85)进行精确求解：

$$\widetilde{\omega}_j = \frac{\beta_j^2 R_s}{2}\sqrt{\frac{E_s}{\rho_s + \rho_w[59.559\,7(R_s/H_s)^2 - 9.763\,3(R_s/H_s) + 0.969\,7]}} \tag{3-85}$$

式中，β_j 是悬臂梁特征值方程 $1+\cos(\beta_j H_s)\cosh(\beta_j H_s)=0$ 的第 j 个根。该公式推导严密，计算结果精度高，但仅针对 $H_w = H_s$ 的悬臂梁，对于实际桥墩，应用意义不大。

3. 有限元附加质量方法

此方法基于传统有限元方法，通过在结构单元上定义附加质量，将水体的动力学效应模拟为附着在结构单元上的质量，带有附加质量结构的模态即为结构有水模态[49, 55]。方法简单易用，无须对水体进行建模，因此在工程界中得到了广泛应用[84]。

附加质量方法假设水为不可压缩的理想流体，水中结构为刚体[41]。除了本书首章文献综述中提到的一些不足，对于圆柱体结构来讲，当桥墩长细比较大(即桥墩比较细长)时，根据流场总动能与附连水质量的动能相等的条件，可得动水附加质量恰等于圆柱体排开水的质量，在桥墩有限元模型的水下部分通长附加上述动水质量即可，对于矩形或其他截面，只需在圆柱体动水附加质量基础上进行修正即可[35]。但是，上述简化无法计入结构动水效应沿桥墩高度上的变化，同时，高阶振型的计算误差较大。

4. 流固耦合有限元方法

采用第 2 章所述势流体理论对水下桥墩进行流固耦合建模及模态分析，从而得到桥墩的各阶耦合周期和振型。数值方法计算准确，适用性强。但是相关计算软件及流固耦合分析概念在工程技术人员中的普及程度不高，加之较为复杂的实体建模过程，限制了该方法在实际工程中的应用。

3.6.2 算法的数学推导

求解桥墩-水耦合动力方程的核心是计算结构的广义坐标 $\overline{Z}_j$，$j=1, \cdots, N_s$，当只有一阶振型时，方程的求解非常容易，但考虑结构高阶振型后，式(3-20)逐渐变成了一个复杂的方程组，必须依靠编程进行矩阵计算。因此，为了推导桥墩自振周期的实用算法，首先需要研究如何简化分解广义坐标方程组。根据 Miquel 和 Bouaanani[145]对大坝结构自振周期计算方法的研究，考虑高阶振型的广义坐标方程组(式(3-20))可以近似地进行如下的数值解耦：

$$\overline{Z}_1(\omega)=\frac{\overline{S}_{2,2}(\omega)\,\overline{Q}_1(\omega)-\overline{S}_{1,2}(\omega)\,\overline{Q}_2(\omega)}{\overline{S}_{1,1}(\omega)\,\overline{S}_{2,2}(\omega)-\overline{S}_{1,2}^2(\omega)} \quad \text{当 } j=1 \tag{3-86}$$

$$\overline{Z}_j(\omega)=\frac{\overline{S}_{j-1,j-1}(\omega)\,\overline{Q}_j(\omega)-\overline{S}_{j-1,j}(\omega)\,\overline{Q}_{j-1}(\omega)}{\overline{S}_{j-1,j-1}(\omega)\,\overline{S}_{j,j}(\omega)-\overline{S}_{j-1,j}^2(\omega)} \quad \text{当 } j=2, \cdots, N_s \tag{3-87}$$

需要注意的是，当 $N_s=2$ 时，上式是严格成立的。为了进一步简化求解，假设水体不可压缩并假设结构的模态阻尼 $\xi_j=0$，根据式(3-21)，参数 $\overline{S}_{j-1,j-1}$，$\overline{S}_{j,j}$ 和 $\overline{S}_{j-1,j}$，$j=2, \cdots, N_s$ 可以写为

$$\overline{S}_{j-1,\,j-1}(\omega) = (\omega_{j-1}^2 - \omega^2)M_{j-1} - \omega^2 B_{j-1,\,j-1} \tag{3-88}$$

$$\overline{S}_{j,\,j}(\omega) = (\omega_j^2 - \omega^2)M_j - \omega^2 B_{j,\,j} \tag{3-89}$$

$$\overline{S}_{j-1,\,j}(\omega) = -\omega^2 B_{j-1,\,j} \tag{3-90}$$

式中，参数 $B_{j-1,\,j-1}$，$B_{j,\,j}$ 和 $B_{j-1,\,j}$ 与频率无关，分别由式(3-29) 和式(3-30) 给出。根据式(3-86) 和式(3-87)，当作用荷载的频率接近水下桥墩无阻尼自由振动的固有频率时，结构响应 $\overline{Z}_j$ 趋向于无穷，此时，可认为荷载频率即为桥墩考虑多介质耦合效应后的自振频率 $\widetilde{\omega}_j$，$j = 1, \cdots, N_s$：

$$\overline{S}_{1,\,1}(\widetilde{\omega}_1)\,\overline{S}_{2,\,2}(\widetilde{\omega}_1) - \overline{S}_{1,\,2}^2(\widetilde{\omega}_1) = 0 \tag{3-91}$$

$$\overline{S}_{j-1,\,j-1}(\widetilde{\omega}_j)\,\overline{S}_{j,\,j}(\widetilde{\omega}_j) - \overline{S}_{j-1,\,j}^2(\widetilde{\omega}_j) = 0 \quad j = 2, \cdots, N_s \tag{3-92}$$

假设式(3-92)满足 $j=2$，与式(3-91)联立，发现 $\widetilde{\omega}_1$ 和 $\widetilde{\omega}_2$ 是同一方程的两个根。因此，无论 N_s 取何值，只要求解式(3-92) 就可以得到结构的一阶自振频率。

依次将式(3-88)—式(3-90)代入式(3-92)可以得到一个关于 $\Gamma_j = \widetilde{\omega}_j^2$ 的一元二次方程：

$$U_j \Gamma_j^2 - V_j \Gamma_j + 1 = 0 \quad \text{for} \quad j = 2, \cdots, N_s \tag{3-93}$$

其中

$$U_j = \frac{M_{j-1}M_j + M_{j-1}B_{j,\,j} + M_j B_{j-1,\,j-1} + B_{j-1,\,j-1}B_{j,\,j} - B_{j-1,\,j}^2}{M_{j-1}M_j \omega_{j-1}^2 \omega_j^2} \tag{3-94}$$

$$V_j = \frac{M_{j-1}M_j(\omega_{j-1}^2 + \omega_j^2) + \omega_{j-1}^2 M_{j-1} B_{j,\,j} + \omega_j^2 M_j B_{j-1,\,j-1}}{M_{j-1}M_j \omega_{j-1}^2 \omega_j^2} \tag{3-95}$$

当使用满足振型质量归一条件，即 $M_{j-1} = M_j = 1$ 的有限元振型函数进行计算时，式(3-94)和式(3-95)可以简写为

$$U_j = \frac{1 + B_{j,\,j} + B_{j-1,\,j-1} + B_{j-1,\,j-1}B_{j,\,j} - B_{j-1,\,j}^2}{\omega_{j-1}^2 \omega_j^2} \tag{3-96}$$

$$V_j = \frac{1 + B_{j-1,\,j-1}}{\omega_{j-1}^2} + \frac{1 + B_{j,\,j}}{\omega_j^2} \tag{3-97}$$

对第 j 阶振型，方程(3-93)共有两个正实根：$\Gamma_j^{(\min)}$ 和 $\Gamma_j^{(\max)}$，即

$\dfrac{V_j \pm\sqrt{V_j^2-4U_j}}{2U_j}$。此时，水下桥墩自振频率 $\tilde{\omega}_j$，$j=1, \cdots, N_s$ 近似为

$$\tilde{\omega}_1=\sqrt{\Gamma_2^{(\min)}} \tag{3-98}$$

$$\tilde{\omega}_j=\sqrt{\Gamma_j^{(\max)}},\ j=2, \cdots, N_s \tag{3-99}$$

3.6.3 算法流程图

与地震动力分析相同，进行周期快速求解时，同样可分为基于 Euler-Bernoulli 解析振型函数和有限元振型函数两种方法进行求解。当采用 Euler-Bernoulli 解析振型求解时，计算步骤如图 3-11 所示；采用有限元振型时，计算步骤如图 3-12 所示。

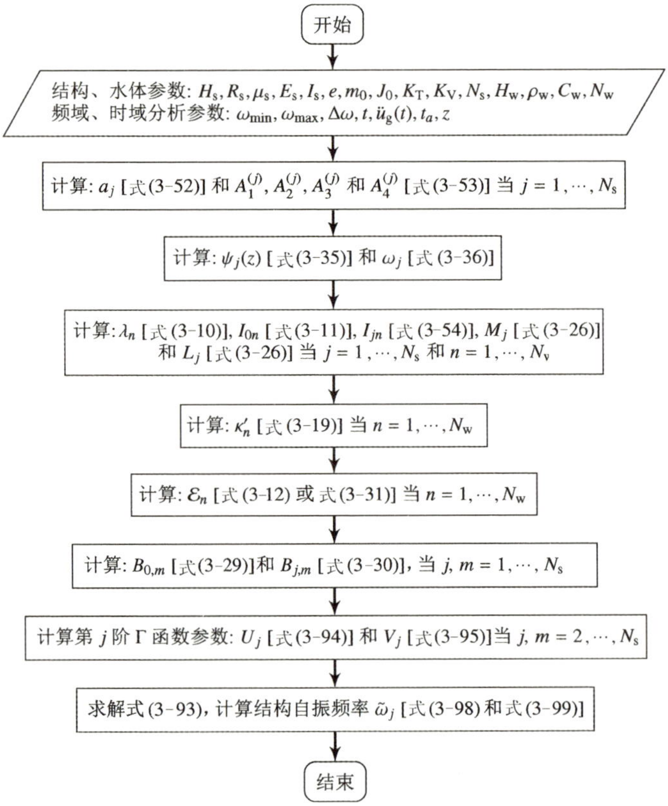

图 3-11　基于 3.4.1 节 Euler-Bernoulli 解析振型函数的桥墩自振频率求解

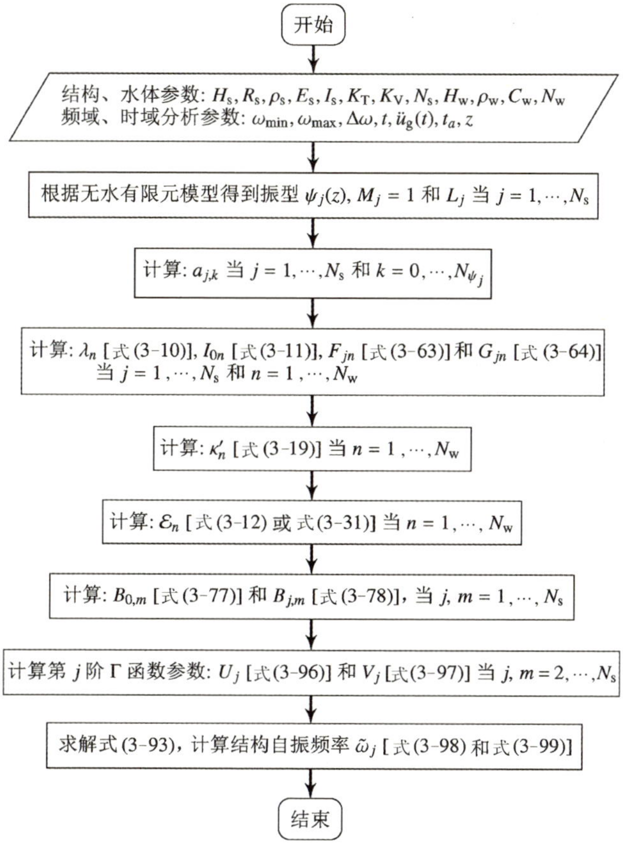

图 3-12 基于 3.4.2 节有限元振型函数的桥墩自振频率求解

关于周期快速计算的实用算例将在第 4 章 4.4 节进行讨论。

3.7 本章小结

本章从解析角度入手，推导了深水桥墩多介质耦合频域、时域地震响应分析方法，方法在兼顾了结构柔性、高阶振型、上部结构贡献、场地条件、水深变化及水体可压缩性等因素的基础上，还通过改进数学算法，提高了计算效率。考虑到准确确定水下桥墩的多介质耦合振动周期，对结构地震安全性评估的重要性，作者通过对本书解析解进行合理简化，得出了桥墩-水-土耦合自振周期快速计算方法。与有限元方法相比，方法不仅大大提高了解析方法的计算精度，还可以参考计算流程图轻松编程实现，同时因为省去了耦合有限元建模过程中，水体网格划分、流固耦合接触设置等复杂步骤，大幅提高了计算效率。为方便读者及工程技术人员借助简单的程序语言编程，本章所有理论算法都提供了清晰明确的流程图，大大提高了方法的实用性。

第4章 深水桥墩-水-土耦合地震响应分析

本章将同时用第 3 章方法及第 2 章介绍的具有流固耦合功能的高级有限元方法对三个深水桥墩算例进行了频域及时域动力分析，通过对比、研究计算结果，评估了第 3 章所推导的两种方法在考虑不均匀材料、几何形状及结构高阶振型时，进行多介质耦合地震反应分析的有效性。

表 4-1 给出了本章所用的三种计算方法及其在图表中的简称。

表 4-1　计算方法

简　　称	方　　法　　描　　述
方法一	图 3-9 所示基于解析振型函数的桥墩地震反应分析方法
方法二	图 3-10 所示基于有限元振型函数的桥墩地震反应分析方法
有限元法	第 2 章所示势流体有限元解

使用本书方法一进行分析时，计算流程如图 3-9 所示，计算开始需要下列参数：H_s, R_s, μ_s, E_s, I_s, e, m_0, J_0, K_T, K_V, N_s, H_w, ρ_w, C_w, N_w。使用方法二进行分析时，计算流程见图3-10，计算不仅需要下列参数：H_s, R_s, ρ_s, E_s, I_s, K_T, K_V, N_s, H_w, ρ_w, C_w, N_w，还要建立结构的有限元模型求解结构数值振型 $\psi_j(z)$。各符号含义参见主要符号对照表。

在下面的算例分析中，方法一、方法二都计入了结构的前四阶振型，从而考虑了对结构响应影响较为明显的主要高阶振型。需要说明的是，方法二对有限元分析得到的有限元振型进行拟合时，为满足精度的要求，采用了式(3-72)—式(3-74)给出的五次多项式函数进行拟合。

4.1 算例 1 实心圆截面桥墩

作者首先以图 4-1(a)所示 42 m 高圆柱形桥墩为算例开展研究。桥墩截面采用直径为 4 m 的实心圆截面，全墩截面无变化。桥墩浸没在水深为 30 m 的静水中，水体无波动，且具有理想的无穷远边界，见图 4-1(b)所示。桥墩材料采用混凝土，具有如下参数：弹性模量 $E_s = 25$ GPa，密度 $\rho_s = 2\,500$ kg/m^3 以及泊松比 $\nu = 0.2$，分为墩底固结和考虑地基土弹簧刚度两种工况进行建模。结构周围水体具有可压缩性，其参数取为：声音在水中的压缩波速 $C_w = 1\,440$ m/s；密度 $\rho_w = 1\,000$ kg/m^3。动力计算中，结构考虑 $\xi = 5\%$ 的模态阻尼比。

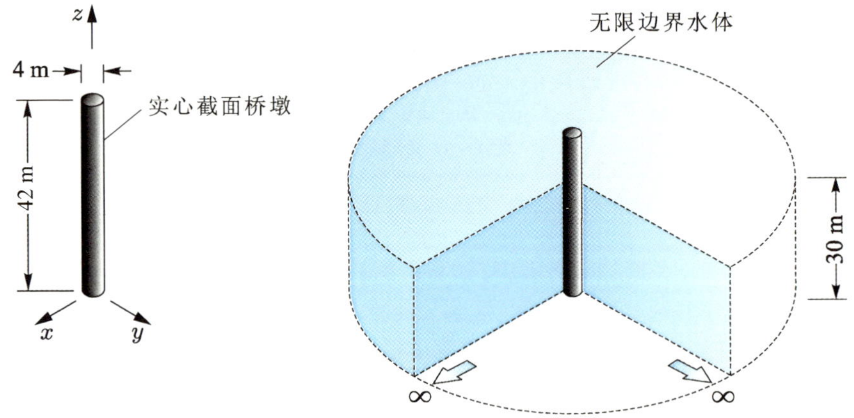

(a) 桥墩几何尺寸　　(b) 水体参数

图 4-1　算例 1 实心截面桥墩

4.1.1 不考虑地基土体刚度

为全面验证方法的有效性，作者首先假设墩顶完全固结，忽略土-结构相互作用。地震动输入选取图 2-12 所示 El Centro 地震波水平南-北分量，沿 x 轴输入。

使用本书方法一(图 3-9 所示基于解析振型)进行计算时，计入按照3.4.1 节中的解析公式计算的结构前四阶模态 ψ_j，$j = 1, 2, \cdots, 4$，如图 4-2(a)所示，此时，根据文献[161]的研究，可认为结构响应已经包括了结构主要高阶振型的影响。

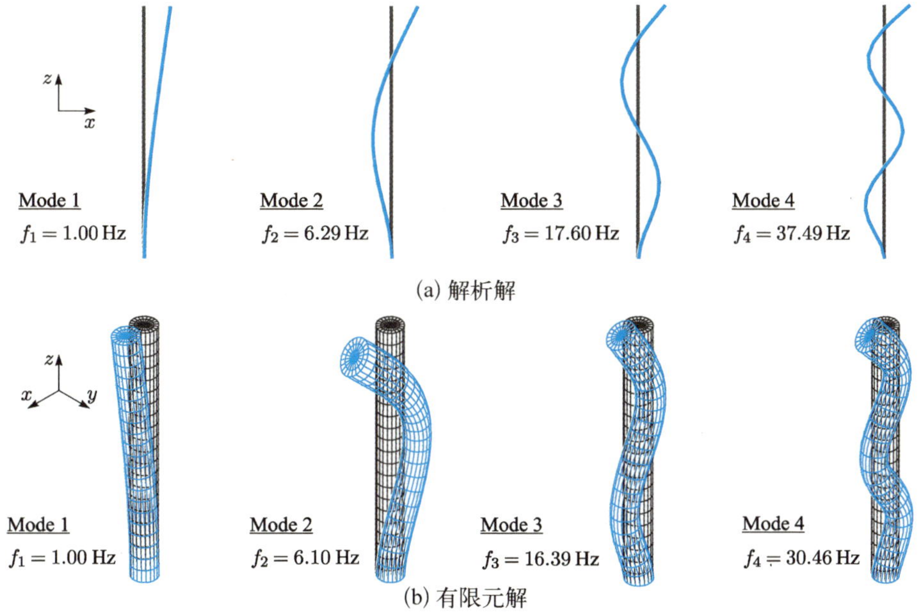

图 4-2　算例 1 桥墩不考虑地基土体刚度时前四阶振型形状及自振频率

为方便比较，用本书方法二（图 3-10 所示基于有限元振型）计算时，同样计入按照有限元方法计算的结构前四阶模态。作者使用有限元软件 ADINA[136] 的 20 节点实体单元进行建模，并如图 4-3(a)所示进行了结构模型网格划分，计算了该桥墩不考虑水体时的振型和动力特性。有限元计算得到的结构前四阶振型见图 4-2(b)所示。

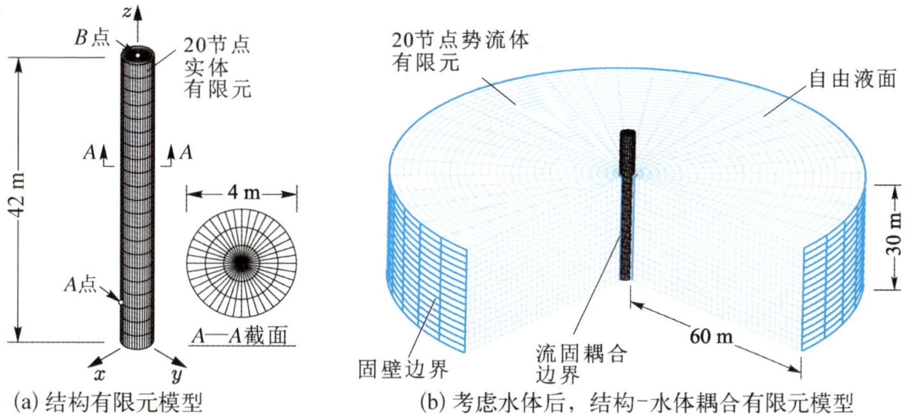

图 4-3　算例 1 桥墩有限元模型

为了为本书方法一、方法二计算结果提供参照，利用 ADINA 对算例 1 进行了三维流固耦合有限元分析。桥墩和水体分别使用 20 节点实体单元和势流体单元建模，结构材料参数同上，水体压缩模量取为 2.074 GPa，模型有限元网格划分如图 4-3(b)所示。

理想水体具有无限边界，但无限边界不适用于频域分析。根据文献[145]的研究，当水体外围固壁边界距离结构的距离大于等于 2 倍水深时，此时的边界反射效应对结构频域计算结果的影响已可以忽略，从而可近似模拟无限水体。因此，算例中水体采用圆柱体形式建模，周围使用固壁边界，与结构的径向距离取 $2H_w = 60$ m。水体上表面采用自由表面边界，忽略表面波，结构-水体接触位置定义流固耦合接触单元。

分别利用本书解析方法一、方法二和势流体有限元方法计算了墩顶(图 4-3 中点 B)沿 x 轴方向位移、加速度和距墩底 6 m 墩身节点(图 4-3 中点 A)的动水压力绝对值的频域响应和地震荷载作用下的时域响应曲线。计算流程见第 3 章和第 2 章。

为了方便对不同算例的结果进行横向比较，绘图时，采取了如下的标准化措施：加速度 $\ddot{u}$ 以输入地震波加速度时程的峰值加速度(PGA) $|\ddot{u}_g|_{max}$ 作为基本单位；位移 u 以地震波位移时程的峰值位移 $|u_g|_{max}$ 作为基本单位；墩身动水压力绝对值 $|\bar{p}|$ 则以墩底最大静水压力 $\rho_w g H_w$ 作为基本单位。

需要说明的是，选择点 A 处墩身动水压力衡量动水压力变化规律主要有以下两个原因：

(1) 点 A 靠近墩底，地震动水压力较大，且变化明显。

(2) 没有直接选择墩底截面上的点，主要是因为墩底外侧三维实体单元的边界条件复杂(兼顾接触和约束)，数值计算时无法做到如解析一样理想，直接取底层单元的计算结果往往存在误差，影响对问题的判断[77]。因此，为保证结果真实可靠，选择墩底向上两个单元处的节点 A 的值作为判定依据。

图 4-4 给出了标准化后的算例 1 桥墩墩身点 A 动水压力 $|\bar{p}/\rho_w g H_w|$、墩顶加速度 $\ddot{u}^{(x)}/|\ddot{u}_g|_{max}$ 和墩顶位移 $u^{(x)}/|u_g|_{max}$ 的频响曲线。图 4-5 则给出了地震波作用下，采用本书解析方法一、方法二和有限元法解得的地震响应时程。

通过比较桥墩加速度、位移和水体动水压力的频域及时域计算结果，可知，对于算例 1，无论是响应的幅值还是相位差，本书提出的基于两种形函数的解析计算结果都与数值分析结果紧密吻合。这也证明，对于水中浸没的采用均匀截

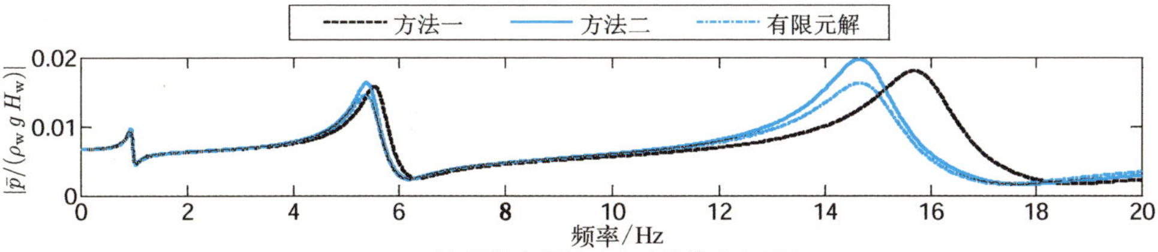

(a) 近墩底(图4-3点A)处的动水压力

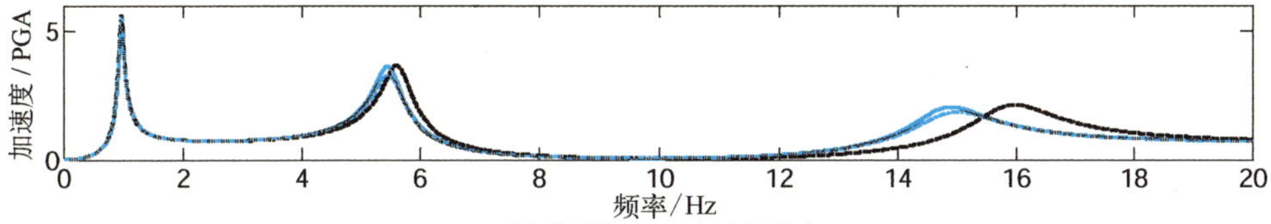

(b) 墩顶(图4-3点B)加速度

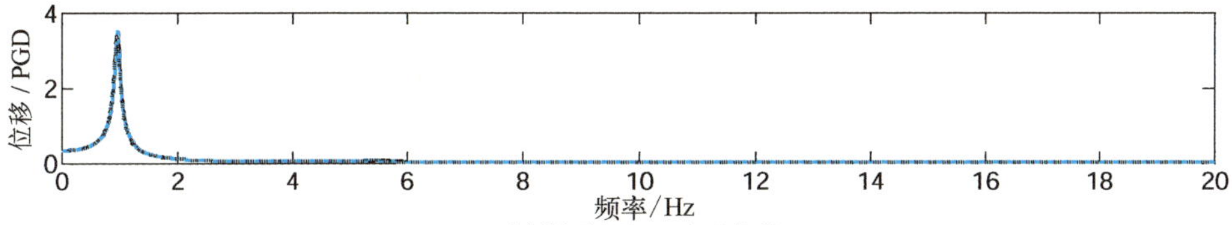

(c) 墩顶(图4-3点B)位移

图 4－4　算例 1 桥墩不考虑地基土刚度时的结构频域响应

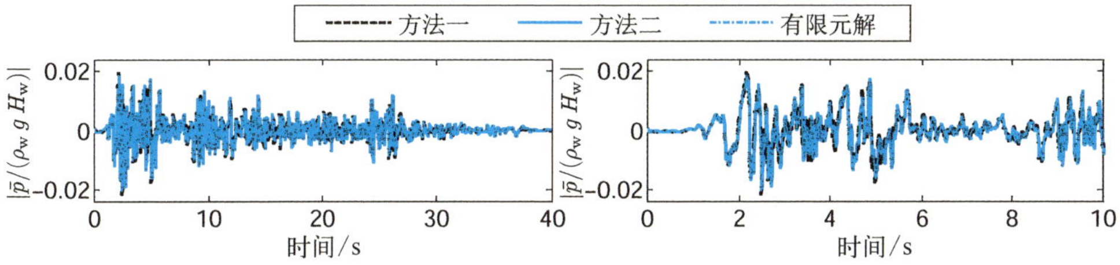

(a) 近墩底(点A)处的动水压力

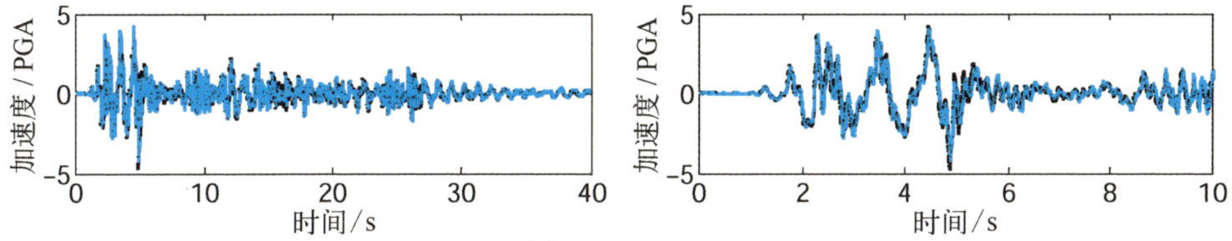

(b) 墩顶(点B)加速度

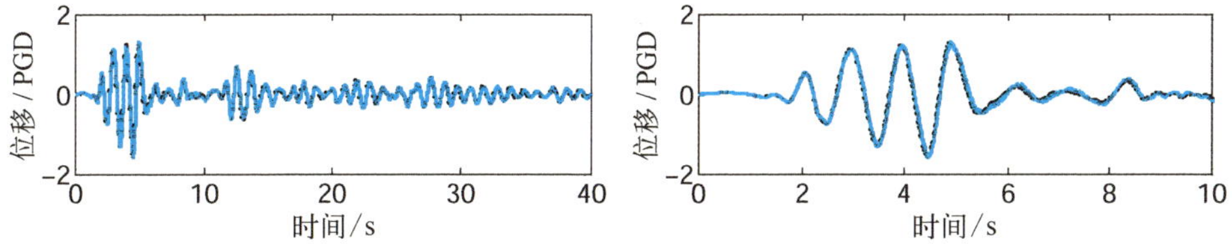

(c) 墩顶(点B)位移

图 4－5　算例 1 桥墩不考虑地基土刚度时的结构地震响应时程(右图为 0～10 s 地震响应)

面的简单悬臂梁桥墩，本书提出的两种方法可以有效地分析结构域和流体域的动力响应。

4.1.2 考虑地基土体刚度

为进一步验证本书方法的适用性，根据第 3.3 节的研究，通过在算例 1 桥墩与土体的交界截面上施加多向弹簧，分析了考虑地基土体刚度时桥墩的频域及时域动力响应。

图 4-6 给出了考虑地基土体刚度时，算例 1 桥墩无水情况下解析振型及有限元振型形状及频率。对于本书方法二和有限元分析的有限元模型，取墩底水

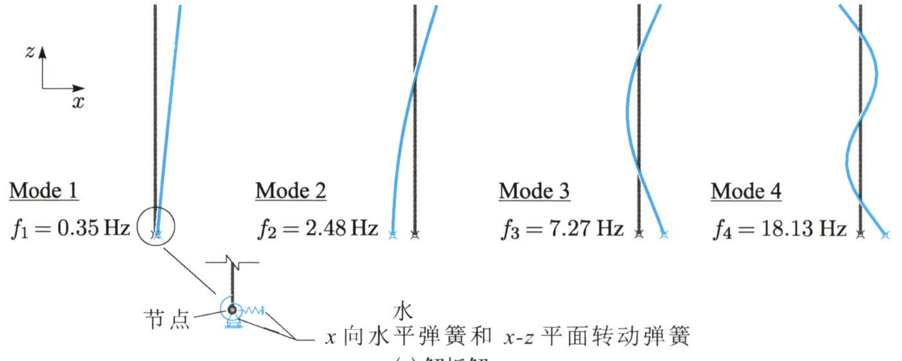

(a) 解析解

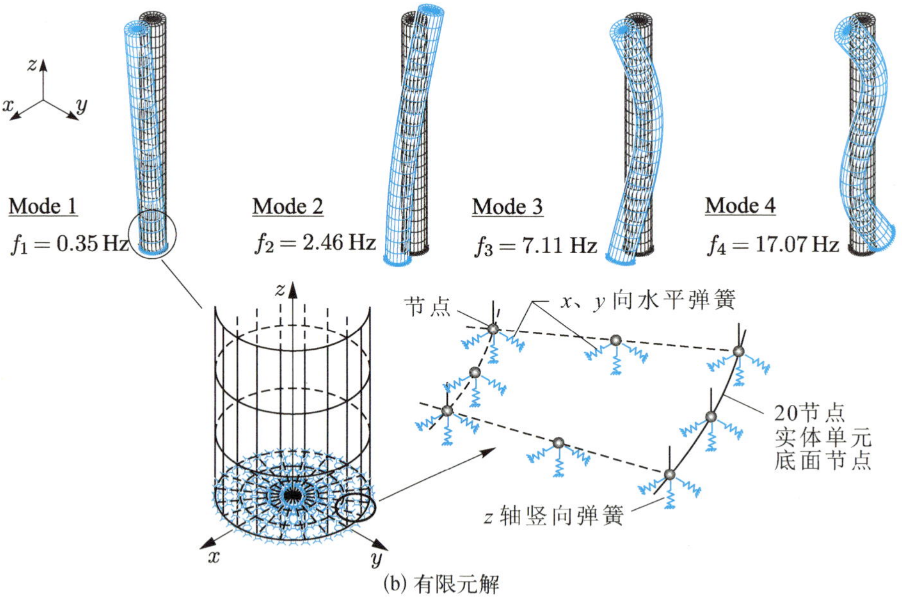

(b) 有限元解

图 4-6 算例 1 桥墩考虑地基土体刚度时前四阶振型形状及自振频率

平弹簧总刚度 $K_T = 1.0 \times 10^8$ N/m，竖向弹簧总刚度 $K_V = 5.0 \times 10^9$ N/m。假设桥墩下部地基服从弹性变形，可认为地基弹簧在墩底截面平均分配，选中所有墩底截面有限元节点，将上述总弹簧刚度除以节点总数，得到每个节点上的子弹簧刚度，如图 4-6(b)所示。对于本书方法一所用的 Euler-Bernoulli 模型，墩底点弹簧水平弹簧刚度与有限元模型面弹簧水平总刚度相同，转动弹簧 K_R 由有限元模型竖向面弹簧总刚度 K_V 按照式(3-34)得到 $K_R = 5.0 \times 10^9$ N/m，如图 4-6(a)所示。

与不考虑地基土体刚度工况相同，利用三种方法分别计算了水下桥墩的频域及地震时域响应。标准化后的墩身点 A 动水压力 $|\bar{p}/\rho_w g H_w|$、墩顶加速度 $\ddot{u}^{(x)}/|\ddot{u}_g|_{max}$ 和墩顶位移 $u^{(x)}/|u_g|_{max}$ 的频响曲线如图 4-7 所示；地震作用下本书解析方法一、方法二和有限元法求得的地震响应时程如图 4-8 所示。

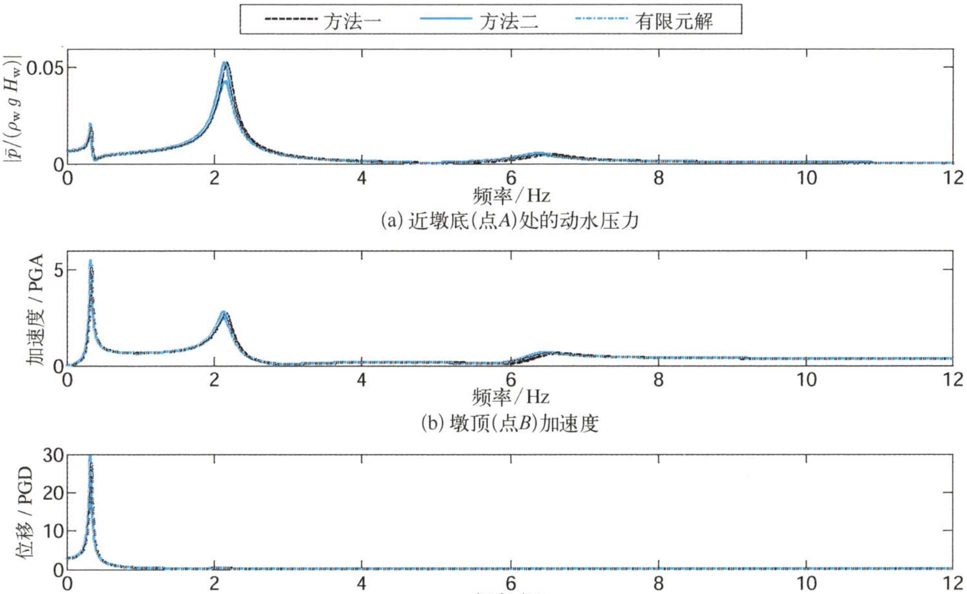

(a) 近墩底(点A)处的动水压力

(b) 墩顶(点B)加速度

(c) 墩顶(点B)位移

图 4-7　算例 1 桥墩考虑地基土刚度时的结构频域响应

与不考虑地基土刚度一样，即使考虑了地基刚度，本书方法一、方法二与有限元方法的计算结果吻合良好。综上，无论是否考虑地基刚度，本书提出的方法一、方法二都可以准确、有效地对实心、均匀截面桥墩进行频域和地震时域分析。

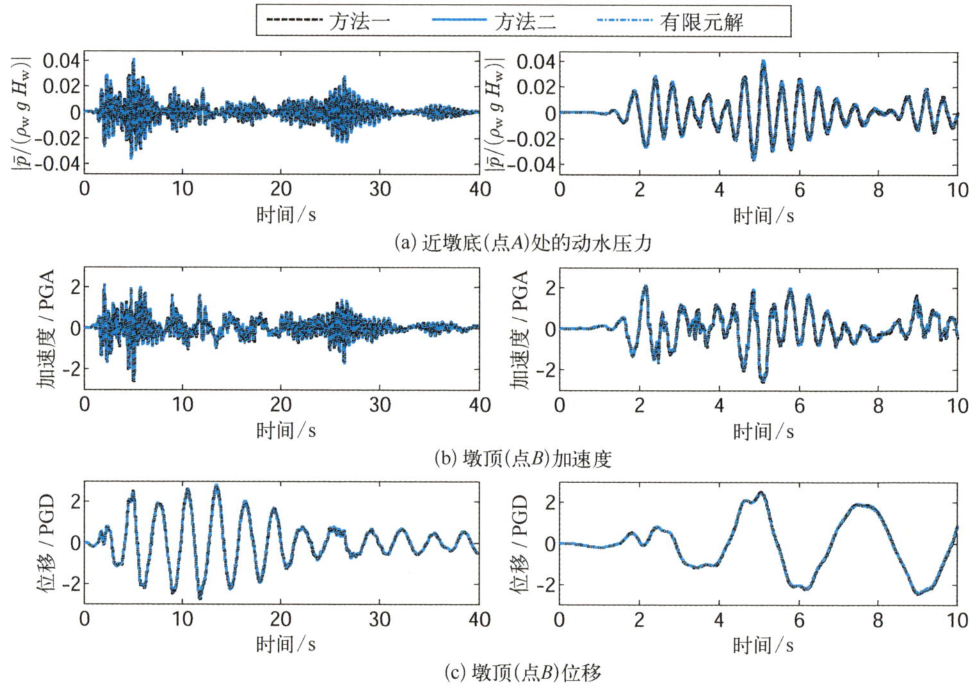

图 4-8　算例 1 桥墩考虑地基土刚度时的结构地震响应时程(右图为 0～10 s 地震响应)

4.2　算例 2　含上部结构空心圆截面桥墩

算例 1 桥墩为实心截面且没有上部质量，是比较理想化的算例。通过算例 2，作者近一步验证了包含上部结构并采用空心截面时，本书方法的适用性和有效性。

图 4-9(a)所示算例 2，结构总高 47 m，在算例 1 的基础上，算例 2 桥墩由下部桥墩和上部结构质量块两部分组成。下部桥墩墩高 42 m，通长采用空心圆截面，截面外径 8 m、内径 4 m。忽略上部结构刚度贡献，将其简化为一个直径 12 m、高 5 m、重 500 t 的实心圆柱体质量块，置于墩顶。下部桥墩采用混凝土材料，材料参数：弹性模量 $E_s = 25$ GPa，密度 $\rho_s = 2\ 500$ kg/m^3 以及泊松比 $\nu = 0.2$。上部质量块弹性模量 $E_s = 30$ GPa，泊松比 $\nu = 0.2$，为满足结构总重量的需要，反算得到材料密度 $\rho_s = 884$ kg/m^3。

桥墩浸没在水深为 30 m 的静水中，水体无波动，且具有理想的无穷远边界，如图 4-9(b)所示。计算中考虑水体可压缩性，水体参数同第 4.1 节算例 1。

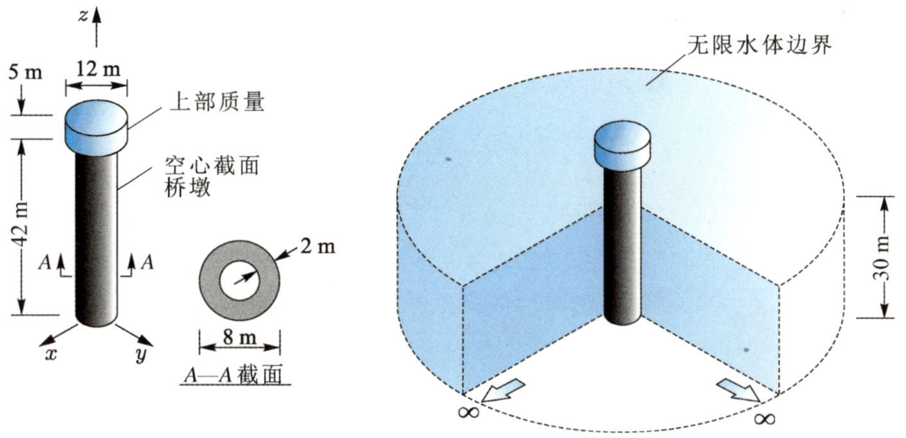

(a) 桥墩几何尺寸　　(b) 水体参数

图 4-9　算例 2 空心截面桥墩

为了给本书方法计算结果提供参照，利用 ADINA 对算例 2 进行三维流固耦合有限元分析，桥墩和水体分别使用 20 节点实体单元和势流体单元建模，网格划分如图 4-10 所示。

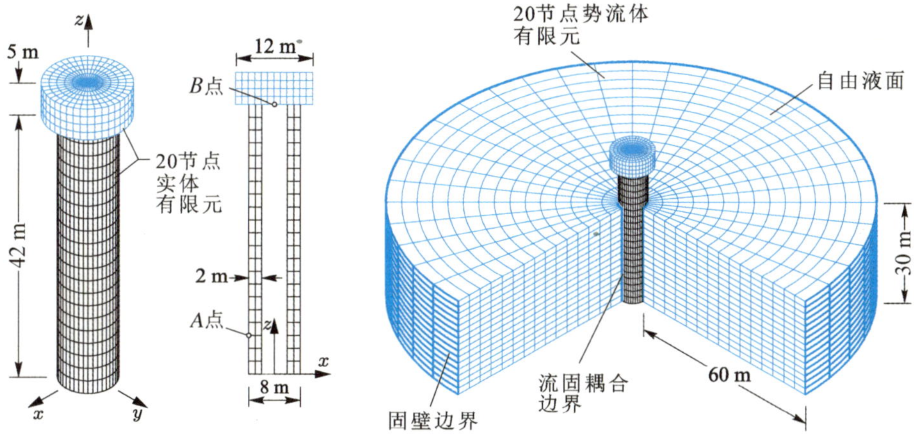

(a) 结构有限元模型　　(b) 考虑水体后，结构-水体耦合有限元模型

图 4-10　算例 2 桥墩有限元模型

4.2.1　不考虑地基土刚度

沿 x 轴输入图 2-12 所示 El Centro 地震波。所有分析工况均考虑 $\xi=5\%$ 的模态阻尼比。与算例 1 相同，首先研究了不考虑地基土刚度时，结构的频域和

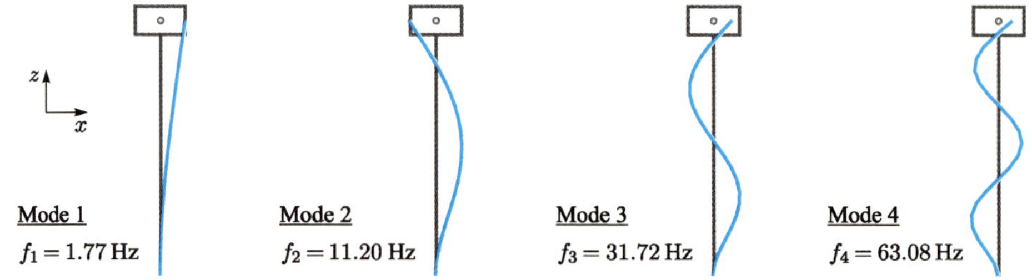

(a) 解析解

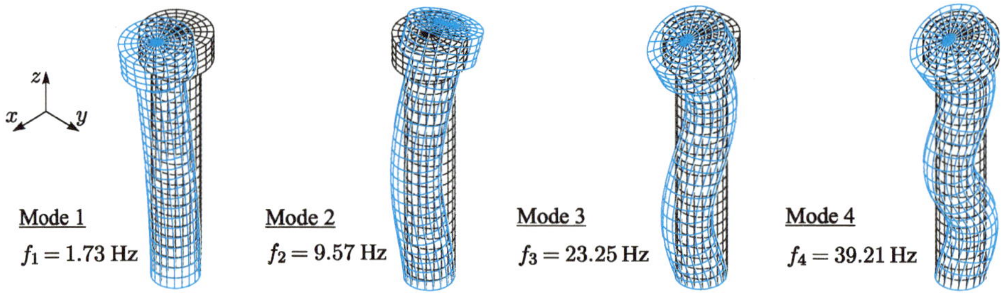

(b) 有限元解

图 4-11　算例 2 所用桥墩不考虑地基土体刚度时前四阶振型形状及自振频率

时域响应。

图 4-11(a)和(b)分别给出了该工况下，使用本书方法一计算得到的算例 2 桥墩前四阶解析振型和本书方法二拟合所用的有限元振型形状及自振频率。

利用本书解析方法一、方法二和势流体有限元三种方法计算了距墩底 6 m 墩身节点(图 4-3 中点 A)的动水压力绝对值和墩顶(图 4-3 中点 B)沿 x 轴方向位移、加速度的频域响应和地震荷载作用下的时域响应曲线。所有计算结果都采用与算例 1 相同的方式进行标准化处理。

图 4-12 给出了不考虑地基土刚度时，算例 2 桥墩墩身点 A 动水压力 $|\bar{p}/\rho_w g H_w|$、墩顶加速度 $\ddot{u}^{(x)}/|\ddot{u}_g|_{max}$ 和墩顶位移 $u^{(x)}/|u_g|_{max}$ 的频响曲线。图 4-13 则比较了此时，不同方法计算得到上述三个关键响应的地震反应时程。

4.2.2　考虑地基土刚度

为研究考虑地基土体刚度时桥墩的频域及时域动力响应，采用与算例 1 相同的步骤在墩底施加土弹簧。

对于本书方法二和有限元分析的有限元模型(图 4-10(a))，取墩底水平弹

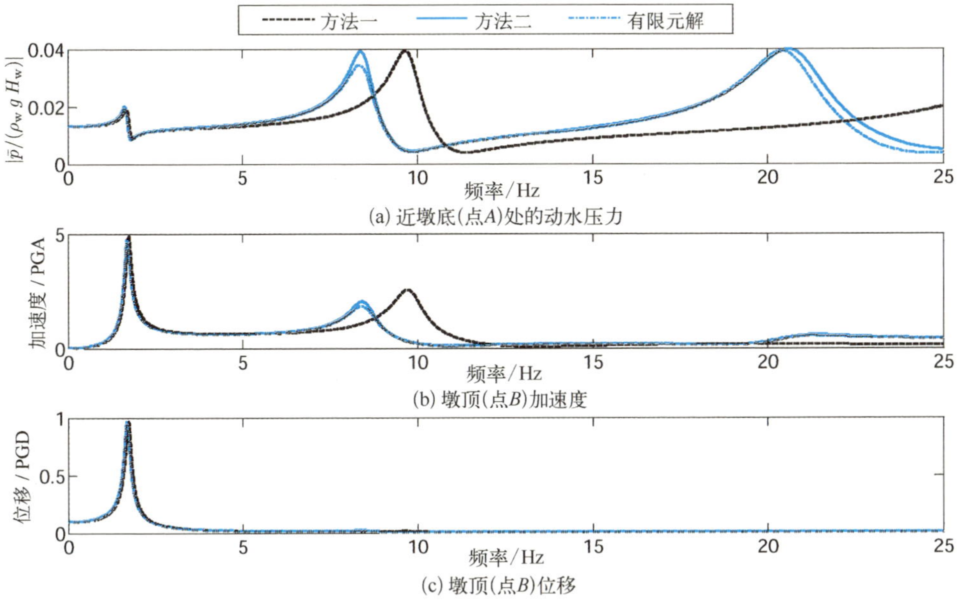

图 4-12　算例 2 桥墩不考虑地基土刚度时的结构频域响应

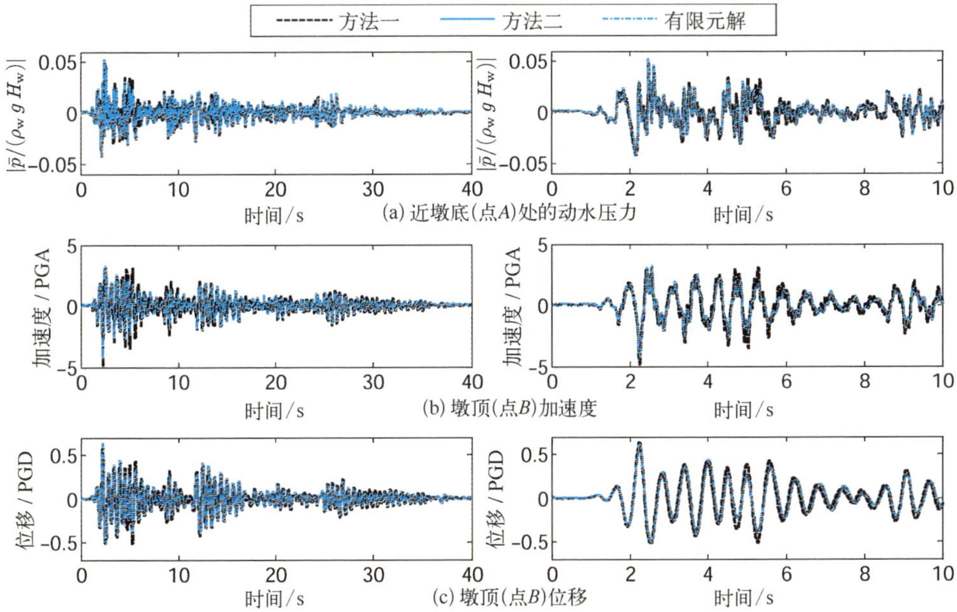

图 4-13　算例 2 桥墩不考虑地基土刚度时的结构地震响应时程(右图为 0～10 s 地震响应)

簧总刚度 $K_T = 1.0 \times 10^8$ N/m，竖向弹簧总刚度 $K_V = 5.0 \times 10^9$ N/m。选中所有墩底截面有限元节点，将上述总弹簧刚度除以节点总数，计算并定义每个节点上的子弹簧。如例 1 所示。

对于本书方法一 Euler-Bernoulli 模型，墩底点弹簧水平弹簧刚度与有限元模型面弹簧水平总刚度相同，转动弹簧 K_R 由有限元模型竖向面弹簧总刚度 K_V 按照式(3-34)得到 $K_R = 2.5 \times 10^{10}$ N/m。

考虑地基土体刚度后，算例 2 桥墩无水情况下方法一解析振型及方法二所用有限元振型形状及频率如图 4-14 所示。

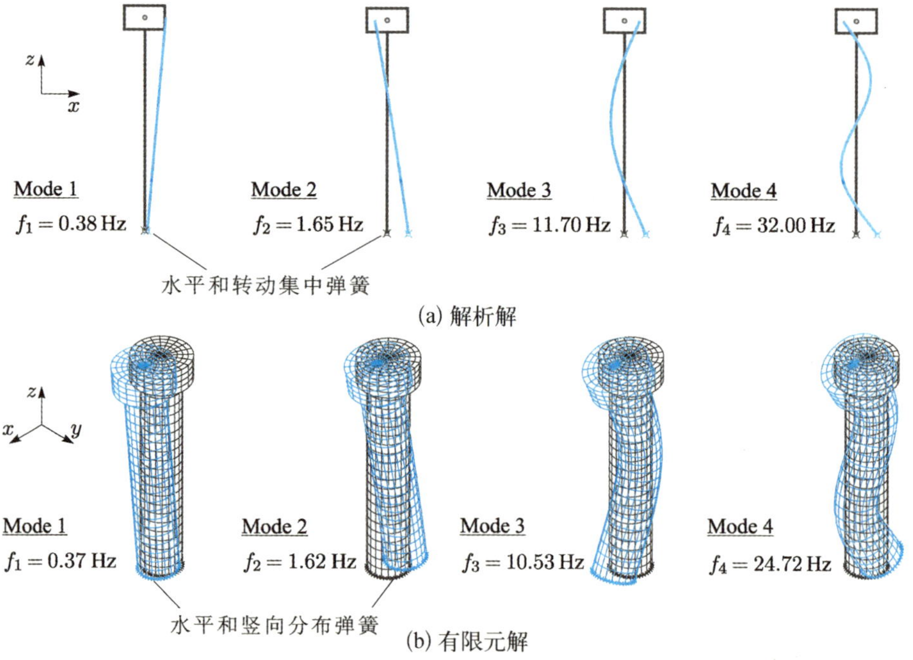

图 4-14　算例 2 所用桥墩考虑地基土体刚度时前四阶振型形状及自振频率

图 4-15 比较了三种方法得到的标准化后墩身动水压力 $|\bar{p}/\rho_w g H_w|$、墩顶加速度 $\ddot{u}^{(x)}/|\ddot{u}_g|_{max}$ 和墩顶位移 $u^{(x)}/|u_g|_{max}$ 的频响曲线；图 4-16 则比较了地震作用下本书解析方法一、方法二和有限元法求得的地震响应时程。

4.2.3　误差讨论

比较上述计算结果可得到以下主要结论：

(1) 无论考虑地基土刚度与否，本书方法二的墩身压力、墩顶位移及加速度

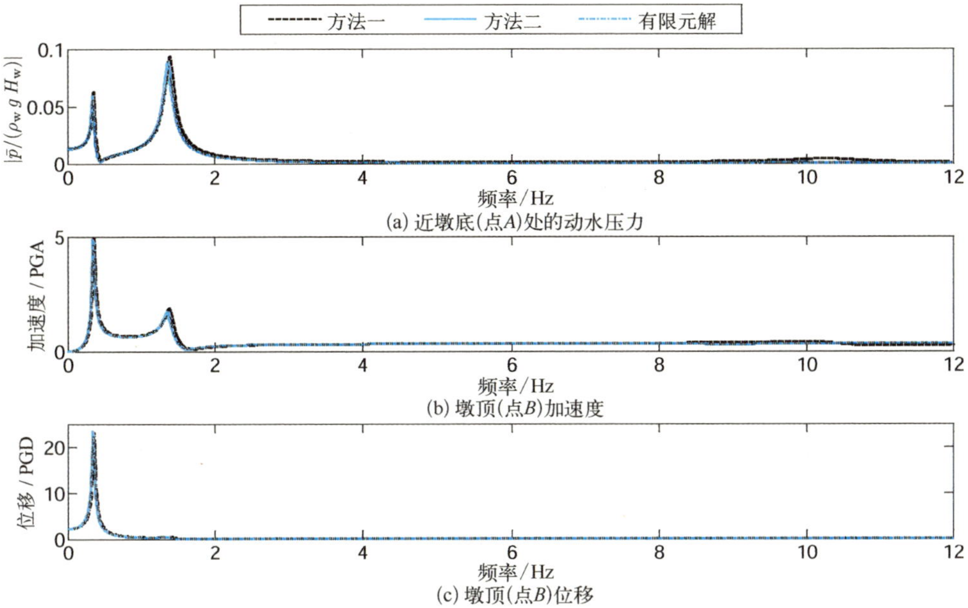

图 4-15　算例 2 桥墩考虑地基土刚度时的结构频域响应

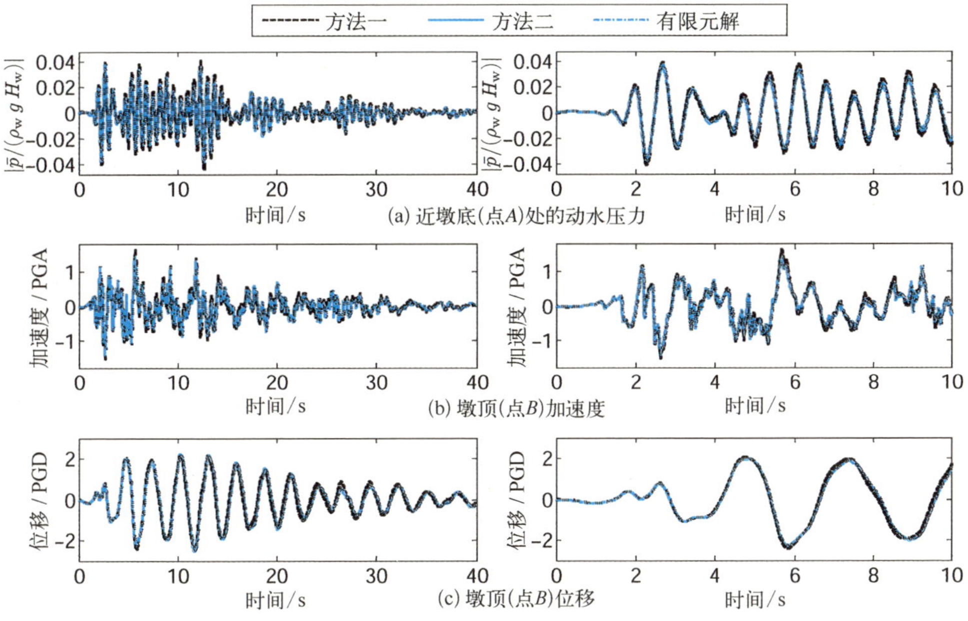

图 4-16　算例 2 桥墩考虑地基土刚度时的结构地震响应时程(右图为 0～10 s 地震响应)

的频域及地震时域计算结果较好地吻合了势流体有限元的计算结果，能有效地对刚性和柔性地基上，考虑上部结构的空心截面桥墩进行抗震分析。

(2) 仔细分析加速度及位移时程数据可以发现，本书方法一与有限元解的契合程度不如方法二，特别是当不考虑地基土刚度时，表现为方法一计算结果相比其他两种方法，幅值偏大且后半段波形有一定的前移。

上述细微的误差可以通过研究图 4－12 所示的频域计算结果加以解释：本书方法一得到的水下桥墩各阶振型频率要明显大于其他方法有限元振型的频率，且幅值大于有限元计算结果。事实上，振动频率的误差并不是在方法一计算流程中产生的。根据图 4－11 和图 4－14，没有考虑周围水体的耦合效应时，根据 Euler-Bernoulli 理论算得的解析频率大于根据有限元方法计算的数值频率，阶数越高，误差越大。正是因为振型函数及自振频率的差异，从而累积造成了频域和时域结果的误差。

根据文献[162]的研究，本书方法一所用的 Euler-Bernoulli 梁理论，该理论无法考虑梁截面的尺寸效应，仅适用于梁的截面尺寸对比其长度来说是较小的情况。当结构长细比较大(＞1/60)时，忽略转动惯量与剪切变形的假设会明显增大结构高阶振型的频率[163]。但方法一完全不需要进行额外的有限元分析，当对工程误差要求不高时，它仍然是解决水下桥墩频域及时域动力问题的有效手段。

4.3 算例 3 含上部结构复杂变截面桥墩

本算例在上述两个算例的基础上，着重研究了利用本书方法分析图 4－17(a)所示复杂桥墩(例如，多种材料、沿墩高变截面、考虑上部质量等)的时域及频域动力响应。这也是三个算例中最接近真实桥墩的情况。

如图 4－17(a)所示，桥墩结构外部几何尺寸与算例 2 相同，同样由下部桥墩和上部 500 t 质量块两部分组成。但是桥墩空心截面的内径采用不均匀变化截面，且考虑实际深水基础工程中，因为节段拼装工艺的使用[14]造成的节段的材料特性差异的特点，不同的桥墩节段采用不同的材料特性。对于算例 3，桥墩共采用了表 4－2 所列五种不同材料，材料分布采用不同颜色标于图 4－17 中。

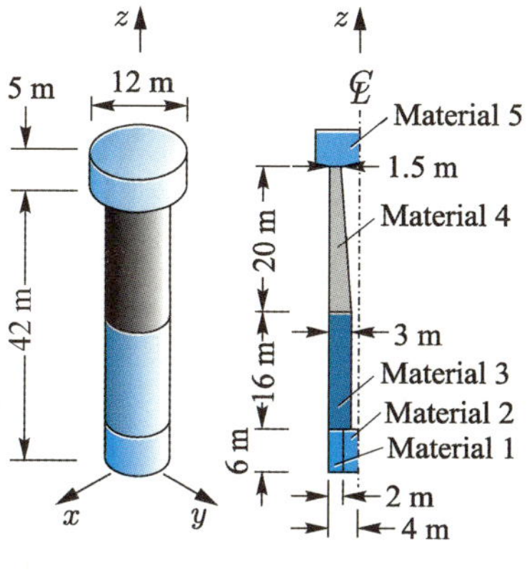

(a) 桥墩几何尺寸

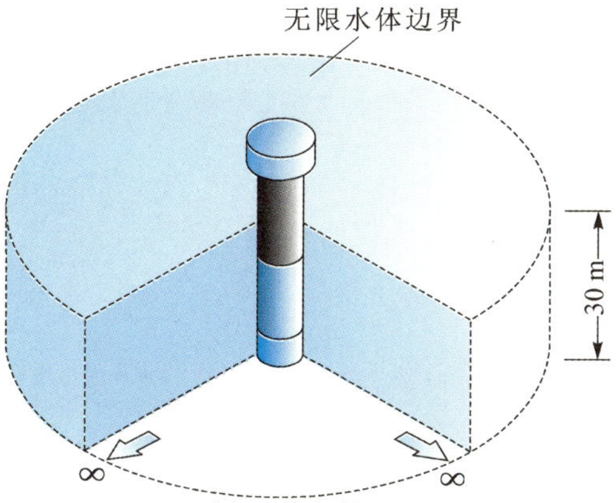

(b) 水体参数

图 4-17　算例 2 空心变截面桥墩

表 4-2　算例 3 桥墩材料特性表.

材　料	材料密度/($kg \cdot m^{-3}$)	弹性模量/GPa	泊松比
Material 1	7 850	210	0.3
Material 2	2 400	35	0.2
Material 3	2 500	25	0.2
Material 4	1 900	50	0.2
Material 5	2 400	30	0.2

结构处在图 4-17(b)所示的 30 m 深的水中，水体具有无限边界。计算时，考虑水体可压缩性，水体材料参数同上。地震动输入同样选取图 2-12 所示 1940 年 El Centro 地震波水平南-北分量，沿 x 轴输入，动力分析中考虑 $\xi = 5\%$ 的模态阻尼比。

作为本书方法计算结果的参照，对算例 3 桥墩建立了如图 4-18 所示的三维流固耦合有限元分析，桥墩和水体依然使用 20 节点实体单元和势流体单元建模。

4.3.1　分析工况

根据第 3 章的推导，对于此类具有不规则材料及截面分段的复杂桥墩，本书方法一不再适用，但对方法二没有这种使用上的障碍。因此，对本算例主要采用了表 4-1 所列方法二和势流体有限元两种方法进行分析计算。

算例 3 的分析依然分为不考虑地基土弹簧和考虑地基土弹簧两种工况进行。不考虑地基土刚度时，方法二拟合所用的桥墩前四阶有限元振型及频率如

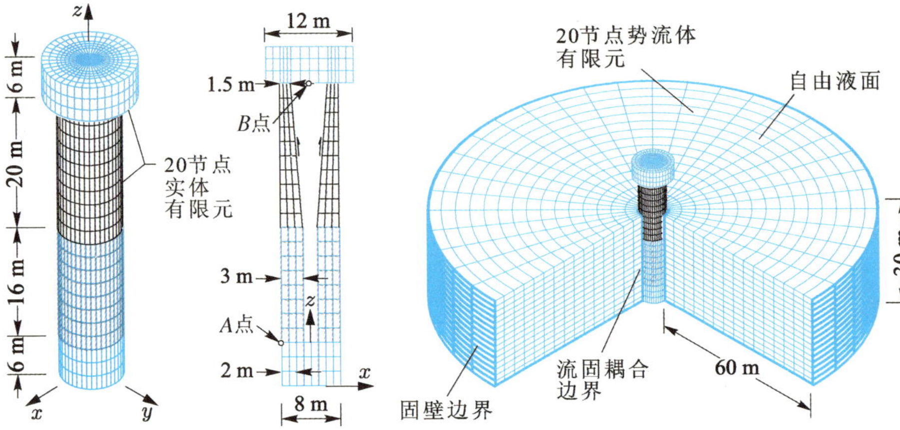

(a) 结构有限元模型　　(b) 考虑水体后，结构-水体耦合有限元模型

图 4-18　算例 3 桥墩有限元模型

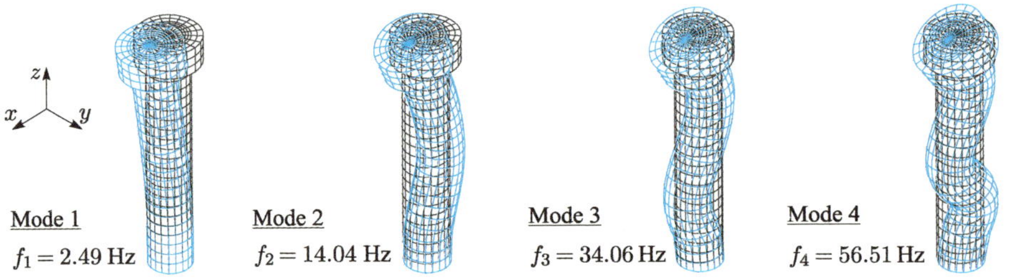

(a) 不考虑地基土体刚度时

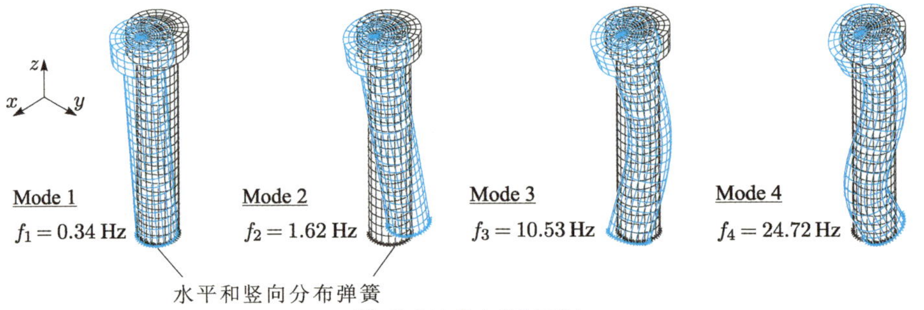

(b) 考虑地基土体刚度时

图 4-19　算例 3 桥墩前四阶有限元振型形状及自振频率

图 4-19(a)所示。考虑地基土弹簧时，取墩底水平弹簧总刚度 $K_T = 1.0 \times 10^8$ N/m，竖向弹簧总刚度 $K_V = 5.0 \times 10^9$ N/m，并分散定义在图 4-10(a)所示有限元模型的墩底截面上。考虑地基土刚度时，方法二拟合所用的桥墩前四阶有限元振型及频率如图 4-19(b)所示。

4.3.2　计算结果比较

利用两种方法分别计算了刚性及柔性地基上算例 3 桥墩墩身 A 点的动水压力及墩顶点 B 的加速度及位移，并按照前例的方法对计算结果标准化处理为：动水压力 $|\bar{p}/\rho_w g H_w|$；加速度 $\ddot{u}^{(x)}/|\ddot{u}_g|_{max}$ 和位移 $u^{(x)}/|u_g|_{max}$。图 4－20 和图 4－21 分别给出了两种方法得到的刚性和柔性地基条件下墩身动水压力、墩顶加速度和墩顶位移的频域响应曲线。

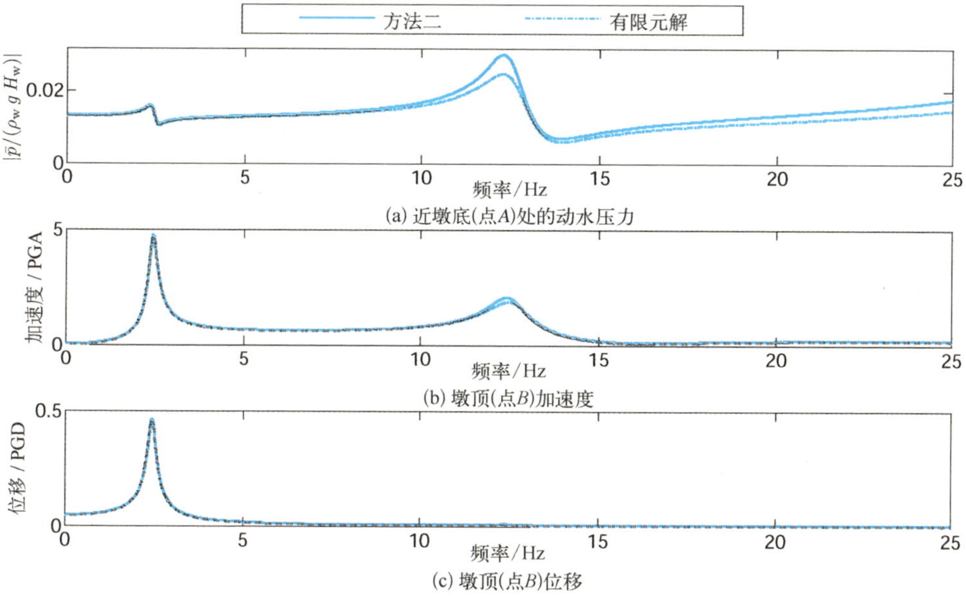

图 4－20　算例 3 桥墩不考虑地基土刚度时的结构频域响应

图 4－22 和图 4－23 比较了两种场地条件下，采用方法二和有限元方法计算的墩身动水压力 $|\bar{p}/\rho_w g H_w|$、墩顶加速度 $\ddot{u}^{(x)}/|\ddot{u}_g|_{max}$ 和墩顶位移 $u^{(x)}/|u_g|_{max}$ 的地震响应时程。

通过比较上述计算结果，对于算例 3，无论桥墩位于何种场地，本书提出的方法二都能得到跟有限元分析十分吻合的频域、时域地震响应，如墩身动水压力、墩顶位移和墩顶加速度。当然上述算例，仅为验证本书方法的有效性之用，但并不意味着本书方法的应用仅局限于此。我们注意到，方法二的振型完全是根据有限元数值分析拟合而来，理论上，只要有限元能够进行建模求解振型的水下圆柱结构，即可采用本书方法二进行计算。算例 2、算例 3 目前所用的圆柱体上部

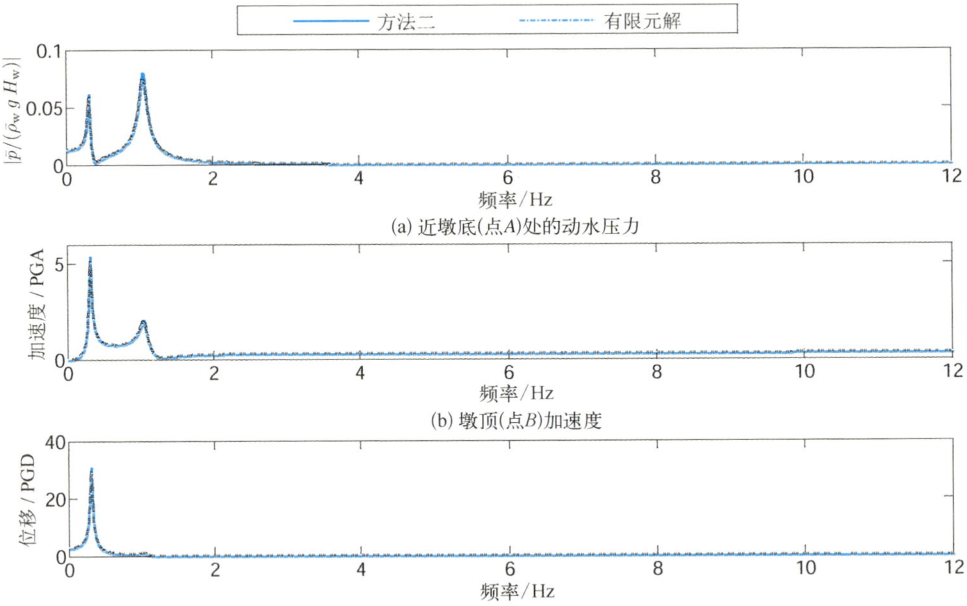

(a) 近墩底(点A)处的动水压力

(b) 墩顶(点B)加速度

(c) 墩顶(点B)位移

图 4-21　算例 3 桥墩考虑地基土刚度时的结构频域响应

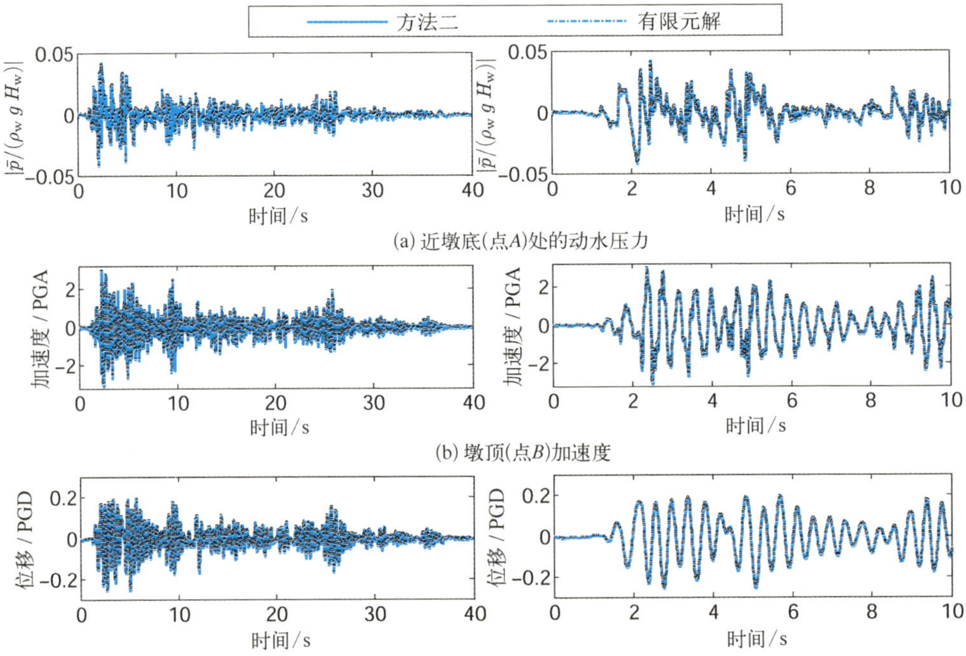

(a) 近墩底(点A)处的动水压力

(b) 墩顶(点B)加速度

(c) 墩顶(点B)位移

图 4-22　算例 3 桥墩不考虑地基土刚度时的结构地震响应时程(右图为 0～10 s 地震响应)

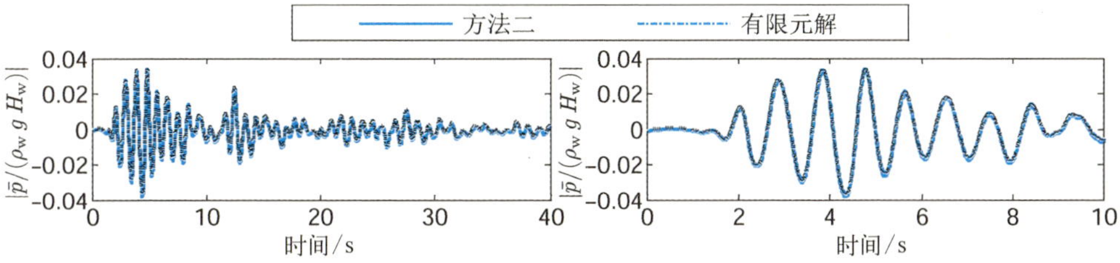

(a) 近墩底(点A)处的动水压力

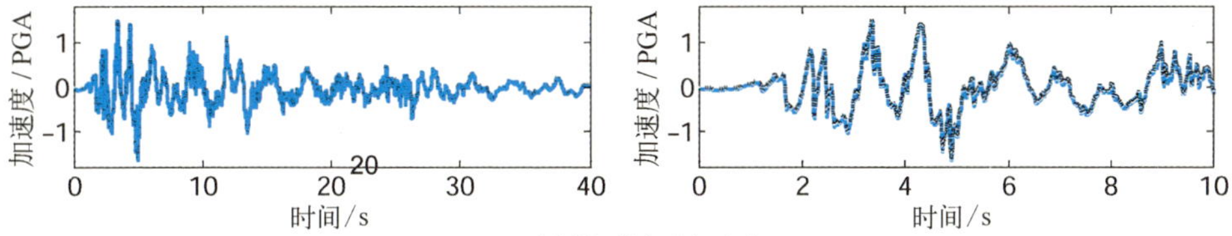

(b) 墩顶(点B)加速度

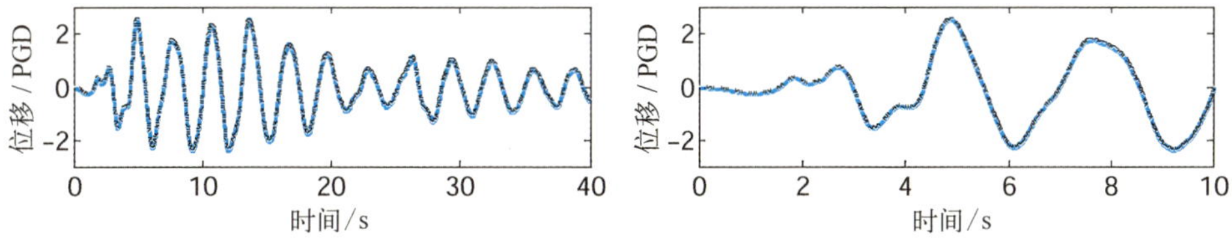

(c) 墩顶(点B)位移

图 4－23　算例 3 桥墩考虑地基土刚度时的结构地震响应时程(右图为 0～10 s 地震响应)

结构完全可以被其他结构形式所代替,对于计算而言,唯一的变化只是将求解振型所用的有限元模型上部结构替换为新的结构形式。

综上,本书第 3 章提出的图 3－10 所示基于有限元振型函数的桥墩地震反应分析方法(方法二)可以针对各类圆柱体的深水桥墩进行考虑桥墩-水-土多介质耦合的地震响应分析。通过多个算例验证,计算方法不受材料分布、几何形状及场地条件的限制,计算结果准确可靠。方法省去了繁杂的有限元建模过程,不需要复杂的有限元求解技术,解析计算流程简单清晰,没有复杂的迭代过程,当基于势流体单元的数值计算无法实现时,可以作为一种可靠的地震响应分析方法取代有限元分析。因此,在未来深水桥墩考虑多介质耦合的抗震分析验算中,具有广阔的应用前景。

4.4　桥墩自振周期算例

本节,作者使用第 3.6 节推导的考虑结构-水-土耦合的桥墩自振周期快速计算方法，计算了上述三个水下桥墩算例的前三阶自振周期，并与势流体有限元模态分析的结果进行了比较。三个算例的流固耦合有限元模型同上，数值计算考虑了水体可压缩性。

表 4-3 给出了分别利用本书周期快速计算方法和势流体有限元方法计算得到的结构前三阶考虑多介质耦合效应的自振频率。图 4-24 对二者结果进行了比较。由图 4-24 知，对所有算例，本书简化方法计算的结构自振周期都与有限元结果很好地吻合，所有误差都控制在 1%以内。

表 4-3　桥墩算例自振频率　　单位：Hz

算　例	阶　数	本书周期算法	有限元方法
算例 1 弹性地基	1	0.331	0.331
	2	2.145	2.161
	3	6.338	6.385
算例 1 刚性地基	1	0.965	0.966
	2	5.439	5.484
	3	14.846	14.890
算例 2 弹性地基	1	0.350 6	0.350 5
	2	1.368	1.381
	3	9.501	9.532
算例 2 刚性地基	1	1.690	1.690
	2	8.501	8.515
	3	20.995	20.640
算例 3 弹性地基	1	0.319	0.319
	2	1.043	1.047
	3	9.767	9.826
算例 3 刚性地基	1	2.442	2.442
	2	12.539	12.59
	3	31.475	31.57

为了验证本书方法的计算效率，作者分别记录了使用同一台计算机（Intel Core 2 Duo P8700 2.53 Gz 四核处理器、8 GB 内存），分别使用两种方法计算算例 1（不考虑地基土刚度情况）前三阶周期所需的时间：势流体有限元分析（忽略建模时间）需要 43 s；而本书方法只需 0.44 s。因为省去了有限元分析过程中的流固耦合建模过程，并且不需要大规模的矩阵运算，第 3.6 节推导的桥墩考虑结

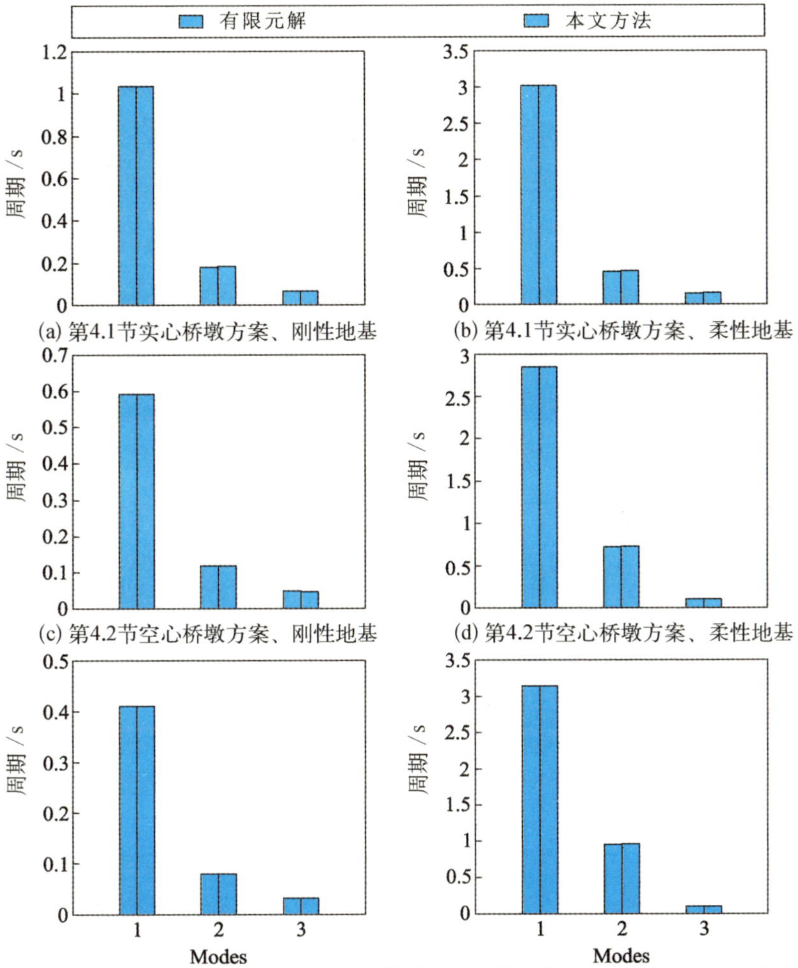

图 4-24　结构自振周期有限元解及本书方法计算结构比较

构-水-土耦合自振周期计算方法可以准确、高效地求解桥墩周期，对于水下桥墩抗震设计具有重要的应用价值。

4.5 本章小结

本章基于第 3 章解析方法对不同深水桥墩算例进行了频域及时域动力分析，通过与势流体有限元计算结果进行比较，全面评估了本书解析方法在考虑不均匀材料、几何形状及结构高阶振型时，进行多介质耦合地震反应分析和自振周期快速求解的有效性，研究发现：

(1) 图 3-10 所示基于有限元振型函数的桥墩地震反应分析方法(方法二)可以针对各类圆柱体的深水桥墩进行考虑桥墩-水-土多介质耦合的地震响应分析，计算结果精度高，无论结构响应还是流体响应，都与流固耦合数值计算结果吻合好。当基于势流体单元的数值计算无法实现时，可以作为一种可靠的地震响应分析方法取代有限元分析。

(2) 图 3-9 所示基于解析振型函数的桥墩地震反应分析方法(方法一)只适用于采用均匀截面的桥墩，相比方法二，因为解析振型函数求解精度的限制，计算精度略低。但该方法不需要依靠有限元分析，当对工程误差要求不高时，仍然是解决水下桥墩频域及时域动力问题的有效手段。

(3) 第 3.6 节推导的结构-水-土耦合的桥墩自振周期快速计算方法不受结构形式、地基条件的影响，同时兼具了高效、准确的优点：对三个算例的计算结果都与有限元解完美吻合(误差小于 1%)，且因为解析计算闭合解简单快捷的巨大优势，计算时间仅为有限元计算的 1/100，对水下桥墩抗震设计具有重要的应用价值。

第5章 深水群桩基础流固耦合模态试验与数值研究

5.1 研究对象与目标

近年来，我国跨越江河、海峡和海湾的大跨深水桥梁不断规划与建设，给桥梁工程界带来巨大的机遇和挑战。鉴于高桩承台基础在建设条件、施工周期、施工难度及造价等方面的优势，它已成为在我国跨江海长大桥梁建设中被广泛采用的基础形式，如图 5-1 所示。苏通长江大桥[28]、东海大桥[29]及表 1-1 所列深水桥梁的群桩基础，通常都由群桩、大体积混凝土承台及上部桥墩结构组成，这种“头重脚轻”的结构形式，使得群桩基础成为桥梁抗震计算中需要重点验算的部分[164]。对于深水桥梁群桩基础来说，除去传统抗震中关心的问题，如何在地震分析过程中考虑结构周围水体的影响也日益成为工程技术人员关注的热

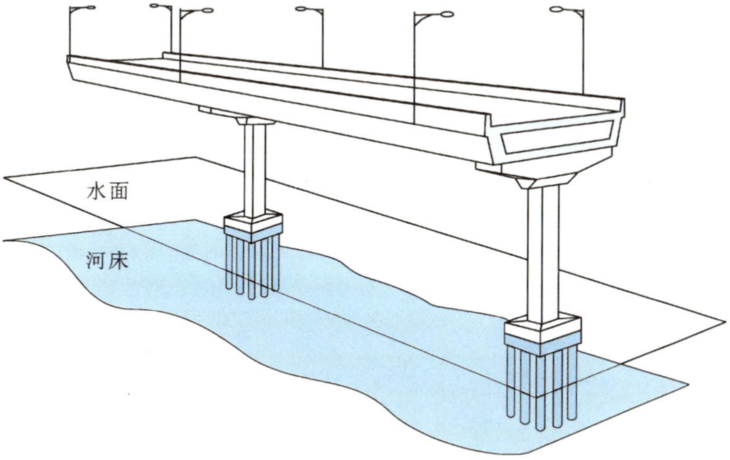

图 5-1　深水群桩基础桥梁示意图

点。大量试验表明，水的存在会改变水下结构的动力特性，如周期、振型、阻尼比等参数，进而改变结构在地震作用下的受力情况[39,40,59]，因此，如何确保深水群桩基础的抗震安全成为业界普遍关注的问题。深入认识桥梁深水群桩基础的动力特性可为跨江海长大桥梁抗震设计提供重要的理论基础，无论从经济效益还是社会效益都具有重大的现实意义。

深水群桩基础的地震响应与输入地震动的卓越周期及群桩-水耦合系统沿地震输入方向的各阶自振周期有很大关系[165]。因此，开展桥梁深水基础抗震分析之前，通常需要首先进行结构模态分析，以得到结构的动力特性。已有的深水基础模态试验及相关成果[23,56,166-169]大多为研究水中单一悬臂柱体的动力特性分析。对于深水群桩基础，结构由群桩和承台组成，一方面，群桩之间的相互耦合效应不可忽略；另一方面，因为承台在桥梁服役过程中普遍处于部分或全部浸没于水中的状态，承台近似成为一个大直径的悬浮柱体，具有复杂的几何外形和流固耦合边界。正因为群桩、承台形成的复杂流体边界，现有的解析方法无法有效进行求解。因此，承台的动水效应也成为群桩基础的地震动水效应问题显著区别于深水桥墩的关键问题。根据国内外已有的水下群桩基础的试验研究来看，文献[132,133]试验研究了不规则波与均匀水流对群桩承台的影响；文献[49,53,134,135]则针对水下群桩结构模型体系进行了振动台试验，着重研究了水下群桩基础的地震响应。但因为试验目的不同，上述实验未对不同水深下的群桩基础结构动力特性进行过详细的研究，也没有对不同桩基布置形式对群桩基础动水效应的影响进行过探讨。

虽然随着计算机技术的发展，具有流固耦合分析功能的高级有限元方法（见第 2 章），已经可以解决诸如深水群桩基础这类复杂结构的水下振动问题[140]。虽然这类方法对于深水桥墩的有效性已经得到了全面证实（见第 2 章及第 4 章），然而，深水群桩基础的模态试验数据匮乏，无法满足校核群桩基础流固耦合有限元模态动力计算结果的需要，这也大大限制了数值计算在深水群桩基础中的推广应用。

文献[170]曾利用试验方法研究了水位变化对大坝动力特性的影响，通过试验获得了大量结构频率变化实测数据，依靠这些数据对各类数值计算方法进行了有效的校核和验证。受其启发，为了更好地开展深水基础-水耦合动力分析，作者首先开展了一系列深水群桩基础水池模态试验，全面细致地研究了水位变化对具有不同桩基布置形式的深水群桩基础模型动力特性的影响，然后，基于试验数据，验证了三维势流体有限元数值分析技术解决群桩基础动水效应问题的有效性。而后，利用有限元数值计算，拓展研究了高阶振型随水位的变化，并根据动水压力分布变化，从机理上认清了结构动力特性变化的原因。

5.2　深水群桩基础水池模态试验

5.2.1　试验目的和内容

通过开展不同水深情况下群桩基础模型的模态实验，希望达到以下目的：

(1) 试验研究流固耦合动水效应对深水群桩基础动力特性的影响；

(2) 试验研究群桩基础动水效应与水深及群桩几何布置形式之间的关系；

(3) 试验验证基于势流体单元的三维流固耦合有限元方法；

(4) 数值分析结构高阶振型、承台和桩身上的模态动水压力分布随水深及基础布置的变化规律。

需要说明的是，本试验所考虑的流固耦合仅为结构振动产生的流体运动，并不包括波浪作用的影响。同时，考虑到实验条件和装置的限制，本章研究内容也主要限于对群桩基础动力特性（主要为结构自振频率）和模态动水压力分布的讨论。

5.2.2　试验设计

根据表 1-1 的统计，采用深水群桩基础的桥梁大多为大跨度桥梁，相邻深水基础之间的距离，往往是水深的多倍以上，即使以水深较大、跨径较小的紫阳汉江特大桥[171]为例，该桥深水基础最大水深 40 m，但两基础间距仍有 170 m，是水深的 4 倍以上。根据文献[145,172]的研究，当水中相邻柱体的距离超过水深的三倍以上时，彼此之间的影响已经非常弱，忽略相邻结构不会对剩下结构的流固耦合作用机理产生较大影响。因此，下文试验将仅针对单个群桩基础模型进行振动试验。

1. 试验水池

本试验设计、建造了一个如图 5-2 所示开口方形砖石水池，将其作为群桩基础模型水下动力测试的试验水池。水池最大水深为 2.65 m，包含上主水池和下水池两部分。上主水池尺寸为 3 m×3 m×2.1 m；下水池为 1.8 m×1.8 m×0.55 m；其他细部尺寸详见图 5-2。池壁采用 100 号混合砂浆砌 100 号普通粘土砖，底板采用 12.5 cm 厚的预制钢筋混凝土底板。通过安装进水管及水泵，实现对水池内水位变化的需要。为保持水池稳定性，通过对水池最不利状态下的有限元静力分析，分别在水池四壁设置了加劲柱，以承受最高水位时的水压力及无水情况下的被动土压力，通过重新验算，水池受力(图 5-3)满足设计要求。

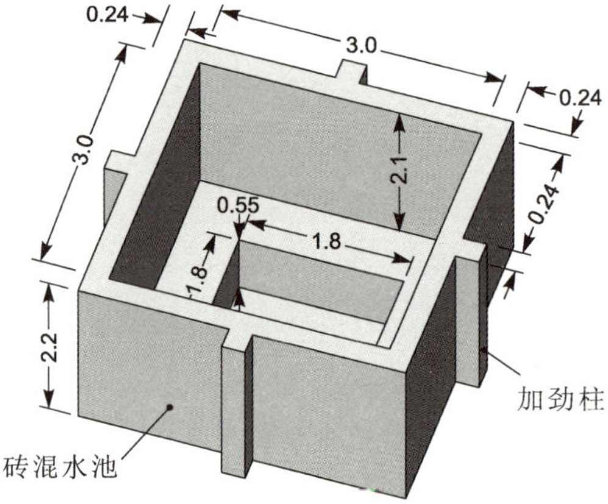

图 5-2 试验水池尺寸图(单位：m)

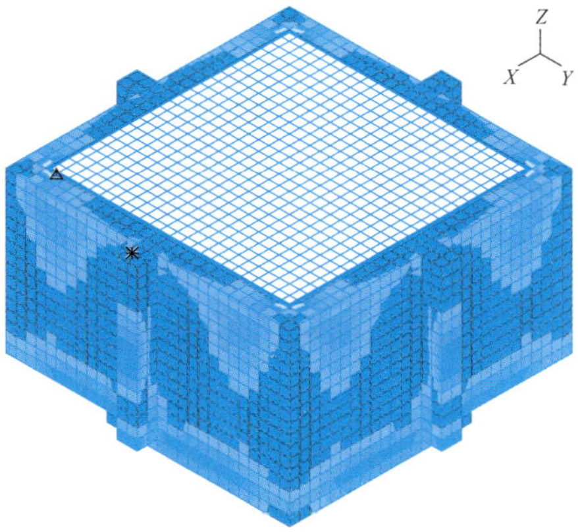

图 5-3 试验水池最不利状态应力图

2. 试验模型

本试验中所用桥梁群桩基础模型参照我国东北松花江上某特大桥主墩采用的群桩基础[173]进行设计。该基础由九根混凝土桩、混凝土承台和混凝土桥墩三部分组成，如图 5-4 所示。桩基总长 58 m，其中长度为 17.5 m 的部分位于冲刷线以上。桥墩和承台采用 C35 混凝土，弹性模量 31.5 GPa；桩身采用 C25 混凝土，弹性模量 28 GPa[174]。

参照原型结构，首先设计制作了如图 5-5 所示的缩尺九桩基础模型。模型由钢管桩、钢箱混凝土组合承台及钢筋混凝土桥墩组成。考虑到试验主要是定性地研究群桩基础与水的耦合机理，因此模型未考虑桥梁上部结构的影响。

试验模型设计思路如下：考虑到模型桩又细又长，为保证施工质量并方便加工，试验模型采用直径为 0.06 m、壁厚 0.001 m 的钢管来模拟原设计中的混凝土桩；为了保证桩身与承台的连接，采用了钢箱混凝土组合承台，承台尺寸为 0.6 m×0.6 m×0.3 m，其中，钢箱四壁钢板为 0.60 m×0.30 m×0.05 m；为保证焊接质量，底板略微加厚，为 0.06 m×0.06 m×0.01 m。模型中所有钢材密度为7 830 kg/m^3，弹性模量为 210 GPa。9 根钢管桩一端与钢箱底板焊接，另一端焊接到 0.01 m 的厚底板，底板采用 12 个膨胀螺栓与水池混凝土底板连接。

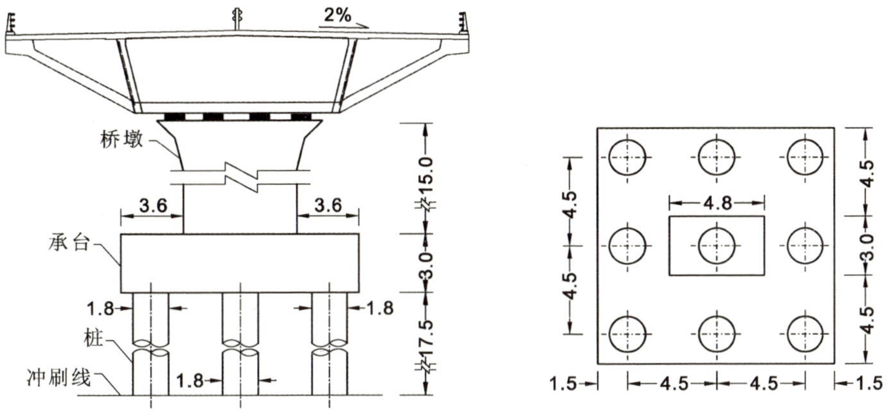

a 基础立面图　　　　b 基础平面布置图

图 5-4　原型群桩基础尺寸(单位：m)

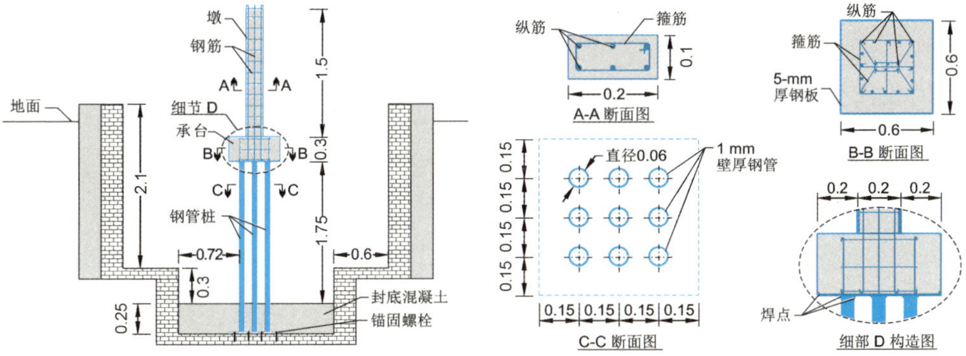

图 5-5　模态试验用九桩缩尺模型尺寸及细部构造图(单位：m)

桥墩采用钢筋混凝土模拟，高 1.5 m，截面尺寸为 0.2 m×0.1 m，使用 6 根直径为10 mm 的 HRB335[174] 纵筋及 6 mm 直径的 HRB235[174] 箍筋，箍筋间距 0.1 m。考虑到模型桥墩受力不大，因此，承台、桥墩的现浇混凝土按照 C15 标号[174]设计配合比。通过试块测试，现浇混凝土密度为 2 300 kg/m^3，弹性模量约为22 GPa。考虑到模型边界条件对模态测试的影响较大，为保证试验精度，降低因为边界因素造成的试验误差，上述步骤完成后，在下水池中浇铸了 0.25 m 厚的封底钢筋混凝土，以实现桩与地面完全固结。九桩模型加工、制作过程，如图 5-6 所示。

九桩模型试验完成后，为研究不同水下桩数及几何布置的影响，在不改变承台及桥墩构件的基础上，对图 5-5 所示的九桩模型依次进行了如图 5-7 所示

第 1 步　预制钢构件安装　　第 2 步　绑扎钢筋笼　　第 3 步　承台、桥墩混凝土浇铸

第 4 步　拆模　　第 5 步　封底钢筋笼绑扎　　第 6 步　浇铸封底混凝土

图 5－6　九桩试验模型施工制作过程

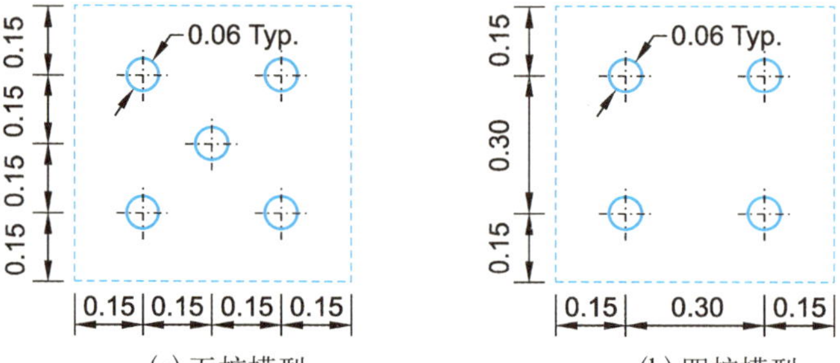

(a) 五桩模型　　(b) 四桩模型

图 5－7　其他群桩模型平面布置(单位：m)

的改造，首先使用氧炔切割掉四个中间边桩，变为五桩模型；完成试验后，又切割掉中间桩，从而变为四桩模型。

3. 装置有效性分析

根据前人水下振动台试验的经验[26]，水池边界过小可能会阻挡因为结构振动产生的波浪的传播，并产生明显的波浪反射，从而影响结构频率，影响试验对流固耦合效应的评价。势流体有限元方法可以考虑结构-水体的双向耦合作用，能真实地考虑能量在水体中的传播。为研究水池尺寸对试验结果准确性的影响，在水池和模型尺寸确定之初，作者基于势流体单元建立了使用粗略网格划分的类似图 5－8 所示模型的耦合有限元模型，数值计算了不同水池尺寸下，水中模型的振动频率，见表 5－1。根据计算结果，结构在当前水池与结构在两倍于当前尺寸水池的结构前两阶侧弯和第三阶扭转振型频率的误差都未超过 0.1%。因此，可认为现有边界的尺寸效应对模态试验的影响可以忽略。

(a) 九桩模型　　(b) 五桩模型　　(c) 四桩模型

图 5－8　群桩试验模型实景图

表 5－1　不同水池尺寸，水下九桩基础模型频率数值解　　单位：Hz

模　态	当前尺寸	2 倍尺寸	误　差
第 1 阶	2.936	2.937	−0.03%
第 2 阶	2.939	2.94	−0.03%
第 3 阶	6.766	6.77	−0.06%

5.2.3　模态实验原理及方法

近 30 年来，振动试验作为一门独立的工程振动学科，不但解决了许多理论计算上无法圆满解决的实际问题，而且以大量的实测资料丰富了工程振动理论，桥梁振动试验发展和研究也是这样。我国从 1976 年唐山地震后滦河大桥的抗震试验开始，各高校、科研单位先后对许多实桥和模型桥做过振动试验。特别是近年来对新建的一些大跨度桥梁进行施工阶段和运营阶段的振动试验，许多实测数据已直接为桥梁结构的振动分析、抗震抗风研究所用；测试技术和手段也从自由振动、稳态振动方法到随机振动、模态分析等，一步步得到提高。

在桥梁振动试验中，一般最常面对的是求解桥梁结构的动力特性（主要是自振频率、振型、刚度、阻尼等)问题,而动力特性是进行风振和地震响应分析的基础,同时也可作为对结构损伤识别或质量评定的依据。它只与结构本身的固有性质有关(如结构的组成形式、刚度、质量分布、材料性质等),而与荷载等其他条件无关,是桥梁结构振动系统的基本特征。通常采用模态识别技术进行桥梁结构物的动力特性测试,来了解它的振动状态[175,176]。

1. 模态分析原理

工程实际中的振动系统都是连续弹性体,其质量与刚度具有连续的性质,只有掌握无限多个点在每瞬间的运动情况,才能全面描述系统的振动。因此,理论上它们都属于无限多自由度的系统,需要用连续模型才能加以描述。但实际上不可能这样做,通常采用简化方法,归结为有限个自由度的模型来进行分析,即将系统抽象为由一些集中质量块和弹性元件组成的模型。如果简化的系统模型中有 n 个集中质量,一般它便是一个 n 自由度的系统,需要 n 个独立坐标来描述它们的运动,系统的运动方程是 n 个二阶互相耦合(联立)的常微分方程。

模态分析的实质,是一种坐标转换。其目的在于把原在物理坐标系统中描述的响应向量,放到所谓"模态坐标系统"中来描述。这一坐标系统的每一个基向量恰是振动系统的一个特征向量。也就是说,在这个坐标下,振动方程是一组互无耦合的方程,分别描述振动系统的各阶振动形式,每个坐标均可单独求解,得到系统的某阶结构参数。

经离散化处理后,一个结构的动态特性可由 N 阶矩阵微分方程描述:

$$M\ddot{x} + C\dot{x} + Kx = f(t) \tag{5-1}$$

式中,$f(t)$ 为 N 维激振向量;x, $\dot{x}$, $\ddot{x}$ 分别为 N 维位移、速度和加速度响应向量;M, K,C 分别为结构的质量、刚度和阻尼矩阵,通常为实对称 N 阶矩阵。

设系统的初始状态为零,对式(5-1)两边进行拉普拉斯变换,可以得到以复数 s 为变量的矩阵代数方程:

$$Z(s)X(s) = f(s) \tag{5-2}$$

式中的矩阵

$$Z(s) = [Ms^2 + Cs + K] \tag{5-3}$$

反映了系统动态特性,称为系统动态矩阵或广义阻抗矩阵。其逆矩阵

$$H(s) = [Ms^2 + Cs + K]^{-1} \tag{5-4}$$

称为广义导纳矩阵，也就是传递函数矩阵。由式(5-3)可知

$$X(s)=H(s)f(s) \tag{5-5}$$

在上式中，令 $s=\omega \mathrm{i}$，即可得到系统在频域中输出(响应向量 $X(\omega)$) 和输入 $f(\omega)$ 的关系式：

$$X(\omega)=H(\omega)f(\omega) \tag{5-6}$$

式中，$H(\omega)$ 为频率响应函数矩阵。采用单点激励时，$H(\omega)$ 矩阵中第 i 行第 j 列的元素等于仅在 j 坐标激振(其余坐标激振为零) 时，i 坐标响应与激振力之比 $\dfrac{X_i(\omega)}{f_j(\omega)}$。

阻抗矩阵可由式(5-3)得到：

$$Z(\omega)=(K-\omega^2 M)+\mathrm{i}\omega C \tag{5-7}$$

利用实际对称矩阵的加权正交性，有

$$\boldsymbol{\Psi}^{\mathrm{T}}M\boldsymbol{\Psi}=\begin{bmatrix}\ddots & & \\ & m_r & \\ & & \ddots\end{bmatrix} \tag{5-8}$$

$$\boldsymbol{\Psi}^{\mathrm{T}}K\boldsymbol{\Psi}=\begin{bmatrix}\ddots & & \\ & k_r & \\ & & \ddots\end{bmatrix} \tag{5-9}$$

其中，矩阵 $\boldsymbol{\Psi}=[\psi_1,\psi_2,\cdots,\psi_N]$ 称为振型矩阵，假设阻尼矩阵 C 也满足振型正交性关系：

$$\boldsymbol{\Psi}^{\mathrm{T}}C\boldsymbol{\Psi}=\begin{bmatrix}\ddots & & \\ & c_r & \\ & & \ddots\end{bmatrix} \tag{5-10}$$

代入式(5-7)，得

$$Z(\omega)=\boldsymbol{\Psi}^{-\mathrm{T}}\begin{bmatrix}\ddots & & \\ & z_r & \\ & & \ddots\end{bmatrix}\boldsymbol{\Psi}^{-1} \tag{5-11}$$

式中，$z_r=(k_r-\omega^2 m_r)+\mathrm{i}\omega c_r$，因此

$$H_{ij}(\omega)=\sum_{r=1}^{N}\frac{\psi_{ri}\psi_{rj}}{m_r[(\omega_r^2-\omega^2)+2\mathrm{i}\xi_r\omega_r\omega]} \tag{5-12}$$

式中，$\omega_r^2=\dfrac{k_r}{m_r}$，$\xi_r=\dfrac{c_r}{2m_r\omega_r}$。$m_r$，$k_r$ 分别为第 r 阶模态质量和模态刚度（又称为广义质量和广义刚度）。ω_r，ξ_r，ψ_r 分别为第 r 阶模态频率、模态阻尼比和模态振型。

不难发现，N 自由度系统的频率响应，等于 N 个单自由度系统频率响应的线性叠加。为了确定全部模态参数，实际上只需测量频率响应矩阵的一列或一行就够了。模态参数识别的任务就是由一定频段内的实测频率响应函数数据，确定系统的模态参数——频率、阻尼比和振型。

综上，为进行模态分析，首先要测得激振力及相应的响应信号，进行传递函数分析。传递函数分析实质上就是机械导纳，i 和 j 两点之间的传递函数表示在 j 点作用单位力时，在 i 点所引起的响应。要得到 i 和 j 点之间的传递导纳，只要在 j 点加一个频率为 ω 的正弦的力信号激振，而在 i 点测量其引起的响应，就可得到计算传递函数曲线上的一个点。如果 ω 是连续变化的，分别测得其相应的响应，就可以得到传递函数曲线。

然后建立结构模型，采用适当的方法进行模态拟合，得到各阶模态参数和相应的模态动画，形象地描述出系统地振动形态。根据模态分析的原理，我们要测得传递函数模态矩阵中的任一行或任一列，由此可采用不同的测试方法。要得到矩阵中的任一行，要求采用各点轮流激励，一点响应的方法；要得到矩阵中任一列，采用一点激励，多点测量响应的方法。

2. 模态实验方法

测量模型的自振特性时，一般要对模型进行专门的激励，然后测量响应，在已知激励、响应的情况下可以求出模型的自振特性。有时，当激励是利用自然或其他随机因素作为振源，也可以仅根据结构响应，求出结构的自振频率。不同的测试方法和分析方法均会对最终的结果产生影响，使用多种方法测量，有利于发现错误，消除误差。因此，本试验首先选择锤击法测试了前述三种群桩基础模型在不同水深情况下的模态数据，然后利用随机激励方法测试得到了结构自振周期，通过比较，互为校核。两种实验方法简介如下：

（1）锤击法，又叫锤击激振法，是一种建立在快速傅里叶变换基础上的简便、快速、经济的宽频带激振试验方法。它是用一把激励锤代替激振器，锤上装有测动态力的力传感器以及配有不同材料制作的锤头帽，当激励锤敲击结构时，力传感器测出冲击力值，同时装在结构上各被测部位的传感器测出各测点的响应值，输入和输出信号通过放大器放大后送入分析仪进行处理，即可测出结构的传递函数，再经过进一步运算就可以求出频率、振型、刚度、阻尼等模态参数。

(2) 除锤击法，大型土木结构模态测试常采用环境随机振动法。在环境随机振动法中，其激励信号是无法测量得到的，故需对其做出假设，一般认为激励力满足平稳白噪声信号条件，然后根据响应信号来进行参数识别，但是缺点是很难激起结构的高阶模态。在本试验中，环境随机振动，主要由试验场地周围的风、车流、人流及试验人员利用小钢锤在结构任意位置的随机敲击构成。

5.2.4　模态测试装置与工况

实验采用东方振动和噪声技术研究所的 INV306U 系统进行试验数据的采集和分析工作[177]。INV306U 系列数据采集仪适合一般的振动、噪声、冲击等信号采集，最高采样频率 200 kHz，采用 16 位 AD 芯片、多通道并行、连续大容量设计，性能稳定可靠，可在任何具备 USB 接口的计算机上即插即用，具有精度高、失真小、噪声低、通道一致性好、匹配性能好的优点，可与 DASP 系列软件相连，形成一套高性能数据采集和信号处理系统。

采用锤击法时，考虑到力锤无法在水下进行激励，因此，采取如图 5 - 9 所示的单点激励、多点拾振试验装置，进行测试。采用加速度力锤激励，并采集激励信号；使用 CA - YD - 103 型加速度传感器进行振动信号采集，传感器工作范围 0.5 Hz 到 12 kHz，通过安装硅胶密封防水套可以满足水下测试的需要。如图 5 - 10所示，在模型 x，y 面分别布置 6(共计 12)处加速度传感器，分别位于桩身 1/2、3/4 处，承台中央、边沿处，墩顶及墩中位置。加速度信号通过 8 通道 TS5857 电荷放大器放大后输入 INV306U 智能信号采集处理分析仪，通过装有 DASP 智能信号分析软件的计算机进行控制、分析及模态结果输出。当采用环境激励时，除无须力锤激励外，其余试验装置均与锤击法相同。

根据已有桥梁深水群桩基础设计调查发现，深水群桩基础设计时，考虑施工、通航及船舶撞击等因素，大多都使承台顶面位于水面以上。因此，综合考虑试验条件，我们选择了如图 5 - 11 所示从无水，即水深为零到完全淹没承台顶面时的水深 2.05 m 之间的 13 个水深作为试验工况，分别测试了图 5 - 8 所示九桩、五桩及四桩基础模型在不同水深情况下的动力特性。

试验过程中，使用力锤分别沿图 5 - 9 所示 x 轴和 y 轴敲击作为沿相应方向

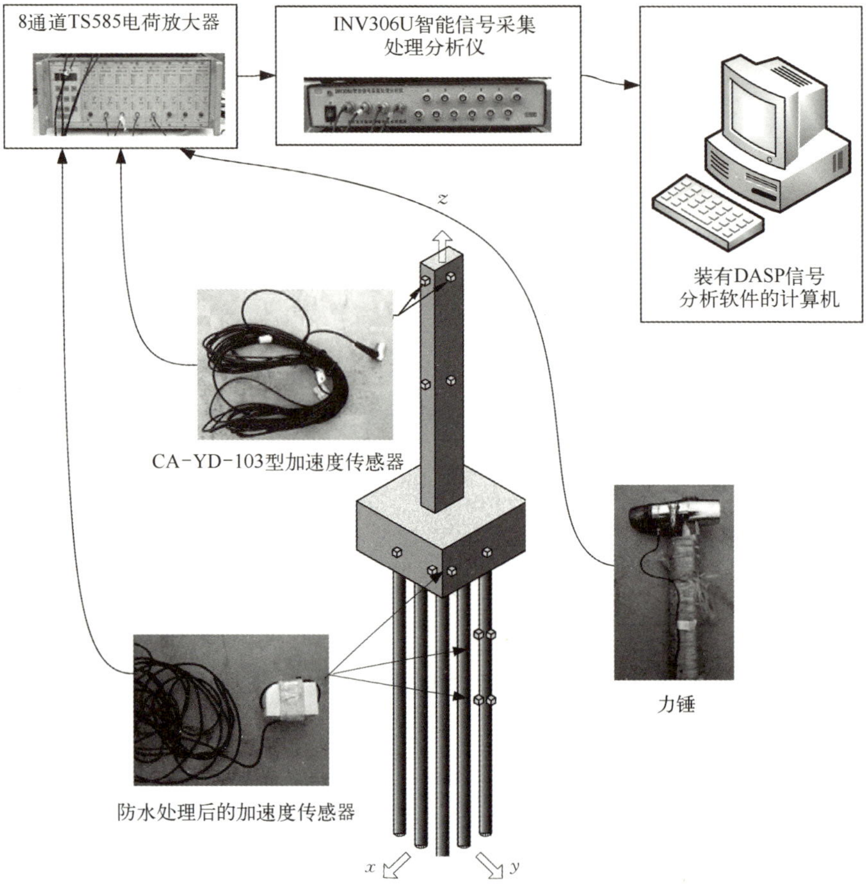

图 5-9　试验仪器连接示意图

模态测试的激励。为防止敲击过程对水体的扰动，采用了以下方法：① 将锤柄固定在 2 m 长的刚性杆上以延长力臂，使得人员可以站在水池以外进行作业；② 敲击区域选择承台以上的墩身中间区域，以避免力锤浸水。

5.2.5　试验数据采样与处理

依托上述试验装置，首先采用强迫振动测试方法对九桩模型处在图 5-11 所示不同水深下的动力特性进行了测试，x 方向和 y 方向分别进行，每次测试通常会重复 5 次，以确保最终结果的准确性。其中，每次实验采样和数据处理步骤如下：

(1) 将力锤和传感器接入电荷放大器相应通道(传感器信号线，需要保持干

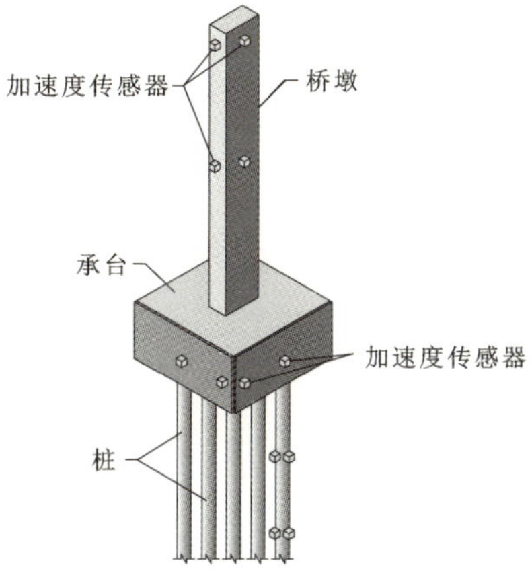

(a) 桥墩、承台及桩身加速度传感器安装情况

(b) 试验过程照片

图 5 - 10　试验装置

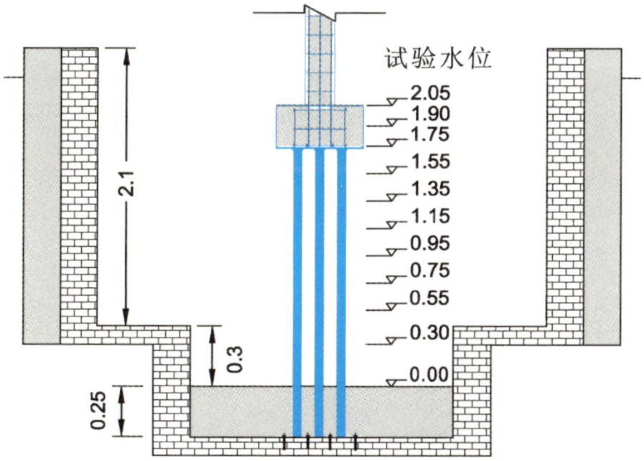

图 5 - 11　试验水深工况(单位：m)

燥，且插头处必须保持干净)，力锤接 1 通道，传感器依次排列；在桩基模型上安装加速度传感器；将电荷放大器和 DASP 用专用电缆连接，用几个通道连几个，编号由 1 开始；为消除噪声，将电荷放大器接地；将电脑与 DASP 通过专用电缆连接；通电，开机。

(2) 设置采样参数(传感器类型、总测点数、原点导纳位置、采样频率和变时基倍数等)，然后用示波命令检查各测点是否工作正常，放大器档位是否合适，放大器档位确定后，再返回采样参数设置设定程控放大倍数，各通道测点号、标定值及工程单位；需要说明的是，本实验初期采样频率为 400 Hz，通过对九桩模型数据的处理之后，发现研究关心的频率都位于 50 Hz 以内，采用 100 Hz 既已满足采样要求。而且对后续模型，当桩数减少以后，模型自振频率还将降低，因此，从提高测试精度的角度的出发，对五桩和四桩模型的测试改为采用 100 Hz 采样频率。

图 5-12 和图 5-13 分别给出了无水(水深为零)和水深为 2.05 m 时，当力锤沿 x 轴激励时，力锤、九桩模型桥墩、承台以及桩身中部各个加速度传感器的加速度信号采样及相应的自功率谱密度曲线。

采样完成后，将全部采样点的数据调入 DASP 系统，对力信号加力窗，对响应信号加指数窗，依次进行传函计算，完成所有测点的传递函数分析，显示分析结果。而后采用集总平均方法进行模态定阶，收取各阶频率，采用复模态单自由

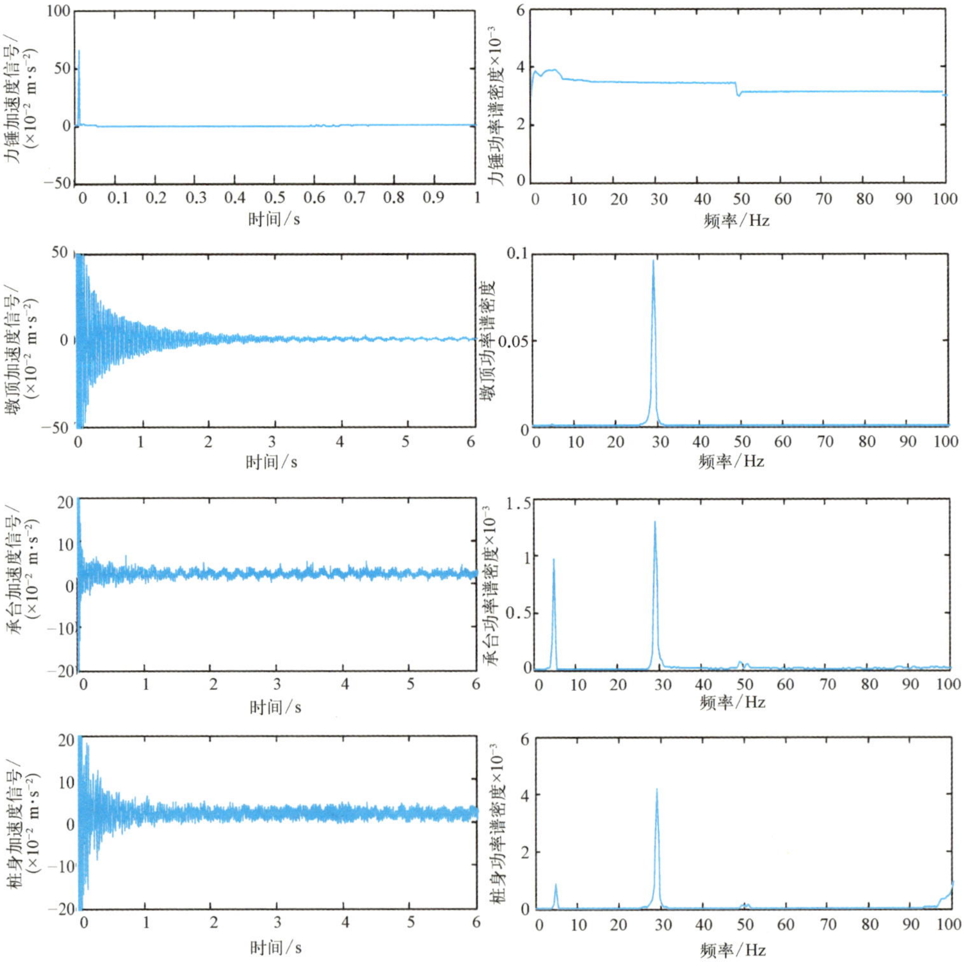

图 5-12　无水时，九桩模型强迫(力锤)激励 x 方向加速度传感器信号

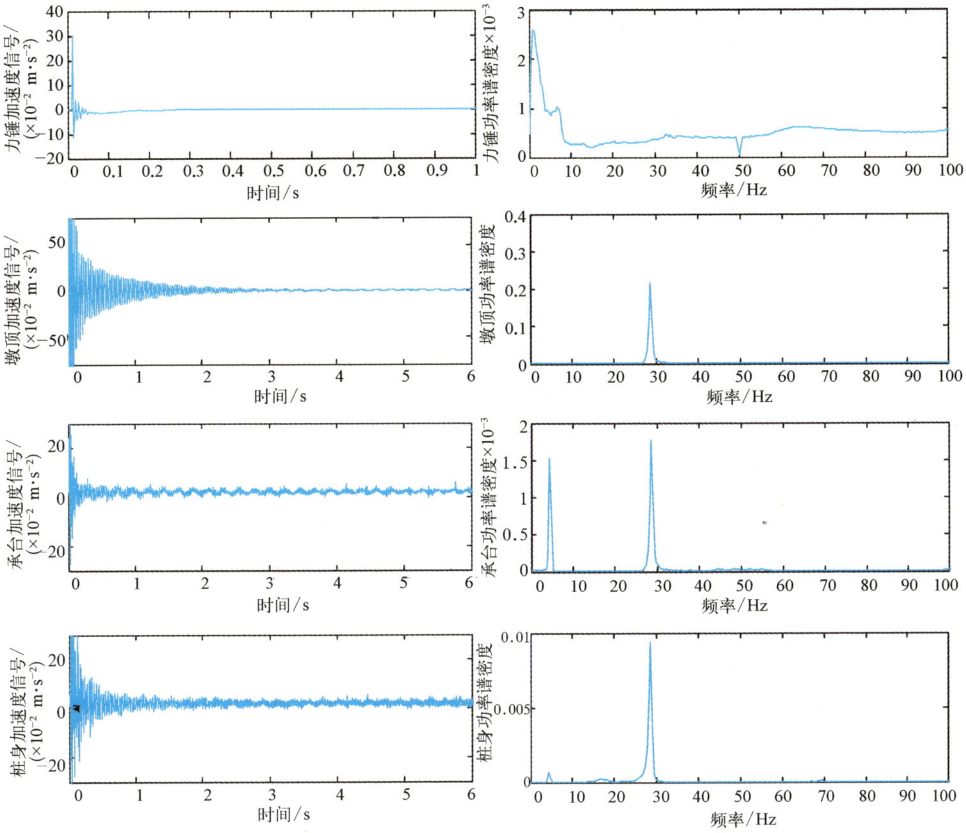

图 5 - 13　水深 2.05 m 时，九桩模型强迫（力锤）激励 x 方向加速度传感器信号

度拟合方法进行模态拟合。拟合完成后，最后一项任务是振型编辑，通过将不同的传感器信号指定给模型中的相应节点，即可用软件的振型动画功能看结构的各阶模态振型的动画演示，以确认该振型是否为目标振型，同时，软件可直接输出包含各阶频率或阻尼等动力特性参数的模态分析报告。

每个工况的强迫激励实验完成后，作为对强迫激励（锤击法）测试结果的校核和验证，同时补充测量结构扭转模态，作者又进行了随机激励测试，通过环境及人工小锤在模型上的随意激励，使用 100 Hz 采样频率，记录 5 段时长分别为 120 秒的结构响应信号。图 5 - 14 和图 5 - 15 给出无水和水深为 2.05 m 时，随机激励时，九桩模型桥墩墩顶、墩中、承台以及桩身中部各个加速度传感器的加速度信号采样及相应的自功率谱密度曲线。通过对去均值处理后的时域信号进行自功率谱分析，根据自功率谱曲线上的峰值位置依次找出系统的各阶固有频率。

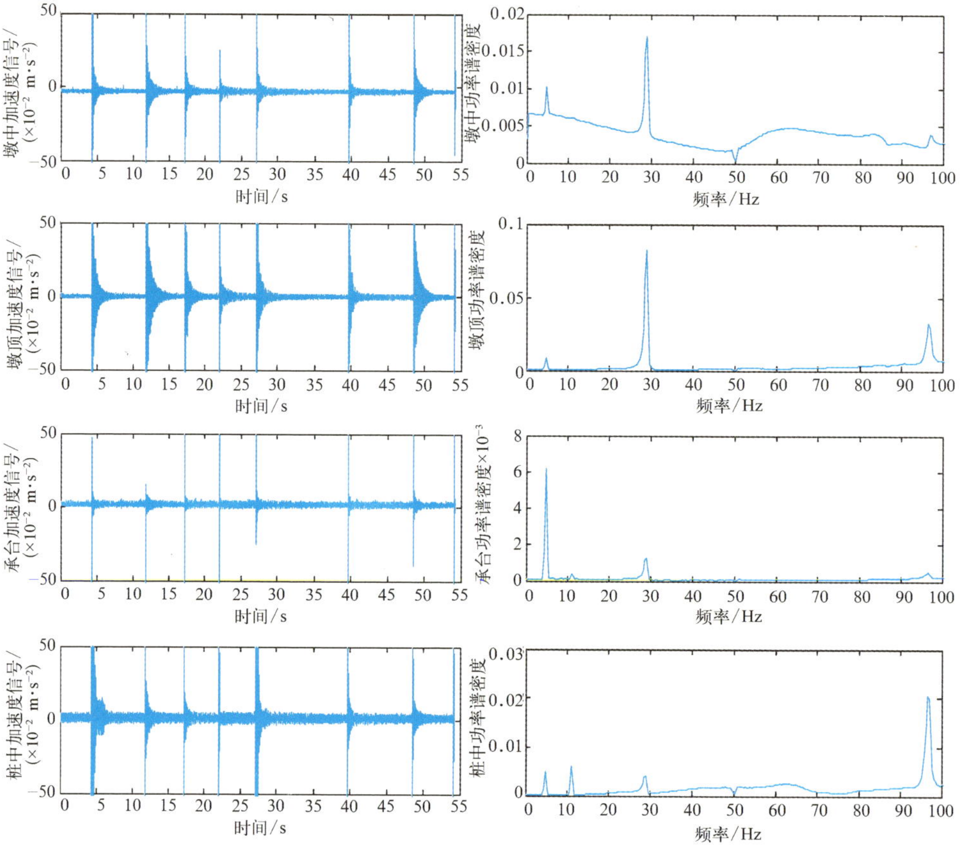

图 5-14　无水时，九桩模型随机激励 *x* 方向加速度传感器信号

最终，实验得到了每个水深下，各群桩基础模型的前三阶自振周期(频率)。按照频率由小到大顺序，分别是沿 y 和 x 轴的侧弯振型和绕 z 轴的扭转振型。以九桩模型为例，前三阶振型形状如图 5-16 所示。以下实验得到的有水情况下结构自振周期，采用符号 $\widetilde{T}_j$，$j=1$，…，3 表示；无水情况下，结构前三阶周期，则用 T_j，$j=1$，…，3 表示。

5.3　势流体有限元数值模拟

试验完成之后，根据试验装置及试验模型的详细图纸，建立了三个群桩模型在不同水深水体情况下的三维有限元模型。通过流固耦合模态分析，计算出了不同水深情况下群桩模型的自振周期，并将数值结果与试验结果进行了对比。

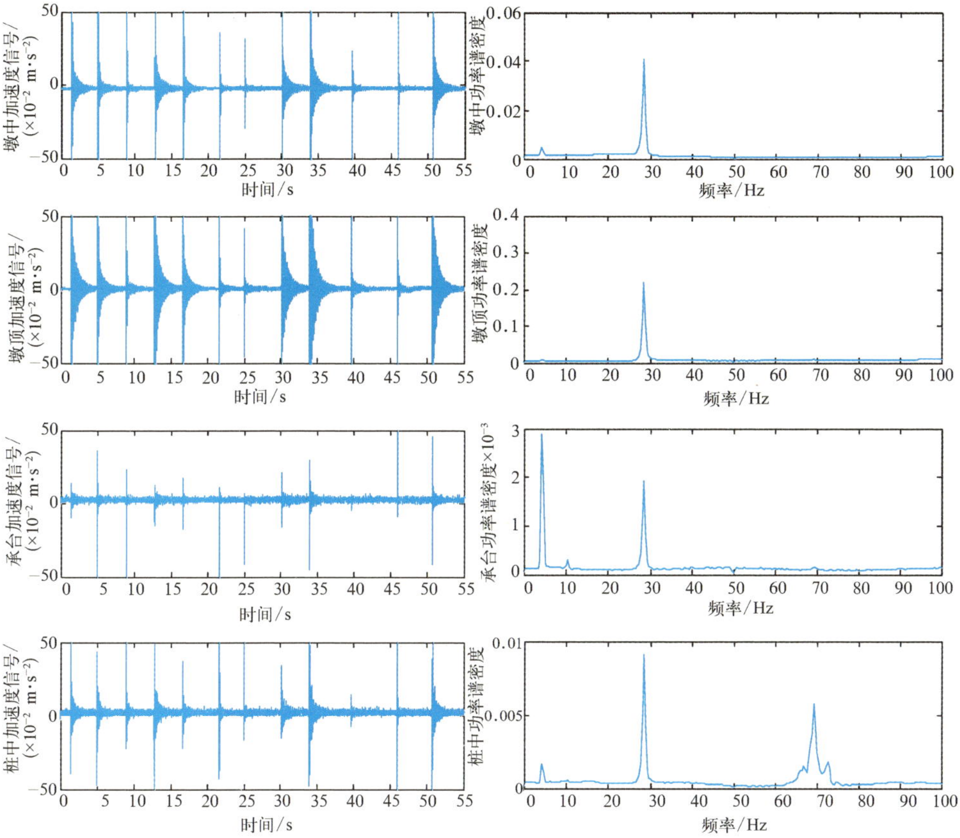

图 5-15　水深 2.05 m 时，九桩模型随机激励 x 方向加速度传感器信号

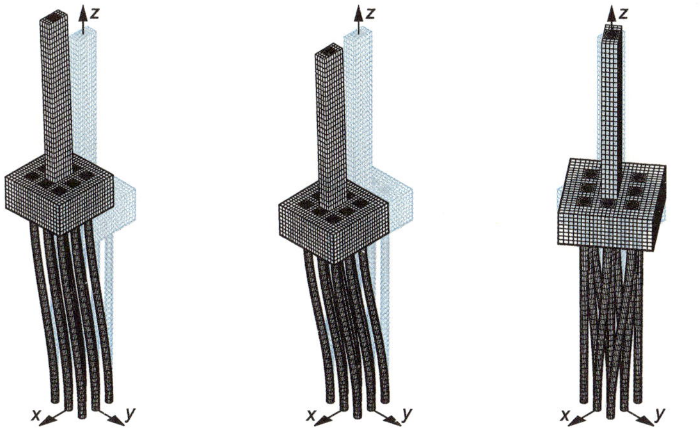

(a) 第1阶：沿y向侧弯　(b) 第2阶：沿x向侧弯　(c) 第3阶：扭转

图 5-16　九桩模型无水情况下前三阶振型

5.3.1 数值建模参数

试验模型采用三维实体单元，水体采用三维势流体单元模拟。在二者接触界面采用流固耦合接触单元，在水体的上表面设置自由液面“free surface”边界，忽略水体表面波。考虑到试验水池侧壁为近似刚性墙，在水体侧壁设置固壁“rigid wall”边界。

基于有限元软件 ADINA[136]，使用 20 节点实体单元划分实验模型，相比常用的 8 节点单元，20 节点单元计算精度更好；使用第 2 节所述 20 节点 ϕ-U 格式的势流体单元模拟水池中水体。通过在桩身、承台外壁与水体接触的表面定义流固耦合接触单元，模拟水体-结构相互作用；在流固耦合边界处的结构、流体节点一一对应，但不进行节点检查，使二者同位置不同编号；在水体上表面定义自由液面边界，同时忽略表面波的影响。为保证流固耦合计算结果的准确性和收敛性，我们对结构及水体采用了非常精细的网格划分，在网格均匀及一致的情况下通过不断精细化网格（图 5－17），直至将结构、水体网格划分为最大边长仅为 0.05 m 的块体单元时，计算结果达到收敛。

图 5－18 给出了九桩模型在最大水深 $H_w = 2.05$ m 时的流固耦合有限元精细化模型。此时，模型共用 18 624 个 20 节点实体单元及 210 240 个 20 节点势流体单元分别模拟结构与水体，此外，还使用了 6 768 个接触及边界单元用来定

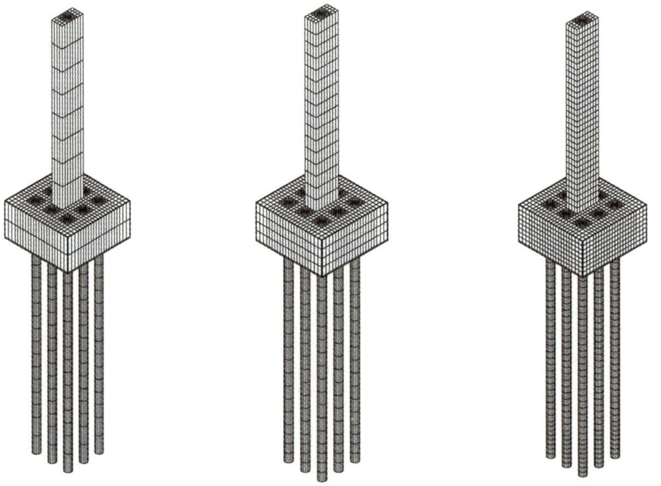

(a) 单位高度划分 2 份　(b) 单位高度划分 4 份　(c) 单位高度划分 8 份

图 5－17　结构有限元模型网格精细化过程

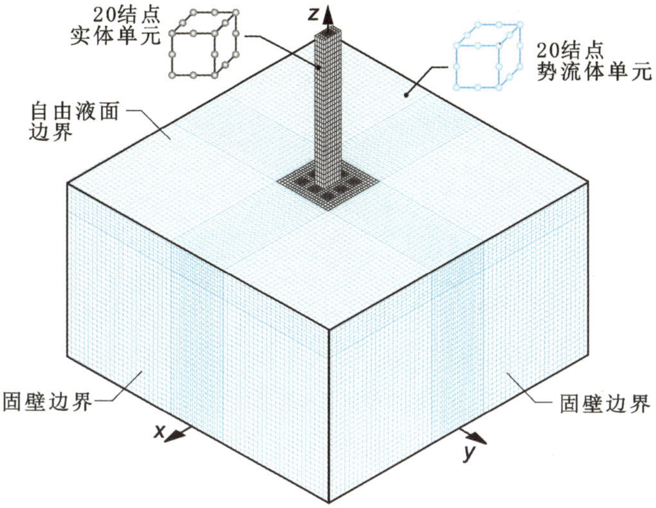

（a）三维视图

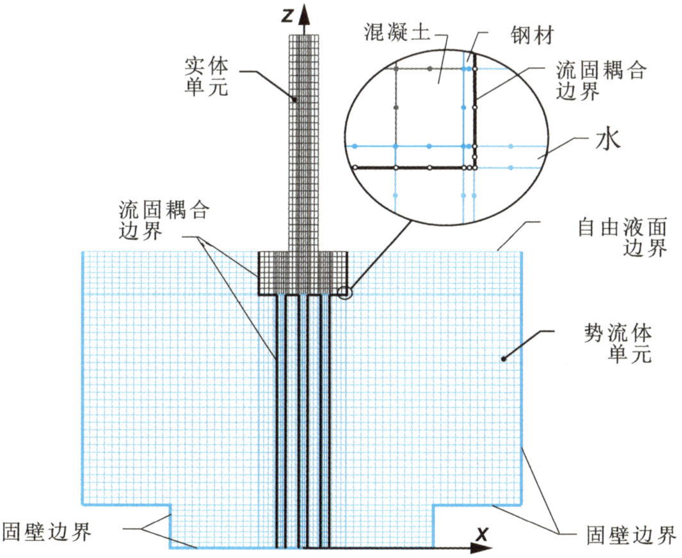

（b）剖面侧视图

图 5-18　九桩试验模型在 H_w=2.05 m 水深时流固耦合精细模型

义流固耦合、自由液面及池壁固壁边界。计算自由度高达 4 500 万。使用一台具有 Intel® Q8400 2.5 GHz 四核处理器、8 GB 内存的服务器，计算该模型的前五阶模态约耗时 70 h。

根据实验记录，有限元模型各材料参数取值如下：桥墩、承台混凝土弹性模量 22 GPa，泊松比 0.2，密度 2 300 kg/m^3；桩及承台外壁钢材弹性模量210 GPa，泊松比 0.3，密度 7 830 kg/m^3。有限元水体密度 $\rho_w = 1\,000$ kg/m^3，计算考虑水体压缩性，取声音在水中的压缩波速 $C_w = 1\,440$ m/s，取水体的压缩模量 μ_w 为 2.073 6 GPa。

5.3.2 数值模型图例

对九桩、五桩及四桩模型，分别建立了在图 5 - 11 所示 10 种不同水深环境下的精细化流固耦合有限元模型，如图 5 - 18 所示。对应各模型试验水深，分别为每个试件建立了 11 个有限元分析模型。使用水工频域动力学问题求解时，具有较高精度的"Determinant-Search"方法[178]对所有模型依次进行频域分析，得出三种试件在不同水深情况下的自振周期，同时计算各模态下动水压力在周围水体中的分布情况。

5.4 试验、数值结果对比与分析

5.4.1 结构自振周期

1. 前三阶振型试验、数值分析结果

表 5 - 2、表 5 - 3 和表 5 - 4 分别给出了九桩、五桩和四桩模型的自振频率试验值(锤击法和随机激励)和有限元数值解。根据表格可知，数值结果与试验频率吻合较好，对于侧弯振型，有限元解与两种试验结果误差基本控制在 5%以内，对扭转振型，有限元解与试验趋势吻合，但数值偏小约 7%。上述误差在无水工况既已产生，并且累积存在于其他有水实验工况。

表 5 - 2　九桩模型自振频率/Hz

水深	一　阶			二　阶			三　阶	
	锤击法	随机激励	有限元	锤击法	随机激励	有限元	随机激励	有限元
2.05	3.294	3.288	3.206	3.322	3.335	3.216	8.019	7.405
1.9	3.380	3.378	3.315	3.397	3.430	3.320	8.129	7.543
1.75	3.429	3.421	3.362	3.424	3.453	3.367	8.244	7.627

续　表

水深	一　阶			二　阶			三　阶	
	锤击法	随机激励	有限元	锤击法	随机激励	有限元	随机激励	有限元
1.55	3.457	3.439	3.375	3.470	3.478	3.380	8.276	7.648
1.15	3.447	3.442	3.391	3.482	3.478	3.396	8.310	7.676
0.95	3.466	3.458	3.395	3.491	3.484	3.400	8.319	7.684
0.75	3.475	3.438	3.398	3.486	3.487	3.402	8.324	7.688
0.3	3.464	3.464	3.399	3.486	3.518	3.404	8.326	7.690
0	3.464	3.467	3.399	3.499	3.511	3.404	8.326	7.690

表 5-3　五桩模型自振频率　　单位：Hz

水深	一　阶			二　阶			三　阶	
	锤击法	随机激励	有限元	锤击法	随机激励	有限元	随机激励	有限元
2.05	3.294	3.288	3.206	3.322	3.335	3.216	8.019	7.405
1.9	3.380	3.378	3.315	3.397	3.430	3.320	8.129	7.543
1.75	3.429	3.421	3.362	3.424	3.453	3.367	8.244	7.627
1.55	3.457	3.439	3.375	3.470	3.478	3.380	8.276	7.648
1.15	3.447	3.442	3.391	3.482	3.478	3.396	8.310	7.676
0.95	3.466	3.458	3.395	3.491	3.484	3.400	8.319	7.684
0.75	3.475	3.438	3.398	3.486	3.487	3.402	8.324	7.688
0.3	3.464	3.464	3.399	3.486	3.518	3.404	8.326	7.690
0	3.464	3.467	3.399	3.499	3.511	3.404	8.326	7.690

表 5-4　四桩模型自振频率　　单位：Hz

水深	一　阶			二　阶			三　阶	
	锤击法	随机激励	有限元	锤击法	随机激励	有限元	随机激励	有限元
2.05	(未测)	(未测)	2.920	(未测)	(未测)	2.923	(未测)	6.749
1.9	3.021	3.032	3.010	3.056	3.079	3.013	7.411	6.875
1.75	3.066	3.06	3.053	3.101	3.099	3.056	7.491	6.951
1.55	3.099	3.082	3.062	3.108	3.110	3.066	7.509	6.971
1.15	3.101	3.103	3.074	3.127	3.094	3.078	7.542	6.996

续 表

水深	一阶			二阶			三阶	
	锤击法	随机激励	有限元	锤击法	随机激励	有限元	随机激励	有限元
0.95	（未测）	（未测）	3.078	（未测）	（未测）	3.081	（未测）	7.003
0.75	3.095	3.1	3.079	3.130	3.118	3.083	7.551	7.007
0.3	3.115	3.13	3.080	3.130	3.146	3.083	7.558	7.009
0	3.105	3.135	3.080	3.135	3.143	3.084	7.550	7.009

为进一步观察不同水深情况下结构周期考虑动水影响后的变化规律，并消除无水情况下试验周期及数值计算周期误差的累积效应，定义结构有水时的周期与无水时周期的比值为动水周期比 $\widetilde{T}_j/T_j$，$j=1, \cdots, 3$，通过计算该比值，研究流固耦合效应对结构周期的影响。

图 5-19—图 5-21 分别给出了九桩、五桩及四桩试件从水池无水（纵坐标为$\dfrac{z}{2.05\ \text{m}}=0$）到满水（纵坐标为$\dfrac{z}{2.05\ \text{m}}=1$）时的试验及数值周期变化曲线。由图 5-19—图 5-21 可以得到以下结论：

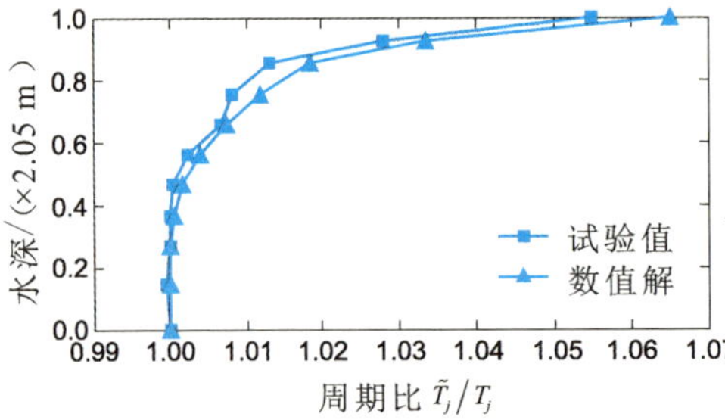

(a) 第1阶：沿y向侧弯

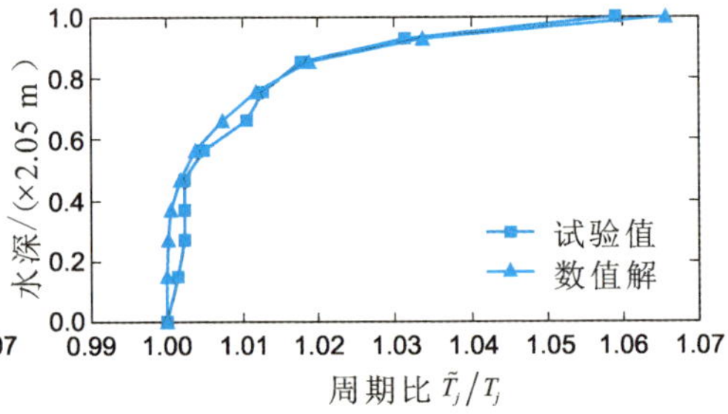

(b) 第2阶：沿x向侧弯

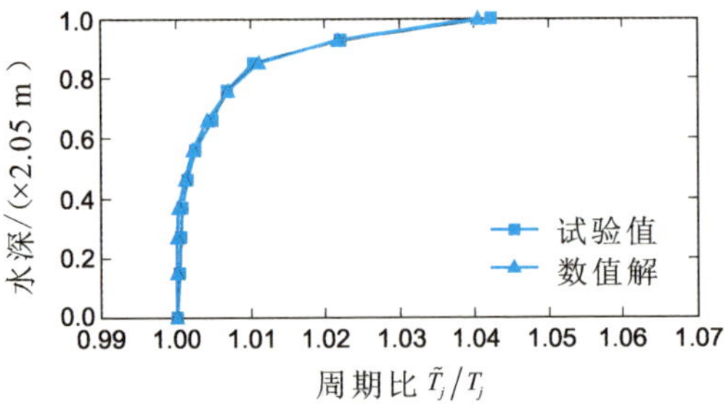

(c) 第3阶：扭转

图 5-19　九桩模型试验、数值周期比随水深变化曲线

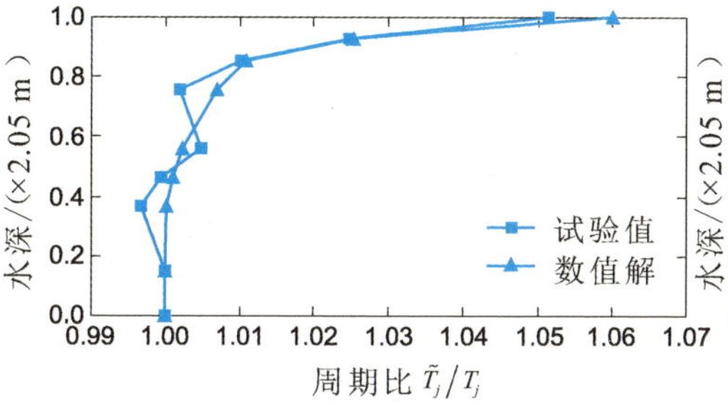

(a) 第1阶：沿y向侧弯

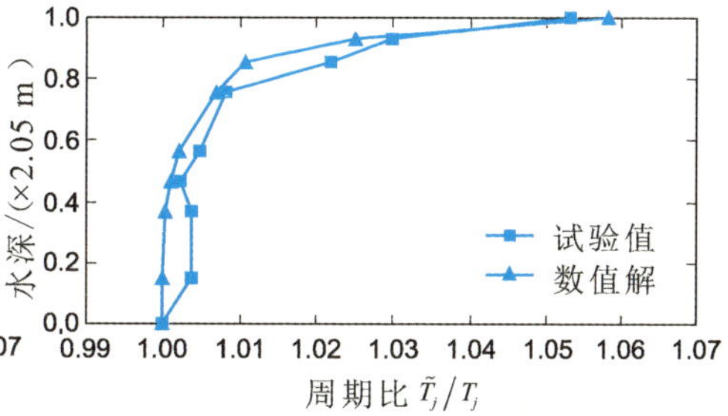

(b) 第2阶：沿x向侧弯

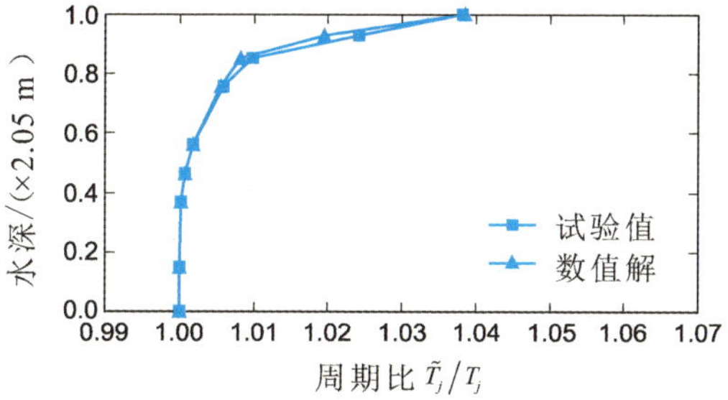

(c) 第3阶：扭转

图 5－20　五桩模型试验、数值周期比随水深变化曲线

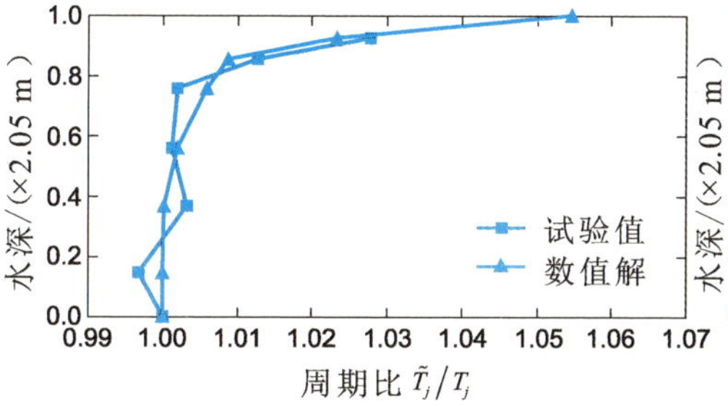

(a) 第1阶：沿y向侧弯

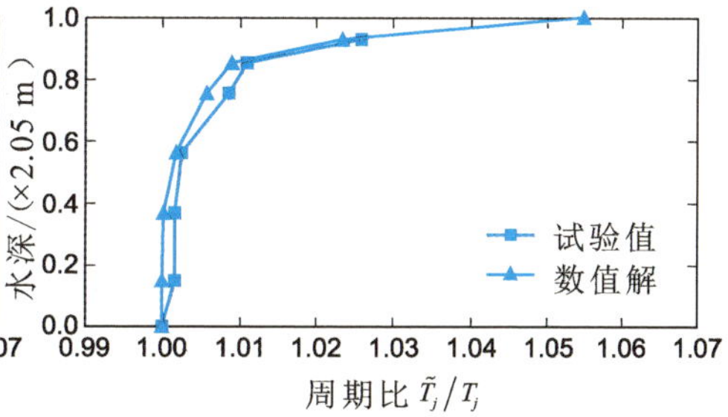

(b) 第2阶：沿x向侧弯

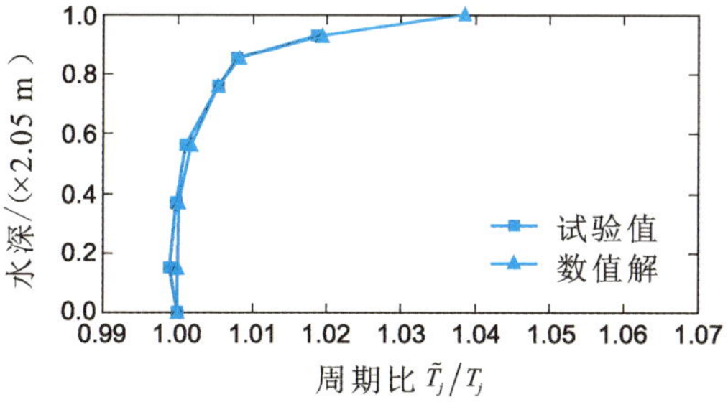

(c) 第3阶：扭转

图 5－21　四桩模型试验、数值周期比随水深变化曲线

(1) 当消除无水工况的周期误差后，所有模型在各个水深条件的数值结果与试验结果均吻合良好；结构自振产生的动水效应随水深增加逐渐增大，直至最大水深 2.05 m。这一发现也与本书第 3 章关于深水桥墩的研究结论相同；

(2) 随着水深增加，按照侧弯振型振动的周期增幅要强于按照扭转振型振动的周期变化，这一发现对三个试验模型都成立；

(3) 三个试验模型的周期比随水深的变化曲线基本相同，但水深变化对模型周期的影响随桩数减少而减小。以影响最大的九桩模型为例，满水时，模型侧弯振型的周期增大为无水周期的1.06倍，扭转振型的周期增大为1.04倍；

(4) 当水面位于最高水位的一半以下，即如图 5－11 所示水深小于最大水深的 50%时，此时，仅有桩-水相互作用，模型周期随水位的变化非常微弱；但当水面没过承台底面之后，水深位于最大水深的 80%到 1 倍时，流固耦合效应造成的结构自振周期变化明显增强，换言之，对于高桩承台这类结构形式，结构的动水效应主要为承台-水相互作用造成的。上述现象主要是因为随着水位上升，结构-水相互作用面积增加，从而增强了动水效应的影响。当水面位于最大水深的 80%以上时，即水面没过承台后，因为承台的巨大体积，结构与水体的水平接触面积随即开始明显增加。比较三个试验模型，我们还可以发现，水位相同时，随着桩数减少，试验及数值得到的动水影响都有逐渐减小的趋势。这也是由于流固耦合接触面积减小造成的。

2. 高阶振型数值分析结果

碍于试验结果精度的限制，上文给出的试验和数值分析结果对比仅针对桥梁桩基础试验模型的前三阶侧弯和扭转振型开展。但是，这并不意味着其他类型的深水基础以及结构高阶振型不重要。考虑到实桥中群桩基础高阶振型(此处专指二阶侧弯振型)也会控制基础结构地震响应，因此，基于已经验证过的势流体有限元数值模型，通过数值计算拓展分析了水位变化和桩基布置形式对结构高阶振型振动周期的影响。

图 5－22、图 5－23 和图 5－24 分别给出了九桩、五桩和四桩试验模型沿 y，x 方向二阶侧弯振型周期比数值解随水深的变化曲线。由图发现，水深和桩基布置形式对二阶侧弯振型的影响规律与前三阶振型的影响规律基本一致：结构自振周期随水深增加而增大；随着桩数减少，水深变化对周期的影响也有逐渐减弱的趋势。不同的是，水深增加造成的高阶周期增幅明显小于其对前三阶周期的影响，最大不到 3%，且自从水深达到最大水深的 40%后，结构自振周期变化

就开始明显增强，这主要是因为桩基振动对高阶振型的贡献较大造成的。同时，与水体对深水桥墩的高阶周期的影响（第 2.5.2.1 节）相比，水体对群桩基础高阶振型的影响明显减小。

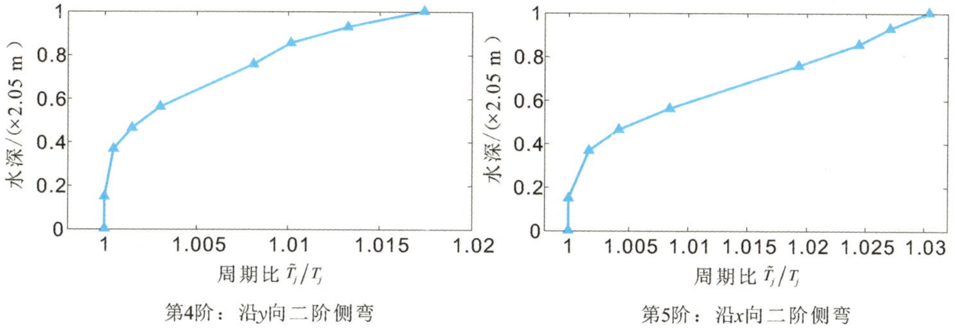

图 5-22　九桩模型高阶振型数值周期比随水深变化

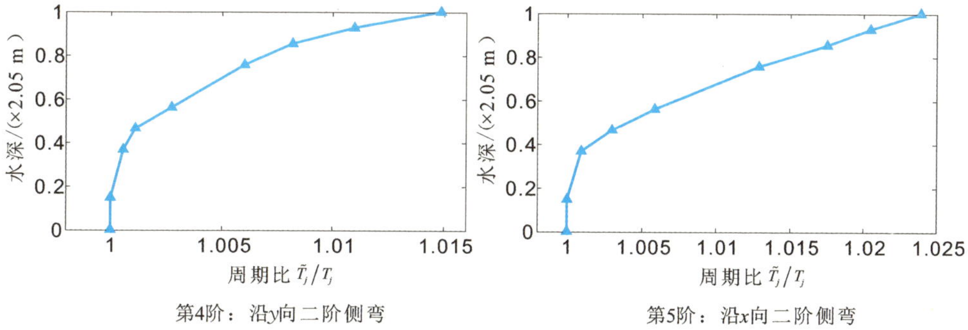

图 5-23　五桩模型高阶振型数值周期比随水深变化

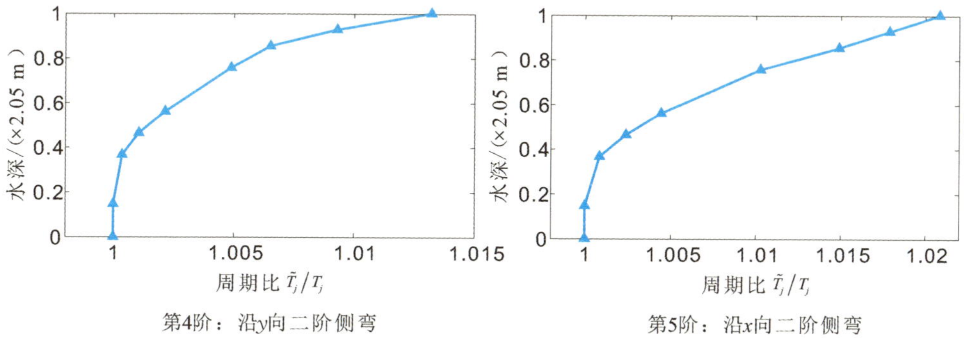

图 5-24　四桩模型高阶振型数值周期比随水深变化

5.4.2 动水压力分布

本节，作者通过分析模态动水压力分布进一步研究了群桩基础的流固耦合机理。根据第 5.4.1 节的研究发现，当水面超过承台底面之后，流固耦合效应会明显增强，因此，作者选择了水深 $H_w=2.05$ m和 $H_w=1.75$ m两种工况作为研究对象，利用前文经过试验校核的数值模型，计算了九桩、五桩和四桩模型按照前三阶模态振动时在周围水体中产生的动水压力绝对值。

考虑到一阶 x 向和 y 向侧弯振型的动水压力分布基本相同，因此，下文仅研究图 5－16 所示结构第一阶侧弯和第三阶扭转振型产生的动水压力分布。同时，为了研究动水压力空间分布与桩基布置形式和水深的关系，我们给出了水体在关键位置的横、竖切面等高线图。需要注意的是，以下给出的所有压力仅为动水压力部分，根据水工结构动水压力分析的习惯，将各点压力绝对值除以桩底最大静水压力 $p_{static}=\rho_w g H_w$，进行了无量纲化，从而直观方便的研究不同桩基布置情况的动水压力变化。

图 5－25 的图(a)—图(d)分别给出了九桩模型在水深 $H_w=2.05$ m情况下，按照一阶侧弯模态振动时产生并经过无量纲化后的动水压力分布图，依次为通过外侧三根桩中心的 $x=-0.15$ m立面、通过中央三根桩中心的 $x=0$ m立面、通过承台中心 $z=1.90$ m的横截面以及通过桩身 $z=1.35$ m的横截面；图 5－25 的图(e)—图(h)分别为九桩模型在水深 $H_w=2.05$ m情况下，按照扭转模态振动时产生并经过无量纲化后的动水压力分布图，图(e)—图(h)的截面顺序与图(a)—图(d)相同。通过研究动水压力分布，得出了如下结论：

(1) 由图 5－25 的立面图(a)和(e)可知，无论侧弯还是扭转振动，动水压力都主要集中在承台，且峰值位于承台中心的位置；

(2) 根据图 5－25 (h)，桩身上的动水压力小于同模态中下承台上的动水压力；进一步研究承台的流固耦合作用机理，根据图 5－25 (c)和(g)发现，对于侧弯振型，动水压力峰值位于承台侧壁水平中央区域；而对于扭转振型，最大动水压力产生在承台边角区域；比较二者发现，扭转振型产生的局部动水压力峰值明显大于侧弯振型产生的动水压力峰值，这主要是在三维空间内的扭转振型中承台沿宽度具有更不平衡的加速度梯度，从而在水体中产生了比较明显的压力集中区域；

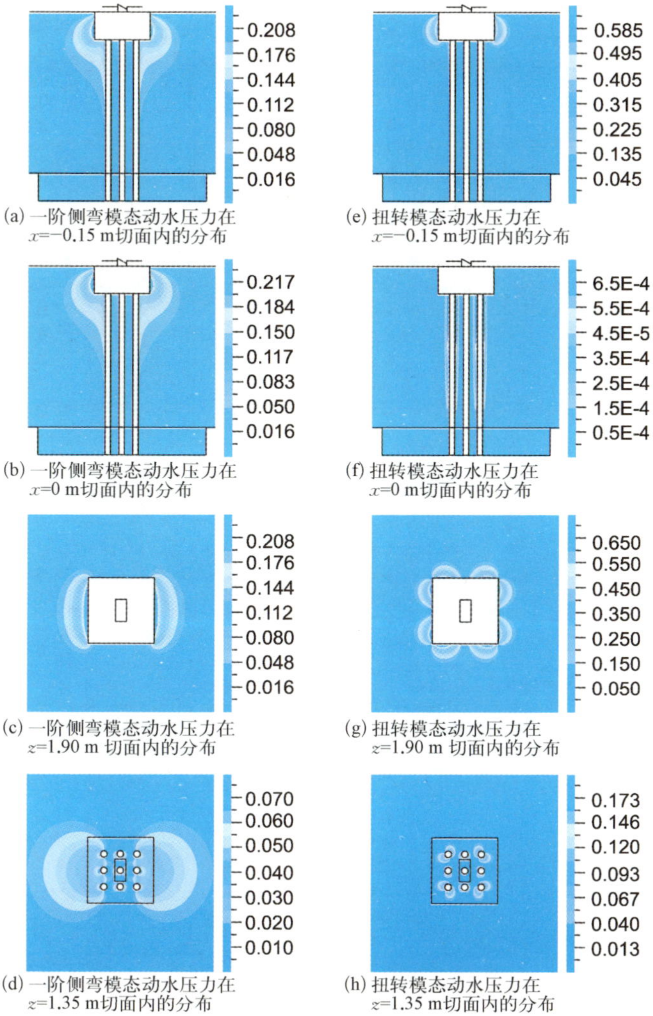

(a) 一阶侧弯模态动水压力在 x=−0.15 m切面内的分布

(e) 扭转模态动水压力在 x=−0.15 m切面内的分布

(b) 一阶侧弯模态动水压力在 x=0 m切面内的分布

(f) 扭转模态动水压力在 x=0 m切面内的分布

(c) 一阶侧弯模态动水压力在 z=1.90 m 切面内的分布

(g) 扭转模态动水压力在 z=1.90 m 切面内的分布

(d) 一阶侧弯模态动水压力在 z=1.35 m切面内的分布

(h) 扭转模态动水压力在 z=1.35 m切面内的分布

图 5－25　水深 H_w＝2.05 m 时，九桩模型归一化后的模态动水压力分布图(无量纲)

(3) 研究桩身的动水压力分布知，根据图 5－25 的图(d)和图(h)，对于扭转振型，动水力集中在位于承台四角的四根桩；而对于侧弯振型，作用在垂直于振动方向的外侧各桩上的动水压力明显大于内侧桩，特别是处于桩群正中的那根桩。

图 5－27 和图 5－29 分别给出了五桩和四桩模型在水深 H_w ＝ 2.05 m 时，按照一阶侧弯和扭转模态振动时的无量纲化动水压力分布图。绘图截面与九桩模型相同。与九桩模型的现象相同，对五桩和四桩模型，其动水压力仍然主要产

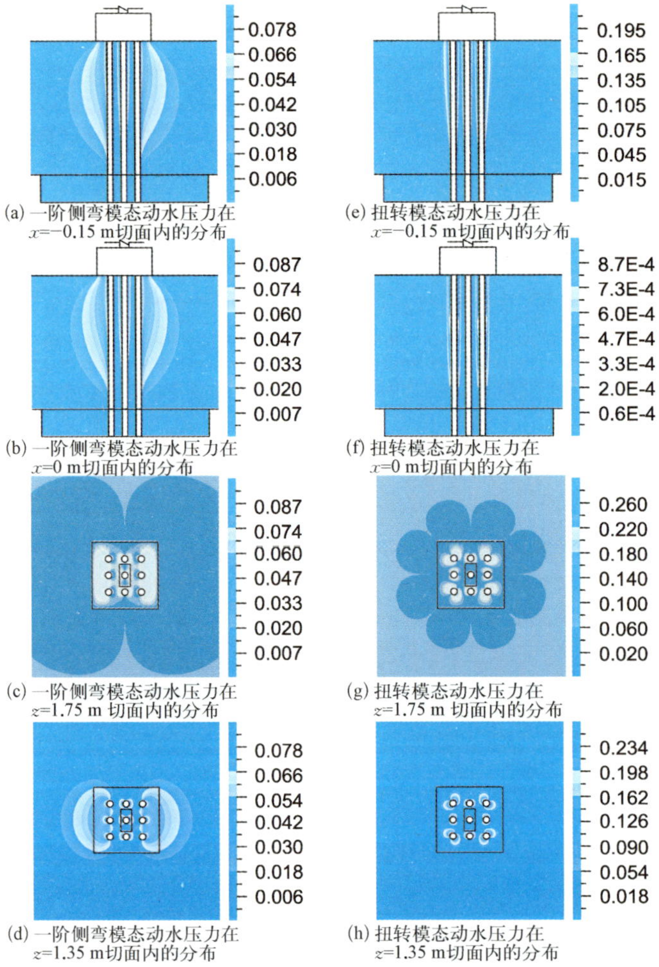

(a) 一阶侧弯模态动水压力在 $x=-0.15$ m切面内的分布

(e) 扭转模态动水压力在 $x=-0.15$ m切面内的分布

(b) 一阶侧弯模态动水压力在 $x=0$ m切面内的分布

(f) 扭转模态动水压力在 $x=0$ m切面内的分布

(c) 一阶侧弯模态动水压力在 $z=1.75$ m 切面内的分布

(g) 扭转模态动水压力在 $z=1.75$ m 切面内的分布

(d) 一阶侧弯模态动水压力在 $z=1.35$ m切面内的分布

(h) 扭转模态动水压力在 $z=1.35$ m切面内的分布

图 5-26　水深 $H_w=1.75$ m 时，九桩模型归一化后的模态动水压力分布图（无量纲）

生在承台周边区域，且扭转模态产生的峰值压力要大于侧弯模态；桩身振动产生的动水压力小于承台动水压力；各桩中，最大动水压力作用在结构按照扭转模态振动时的四根边桩上。

横向比较图 5-25、图 5-27 和图 5-29 所示三种具有不同桩基布置形式的群桩基础的动水压力分布，我们发现：

（1）随着桩的数目由九根减到四根，结构刚度逐渐减小、桩间距逐渐增大，这些导致振动产生的动水压力随之减小。

（2）研究前三阶模态的动水压力分布，可以发现接近池壁时的动水压力都

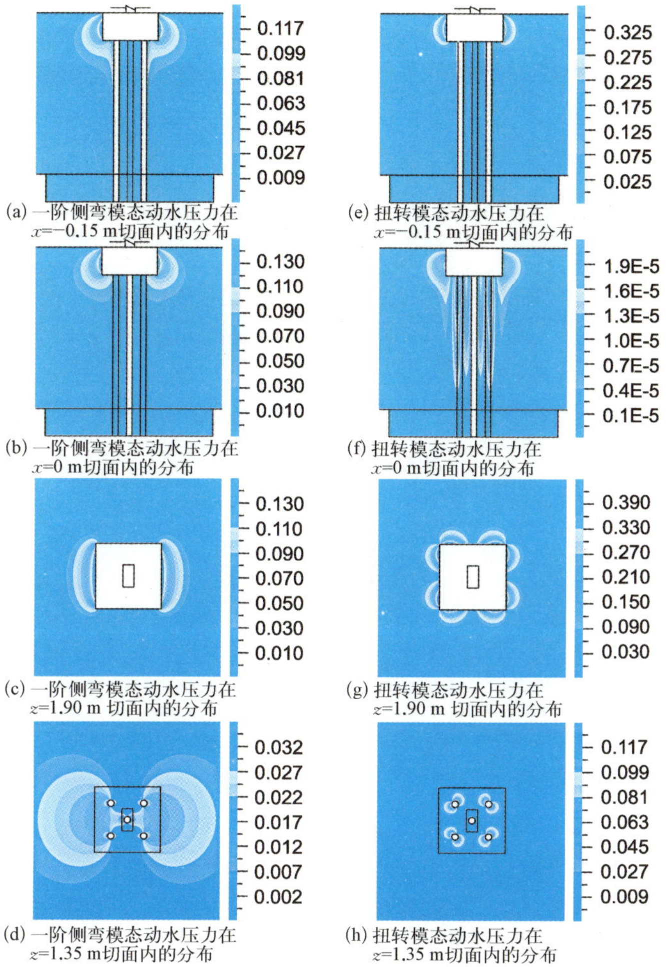

(a) 一阶侧弯模态动水压力在 $x=-0.15$ m切面内的分布
(e) 扭转模态动水压力在 $x=-0.15$ m切面内的分布
(b) 一阶侧弯模态动水压力在 $x=0$ m切面内的分布
(f) 扭转模态动水压力在 $x=0$ m切面内的分布
(c) 一阶侧弯模态动水压力在 $z=1.90$ m 切面内的分布
(g) 扭转模态动水压力在 $z=1.90$ m 切面内的分布
(d) 一阶侧弯模态动水压力在 $z=1.35$ m切面内的分布
(h) 扭转模态动水压力在 $z=1.35$ m切面内的分布

图 5-27　水深 $H_w=2.05$ m 时，五桩模型归一化后的模态动水压力分布图(无量纲)

已趋近于零，数值模拟采用的固壁边界未对本节所关心的动水压力分布结果产生明显影响。图 5-25、图 5-27 和图 5-29 的结果也再次证明本章开始时对水池尺寸的设计是合理的，现有尺寸足以满足现有试验模型在所关心模态下的波浪传播及能量耗散过程。

为了研究水面未浸没承台时的动水压力分布，图 5-26、图 5-28 和图 5-30 分别给出了九桩、五桩及四桩基础模型在水深 $H_w=1.75$ m 时(水面恰好位于承台底面)的动水压力分布情况。无量纲动水压力仍然采用与水深 $H_w=2.05$ m 相同的截面图给出，除了使用与承台底面重合的 $z=1.75$ m 截面代替了 $z=$

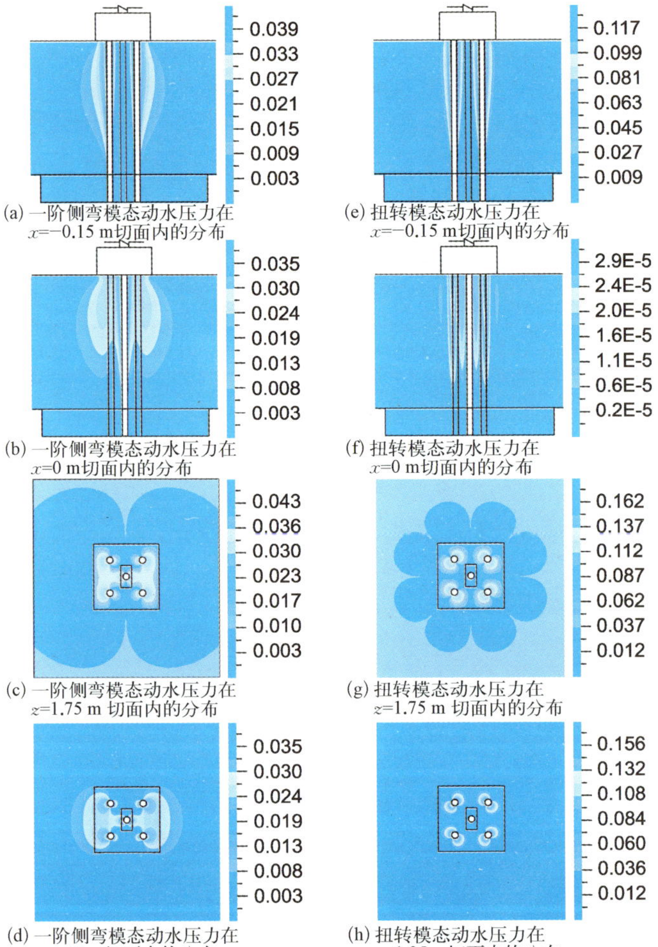

(a) 一阶侧弯模态动水压力在 x=−0.15 m切面内的分布

(e) 扭转模态动水压力在 x=−0.15 m切面内的分布

(b) 一阶侧弯模态动水压力在 x=0 m切面内的分布

(f) 扭转模态动水压力在 x=0 m切面内的分布

(c) 一阶侧弯模态动水压力在 z=1.75 m 切面内的分布

(g) 扭转模态动水压力在 z=1.75 m 切面内的分布

(d) 一阶侧弯模态动水压力在 z=1.35 m切面内的分布

(h) 扭转模态动水压力在 z=1.35 m切面内的分布

图 5-28　水深 H_w=1.75 m时，五桩模型归一化后的模态动水压力分布图(无量纲)

1.90 m平面。

计算结果显示，随着水位下降，动水荷载随之减小。比较图 5-25(a)与图 5-26(a)或者图 5-25(b)与图 5-26(b)，我们还可以发现，与最高水位不同，该水位下，没有了承台-水相互作用后，因此，动水压力将主要沿桩身分布。但是，此时的桩身动水压力分布规律仍与前者相同：① 动水压力峰值仍然出现在结构按照扭转模态运动时的外围边桩上；② 随着桩数从 9 到 4 逐渐减少，结构刚度降低，桩间距增大，动水压力也逐渐减小。

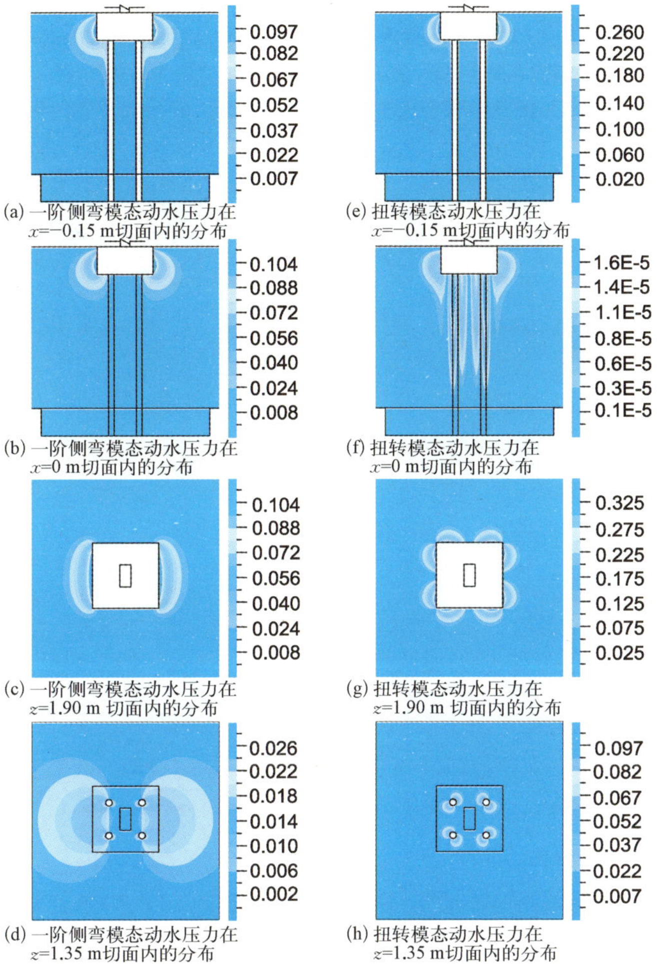

(a) 一阶侧弯模态动水压力在 x=−0.15 m切面内的分布

(e) 扭转模态动水压力在 x=−0.15 m切面内的分布

(b) 一阶侧弯模态动水压力在 x=0 m切面内的分布

(f) 扭转模态动水压力在 x=0 m切面内的分布

(c) 一阶侧弯模态动水压力在 z=1.90 m 切面内的分布

(g) 扭转模态动水压力在 z=1.90 m 切面内的分布

(d) 一阶侧弯模态动水压力在 z=1.35 m切面内的分布

(h) 扭转模态动水压力在 z=1.35 m切面内的分布

图 5－29　水深 H_w＝2.05 m 时，四桩模型归一化后的模态动水压力分布图（无量纲）

5.5　本 章 小 结

本章通过对桥梁群桩基础模型进行水池模态测试，试验研究了在不同水深情况下，流固耦合效应对群桩基础模型模态动力响应的影响。根据桩基数量及布置形式的不同，分别制作了九桩、五桩以及四桩三个试验用深水群桩模型。考虑到深水桥梁基础的振动周期对于桥梁抗震设计及地震作用下的风险评估至关

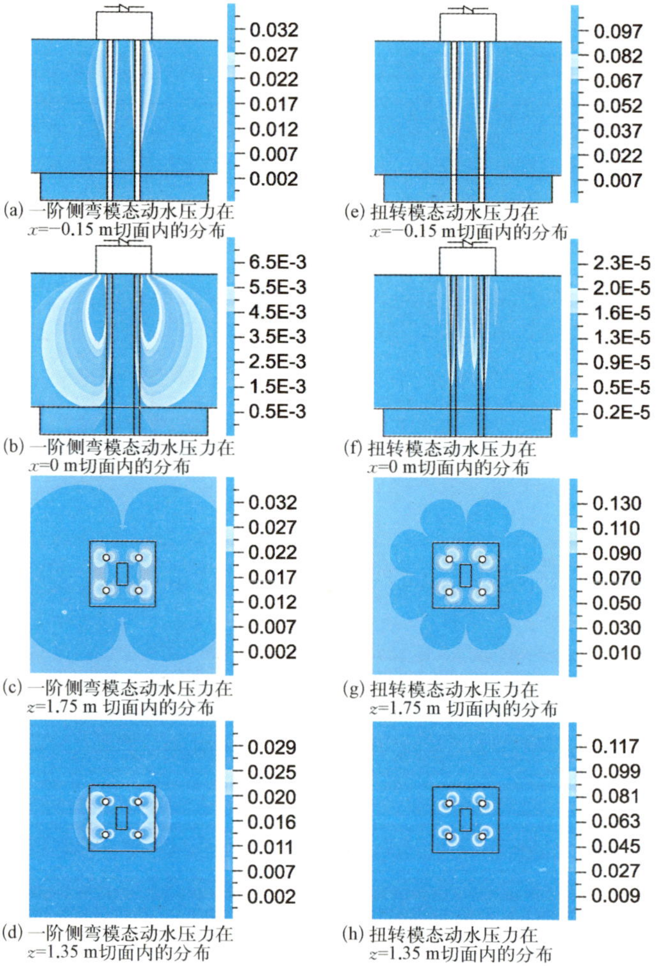

图 5-30　水深 $H_w=1.75$ m 时，四桩模型归一化后的模态动水压力分布图(无量纲)

重要，通过环境及强迫振动两种实验方法，采集并分析了不同试验水深下三个模型的结构动力特性：根据实验得到的不同水深、不同桩数和不同桩基几何形式下群桩基础前两阶侧弯模态以及第一阶扭转模态的有水与无水周期比 $\widetilde{T}_j/T_j$(有水周期除以无水周期)的变化，全面研究了水深、桩数和桩基几何形式对结构模态流固耦合效应的影响。同时，通过对实验模型进行三维势流体有限元数值建模，利用数值方法分别计算了三个模型在不同试验水位下的动力特性。通过对比试验和数值结果充分表明：数值分析与实验数据能很好地吻合，数值分析方法可靠、可行，势流体流固耦合建模求解技术可有效分析桥梁深水群桩基础的动力响应。

随后，基于上述经过试验验证的有限元数值模型，计算了不同水深和桩基形式下结构周围水体中的动水压力三维分布图，从机理上研究了动水压力和结构动力特性变化的原因。通过对结构自振周期和模态动水压力的细致分析，主要得到了以下有意义的结论：

(1) 群桩基础的流固耦合效应随着水深的增加而增加，表现为各模态周期随水深增加逐渐增大，这与深水圆柱桥墩的分析结果一致，但对高桩承台这类基础形式，结构的动力流固耦合效应主要由承台-水相互作用造成的；

(2) 三个群桩模型的同一阶周期随水深变化呈现相同的变化趋势；

(3) 相同水深下，结构侧弯模态的 $\widetilde{T}_j/T_j$ 要大于扭转模态的结果；

(4) 动水压力主要集中在承台周围，并在扭转模态时出现最大应力值，因此，当承台也浸入水中后，流固耦合导致周期延长的现象将更加显著；

(5) 随着桩基数目由 9 根减少到 4 根，由于结构刚度减少和桩间距增大造成的，动水压力也随之降低。

需要说明的是，上述结论只是基于实验模型的结论，未考虑上部结构和波浪的影响。但从分析结果依然可以看出，动水压力的复杂分布会严重影响结构的地震响应，因此，在采用群桩基础的深水桥梁的抗震设计时需充分的考虑流固耦合效应的影响。本章的研究和势流体数值分析方法对于深入认识桥梁深水桩基础流固耦合效应具有重要的参考价值。

第6章 深水高桩承台基础地震响应实用分析方法

根据以上研究，考虑结构与水体的交互作用的响应，一般有两种方法：一种是采用理论解析的办法；另一种是固液耦合的方法，即采用较为准确的流体描述（势流体理论）。

深水群桩基础包含群桩和承台，群桩之间的相互耦合效应不可忽略，且承台作为悬浮柱体，其流固耦合边界复杂，简单套用附加质量方法会造成较大误差。文献[53]基于 Morison 方程提出了针对圆柱体承台的动水力简便分析方法，并结合振动台试验进行了验证，但方法未涉及对矩形承台的求解；文献[49，51]在动水效应计算中引入水中悬浮圆柱体横荡时的辐射、散射效应解析式，通过经验公式进行形状修正，可以完成对矩形承台的地震动水问题进行了分析，但是复杂的编程、求解过程限制了方法的推广和应用。

虽然基于有限元、边界元理论的一系列结构-水相互作用数值研究方法，为复杂结构的流固耦合动力问题求解提供了有效手段，特别是基于势流体理论的流固耦合分析方法的提出，实现了对高桩承台基础-水耦合系统动力响应的精确数值分析，但是，面对拥有数十根桩的巨型群桩基础，三维实体建模及网格划分将十分困难，难以在全桥分析中实现。

鉴于研究对象的复杂性及解析、数值方法各自的优势，本节首先提出了深水高桩承台简化分析模型，基于此模型分别对圆柱体桩-水耦合及承台-水耦合系统的动水效应计算进行了研究。方法依托动水附加质量的概念，可以方便地与基于梁单元的桥梁抗震分析方法相结合，既能考虑复杂的上部结构，又能通过在桩底按照第 3.3 节中的方法定义土弹簧模拟桩-土相互作用的影响，从而可以实现对深水桥梁全桥的多相耦合地震响应进行分析的任务。最后，通过对比水池试验、有限元及文献[51]解析方法的模态、时程分析结果，对方法的准确性进行了验证。

6.1　高桩承台简化分析模型

考虑到深水高桩承台基础与水体耦合动力分析的复杂性，确定一个合理高效的有限元计算模型对考虑动水效应的地震分析非常重要[8]。

6.1.1　简化模型的选择

通过对本书第 5 章四桩试验模型建立结构全实体单元、全梁单元(承台简化为质心处质点)及图 6－1 所示实体、梁单元混合有限元模型，并将三种模型无水模态分析结果列于表 6－1。图 6－1 中，H_w 为水深，H_p 为桩高，H_c 为承台厚度，ρ_c、ρ_p 分别为承台、桩基材料密度，ρ_c^a、ρ_p^a 为承台、桩基动水附加质量密度。

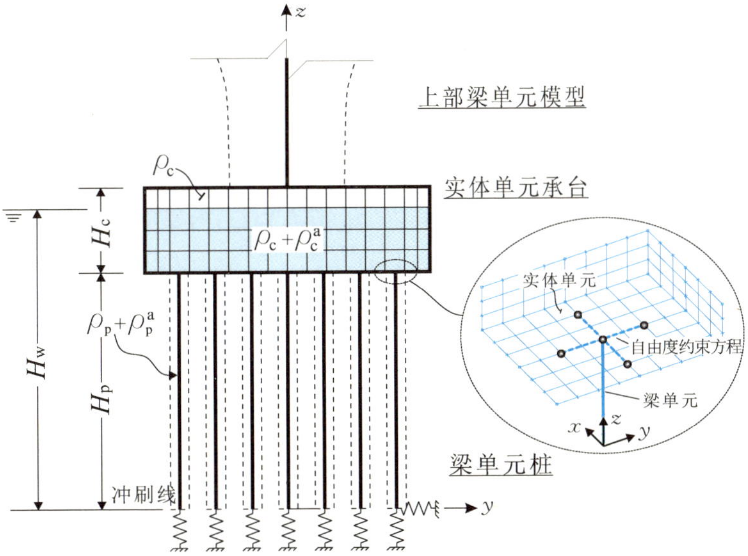

图 6－1　深水高桩承台简化分析模型

表 6－1　不同有限元模型模态分析结果　　单位：Hz

阶数	描　　述	实体模型	梁单元模型	图 6－1 模型
1	x 向侧弯	3.08	3.123	3.086
2	y 向侧弯	3.084	3.126	3.089
3	扭转	7.009	(无此项)	6.997

图 6－1 所示模型与全实体模型精度相当，同时减少了运算规模。虽然桩基简化增大了承台-水竖向相互作用的面积，但考虑基础竖向振型对桥梁地震响应的贡献较小，因此，这种简化是可接受的。另外，当基础扭转振型不控制设计，从工程计算的角度出发，梁单元模型也是一种简单、可行的方案。

基于上述简化模型，假设：

(1) 水体无黏、无旋；

(2) 满足边界小变形假设；

(3) 水体流速无穷小；

(4) 忽略水体可压缩性；

(5) 忽略承台动水效应与桩身动水效应的相互影响。

当上述假设成立时，深水高桩承台基础地震作用下的动水效应求解，即为分别求解桩基、承台的地震动水附加质量问题。

6.1.2 桩-土相互作用模拟

图 6－1 所示高桩承台简化模型中采用弹性嵌固模型模拟桩-土相互作用[173]。其具体做法是将桩在最大冲刷线处将桩身截断，在每根桩端用弹簧单元或阻抗矩阵来近似模拟冲刷线以下桩土系统的影响。这种模型考虑了桩基自由段，只是在确定阻抗矩阵的参数上有一定的困难。阻抗矩阵为 6×6 矩阵，在弹性地基反力法的基础上可通过《公路桥涵地基与基础设计规范》[179]和文献[180]求得。

6.2 桩身动水附加质量解析求解

桥梁桩基多为圆柱体，相比有限元分析中复杂的网格划分过程，解析方法更加简单实用。当进行地震作用下结构动水效应分析时，假设水体静止、柱体对波浪运动无显著影响，此时，结构的振动频率即为波浪的入射频率，该波浪在结构上产生的效应即被认为是由地震产生的动水效应。考虑到动水附加阻尼项对于群桩影响较小[47]，在计算桩基动水效应时未计入其影响。

6.2.1 Morison 方程

根据 Morison 方程[34]及文献[41,127,181]，对直径为 D_s 的圆柱单桩，作用在桩身距水底高度为 z 处的动水附加质量为

$$m_a(z) = C_a \rho_w \frac{\pi D_s^2}{4} \tag{6-1}$$

式中，C_a 为动水附加质量系数，根据文献[182]的定义，为

$$C_a = \frac{M^a}{\rho_w \hat{V}} \tag{6-2}$$

M^a 和 $\rho_w \hat{V}$ 分别为动水附加质量和结构排开水的质量，此时

$$C_a(z) = M^a(z)/\rho_w \frac{\pi D_s^2}{4} \tag{6-3}$$

式中，参数含义见主要符号对照表。Morison 方程中，对于细长圆柱体，C_a 通常根据试验取为常数 1。但是，对大跨桥梁的高桩承台基础来说，某些时候其桩径可达 2.5 m 以上[6,9,10]，这就带来了大尺度圆柱体的附加质量求解问题。

6.2.2　Chopra 公式

Chopra 等[59]基于波浪方程精确推导了适用水中各类圆柱体的动力方程，桩身动水附加质量可以表示为

$$M^a(z) = 8\rho_w \pi R_s \sum_{n=1}^{N_w} \frac{I_{0n}}{2\kappa'_n H_w} \mathcal{E}_n(\kappa'_n R_s)\cos(\lambda_n z) \tag{6-4}$$

式中，R_s 为桩半径；H_w 为水深，当 H_w 大于桩高 H_p 时，取 $H_w = H_p$；λ_n、I_{0n}、$\mathcal{E}_n$ 和 κ'_n 分别由第 3 章式(3-10)、式(3-11)、式(3-12)和式(3-19)给出。

N_w 为计算过程中计入的水体振型总数，为保证得到平稳收敛解，建议取 $N_w \geqslant 50$。计算出附加质量 $M^a(z)$ 后，建模计算过程中需要细化梁单元，并根据各单元中点处的附加密度分别定义模型的节段密度，如图 6-2 所示。

用函数 $\frac{D_s}{H_w}$ 表示水下桩基尺度，针对 $H_w = H_p$ 的情况，使用 Matlab 编程计算了桩基尺度 $\frac{D_s}{H_w}$ 等于 0.2，0.1，0.05 和 0.02 时的动水附加质量系数 C_a 并绘于图 6-3 中，图中 z 为桩身计算点距桩底的距离。同时，通过对不同尺度的水下桩进行模态分析，计算了采用 Morison 方程附加质量与采用 Chopra 方法附加质量计算所得频率的误差，见表 6-2。

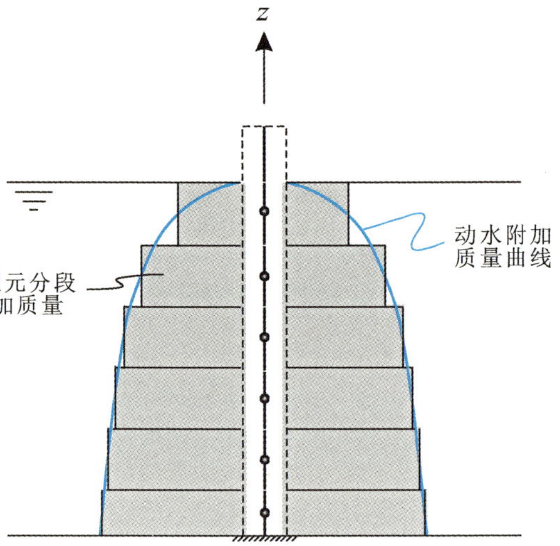

图 6-2　采用 Chopra 动水附加质量有限元简化模型

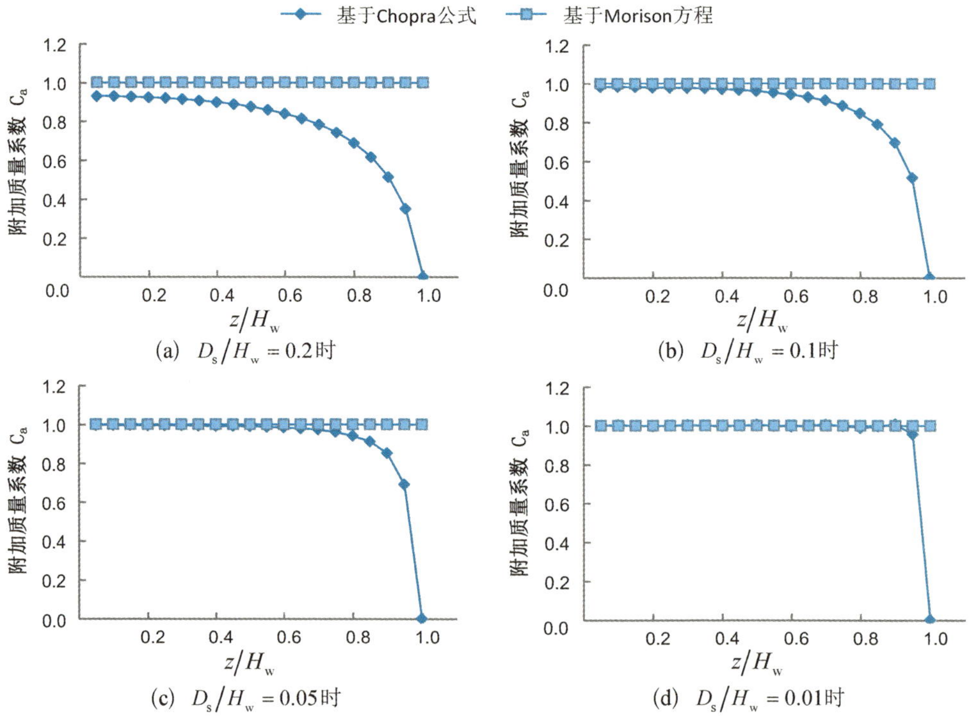

图 6-3　桩身附加质量系数 C_a 与桩基尺度$\frac{D_s}{H_w}$的关系

表 6-2　水下桩一阶频率随桩基尺度变化情况

桩基尺度 D_s/H_w	一阶频率比($f_{Morison}/f_{Chopra}$)	误　差
0.2	0.9	10%
0.1	0.94	6%
0.05	0.97	3%
0.02	1	0%

由以上图表分析知，对于相对尺度较大 $\left(\frac{D_s}{H_w}>0.1\right)$ 的圆柱体桩，结构对波动的影响不可忽略，采用 Morison 附加质量频率 $f_{Morison}$ 与采用 Chopra 附加质量的频率 f_{Chopra} 相比有大于 5% 的误差。但 Chopra 公式需要编程计算附加质量，略显烦琐，且应用过程中需要沿桩身逐段定义动水附加质量，不便于使用。

6.2.3　基于水下桩基尺度的动水附加质量计算

结合 Morison 方程和 Chopra 公式各自的优、缺点，本书给出了基于水下桩基尺度的动水附加质量计算方法。同时，根据我国的《海港水文规范》[183]，计入了群桩效应的影响。为便于有限元分析，将基于水下桩基尺度的动水附加质量换算为附加密度，表达如下：

$$\rho_p^a(z)=\begin{cases}4K_g/(\pi D^2)\times 式(6-3), & \dfrac{D_s}{H_w}\leqslant 0.1\\[2ex] 4K_g/(\pi D_s^2)\times 式(6-4), & \dfrac{D_s}{H_w}>0.1\end{cases} \tag{6-5}$$

式中，K_g 为群桩系数，同桩列方向还有相邻桩的间距 S 与桩径 D_s 的比值有关，其取值见表 6-3。

表 6-3　群桩系数 K_g

桩 列 方 向	S/D_s		
	2	3	4
垂直于波向	1.5	1.25	1
平行于波向	0.85	0.9	1

6.3 承台动水附加质量数值求解

6.3.1 数值求解模型

第 5 章试验研究发现，承台-水相互作用是深水群桩基础-水相互作用的主要因素。因此，准确求解承台附加质量至关重要。根据文献[51,184]知，承台的动水附加质量不仅与承台迎水面积、水深有关，还与承台振动频率相关。因此，若想准确计算动水附加质量，需满足以下条件：① 合理、精确的流体动力学表达；② 符合真实承台外形尺寸；③ 拥有相同的无水振动周期。根据上述需求，结合势流体单元在解决复杂流固耦合系统动力问题上的强大功能[140]，本书提出采用图 6 - 4 所示三维承台-水耦合模型对承台动水附加质量进行计算，图中，B 为水体宽度，m_b为虚拟梁单位质量；承台完全依照真实承台进行三维实体建模，避免了承台边界条件简化对结果造成的误差；下部结构采用与桩同长虚拟梁单元，通过合理设置虚拟梁的刚度，实现对承台振动特性的模拟。水体采用势流体单元建模，通过在承台与水体间设置流固耦合接触，实现对该耦合系统的模态分析，成功避开了动水附加质量求解过程中的复杂数学解析计算。对于水体宽度 B，本书建议按文献[145]取大于等于 2 倍水深以近似模拟无限水体。

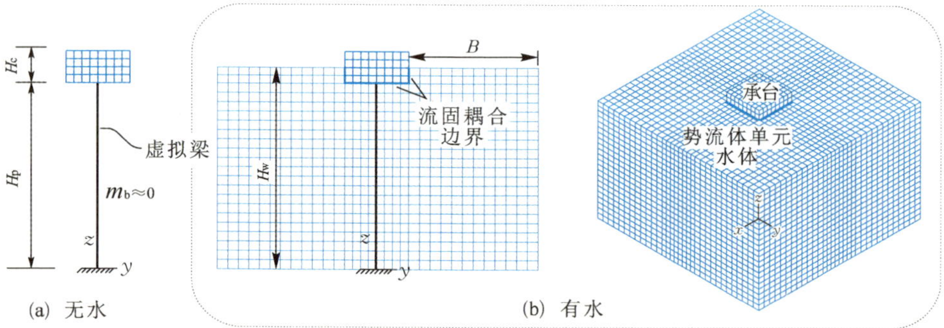

图 6 - 4　承台动水附加质量求解模型

6.3.2 建模方法

1. 梁单元-实体单元约束方程

梁单元每个节点具有六个自由度(3 个平动：$u^{(x)}$，$u^{(y)}$，$u^{(z)}$；3 个转动：$\theta^{(x)}$，$\theta^{(y)}$，$\theta^{(z)}$)，而实体单元每个节点仅有三个平动自由度 $u^{(x)}$，$u^{(y)}$ 和 $u^{(z)}$。为连接具有

不同自由度的梁单元和实体单元，需要建立约束方程，对梁单元的六个自由度进行约束。在小变形情况下，有 $\tan\theta \approx \theta$ 成立。以图 6-5 为例，#1，#2，#3，#4，#5 节点属于实体单元，#6 节点为梁单元一端与实体#5 节点重合的点，为实现两种单元之间的自由度约束，应取梁单元上的#6 节点作为主节点，为其建立如下约束方程：

$$u_6^{(x)} = u_5^{(x)} \tag{6-6}$$

$$u_6^{(y)} = u_5^{(y)} \tag{6-7}$$

$$u_6^{(z)} = u_5^{(z)} \tag{6-8}$$

$$\theta_6^{(x)} = \frac{u_3^{(z)} - u_1^{(z)}}{y_3 - y_1} \tag{6-9}$$

$$\theta_6^{(y)} = \frac{u_4^{(z)} - u_2^{(z)}}{x_2 - x_4} \tag{6-10}$$

$$\theta_6^{(z)} = \frac{u_1^{(x)} - u_3^{(x)}}{y_3 - y_1} \tag{6-11}$$

式中 x_i，y_i，z_i 为#i 节点的坐标。为使自由度约束之后的承台质量分布与全部实体单元模型的相同，建议尽量取靠近相应半区的形心位置的节点作为#1，#2，#3，#4 节点。

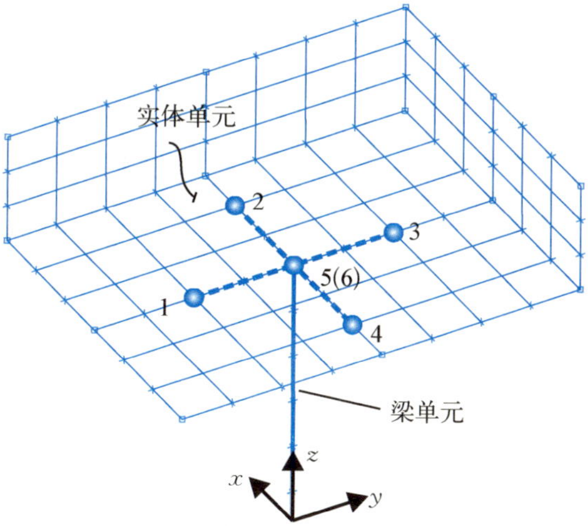

图 6-5　梁单元-实体单元自由度耦合示意图

2. 网格划分

水-结构耦合系统区别于单一介质系统最大的区别在于，水-结构系统存在流固耦合接触面。根据第 2.4.2 节分析，接触面两侧不同网格尺寸对计算结果有明显影响，当流固耦合边界一侧水体网格尺寸接近或小于另一侧的结构网格尺寸时，数值计算结果具有很好的收敛性。同时为模拟真实水体边界，往往需要对结构周围很大一部分水体进行建模才能保证模型计算的精度，但是水体采用单一尺寸的网格划分无法同时满足运算精度（稀疏）和运算效率（细密）的需求。

为达到在不影响计算精度的前提下提高计算速率的目的，第 2.4.2 节提出的等比网格划分方案是一个不错的选择，但是对于网格划分技术要求较高。因此，从提高方法可行性的角度出发，我们提出如图 6-6 所示的设想：将结构周围水体分为内外两层：为满足计算精度的需要，内层水体按照第 2.4.2 节结论采用细密的网格，尺寸为 l_{w1}；而出于对计算效率的考虑，外层水体采用较稀疏的网格，尺寸为 l_{w2}。为实现上述目的，需要解决以下问题：① 内层网格的范围；② 内、外层水体网格比例的合理取值。

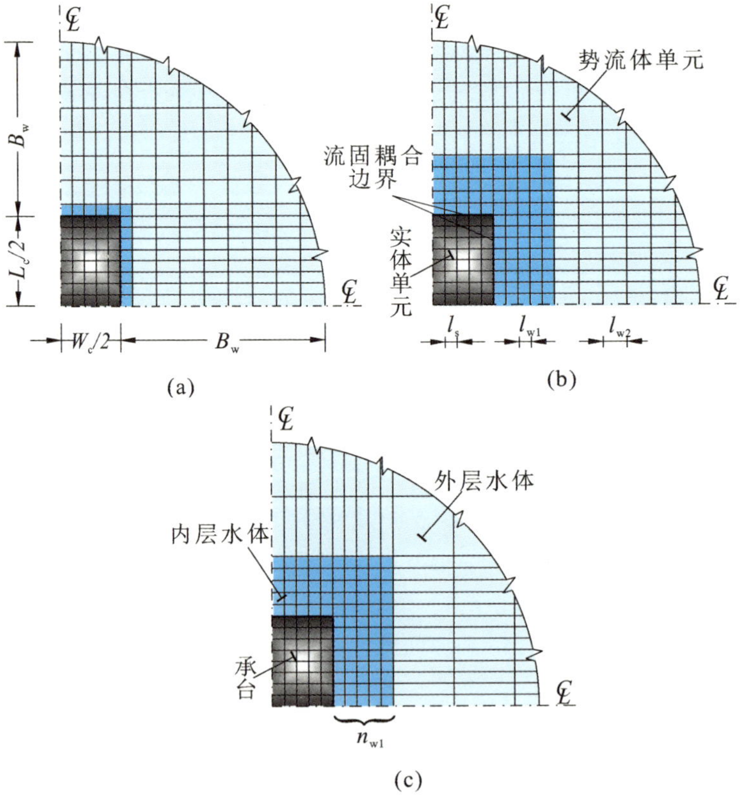

图 6-6　水体网格划分示意图

以恰好浸没于水中的矩形承台为对象，假设承台长 $L_c = 15$ m，宽 $W_c = 10$ m，高 3.5 m，建立图 6-4 所示承台动水附加质量求解模型。通过改变内层水体范围，内、外层水体网格尺寸 l_{w1}、l_{w2}，研究模态分析时双层水体的合理建模及网格划分方式。

首先在保证内层水体网格尺寸 l_{w1} 与结构网格尺寸 l_s 比值为 1 的前提下，选定外层水体网格尺寸 l_{w2} 与内层水体尺寸 l_{w1} 的比值为 2，改变内层水体网格数 n_{w1} 以改变内层水体范围，如图 6-4(a)、(b)所示，将不同内层水体范围下的模态计算结果列于表 6-4。

表 6-4　不同水体网格划分下的承台振动频率

内层水体网格数 n_{w1}	x 向一阶侧弯/Hz	y 向一阶侧弯/Hz	一阶扭转/Hz
1	0.630 614	0.813 827	4.914 67
2	0.630 598	0.813 813	4.914 5
3	0.630 596	0.813 811	4.914 48
4	0.630 596	0.813 811	4.914 48
5	0.630 596	0.813 811	4.914 48

由表 6-4 知，模态分析结果的稳定性与内层水体范围有关，当内层水体网格数大于 3 层时，结构的前三阶频率趋于恒定值，不再随内层水体网格数的改变而改变。

在内层水体网格尺寸 l_{w1} 不变的前提下，选定内层水体网格层数为 5 层，通过改变外层水体网格尺寸，进而研究 l_{w2}/l_{w1} 对计算结果的影响，如图 6-4(b)、(c)所示。表 6-5 给出了不同 l_{w2}/l_{w1} 下结构的前三阶模态振动频率、计算机运算时间及模型网格数目。

表 6-5　内、外层水体网格尺寸比对模态分析精度及效率的影响

l_{w2}/l_{w1}	运行时间/s	x 向一阶侧弯/Hz	y 向一阶侧弯/Hz	一阶扭转/Hz	节点数
2	1 225.97	0.630 596	0.813 811	4.914 48	287 637
3	393.2	0.630 596	0.813 811	4.914 48	171 061
4	178.51	0.630 596	0.813 812	4.914 48	124 101
5	131.66	0.630 597	0.813 813	4.914 48	103 453
6	110.31	0.630 598	0.813 814	4.914 48	93 837

续 表

l_{w2}/l_{w1}	运行时间/s	x 向一阶侧弯/Hz	y 向一阶侧弯/Hz	一阶扭转/Hz	节点数
7	74.36	0.630 602	0.813 819	4.914 49	76 021
8	74.36	0.630 602	0.813 819	4.914 49	76 021
9	57.47	0.630 607	0.813 824	4.914 50	67 821
10	57.54	0.630 607	0.813 824	4.914 50	67 821

由表 6－5 可以看出，模态分析结果的稳定性亦与外层水体网格尺寸 l_{w2} 与内存水体尺寸 l_{w1} 的比值有关。随着 l_{w2}/l_{w1} 的减小，结构的前三阶频率趋于恒定值，计算的精度越高，但其网格数量和计算时间明显增加，计算效率严重降低。综合计算精度及计算效率的考虑，本书建议在进行模态分析时，外层水体网格尺寸与内层水体网格尺寸比值取 4～6 较为合适。

6.3.3 数值求解步骤

基于图 6－4 所示的承台动水附加质量数值求解步骤如下：

(1) 图 6－4 所示简化模型参数确定

为使图 6－4 所示无水模型具有与原高桩承台基础有相同的无水振动周期 T_j，需要首先确定虚拟梁刚度。鉴于虚拟梁与上部刚性承台的运动会在虚拟梁顶同时产生转角和位移，二者同时具有弹性、惯性耦合的特性，试图将其简化为单自由度体系进行分析是行不通的，因此虚拟梁刚度按如下步骤确定：

当虚拟梁密度为 0 时，无水模型自振周期可以严密的写为

$$T_j = \frac{2\pi}{\beta_j^2}\sqrt{\frac{M_c}{EI}} \tag{6-12}$$

式中，T_j 为第 j 阶周期；β_j 为第 j 阶振型系数；M 为承台质量；E 为虚拟梁刚度；I 为虚拟梁截面惯矩(对于三维梁单元包含抗弯惯矩 I_{xx}，I_{yy} 及抗扭惯矩 I_{xy} 三项)。假设虚拟梁截面的初始截面惯矩为 1，可以通过数值计算得到其无水状态下不同阵型的自振周期 T'_j。当简化模型无水情况下目标自振周期为 T_j 时，虚拟梁截面惯矩 I 为

$$I = \left(\frac{T'_j}{T_j}\right)^2 \tag{6-13}$$

将所得截面惯矩定义在下一步有水模型的虚拟梁上，完成模型确定。

(2) 动水附加质量数值计算

承台有水状态下第 j 阶振型的自振周期为 $\widetilde{T}_j$。围绕上述模型建立水体，通过对有水模型进行模态分析，可得到承台简化模型有水状态下各振型的自振周期 $\widetilde{T}_j$，此时，承台的实际质量为 $M_c+M_c^a$。根据文献[25]的试验验证，水中与空气中结构一阶阵型基本保持不变，即近似认为振型系数 β_j 在空气中及水中保持不变，故有

$$\frac{M_c+M_c^a}{M_c}=\left(\frac{\widetilde{T}_j}{T_j}\right)^2 \tag{6-14}$$

从而，可得承台水面以下部分的(承台水下部分体积为 $\hat{V}_c$)附加密度：

$$\rho_c^a=\frac{M_c}{\hat{V}_c}\left[\left(\frac{\widetilde{T}_j}{T_j}\right)^2-1\right] \tag{6-15}$$

以上即为利用本算法进行结构-水体耦合系统模态分析的基本流程，计算模型简化过程见图 6-7。当进行考虑承台动水效应的地震时程反应分析时，可按以下步骤计算：① 首先对无水结构进行时程分析；② 取承台迎水面中点的加速度时程进行傅里叶变换，根据频域分析结果确定承台在该地震波下的峰值周期；③ 以此作为简化模型的目标自振周期，按照式(6-12)—式(6-15)求得此时的承台动水附加质量；④ 根据附加密度，修正结构模型，重新进行时程分析即得到结构在考虑动水效应时的地震响应。

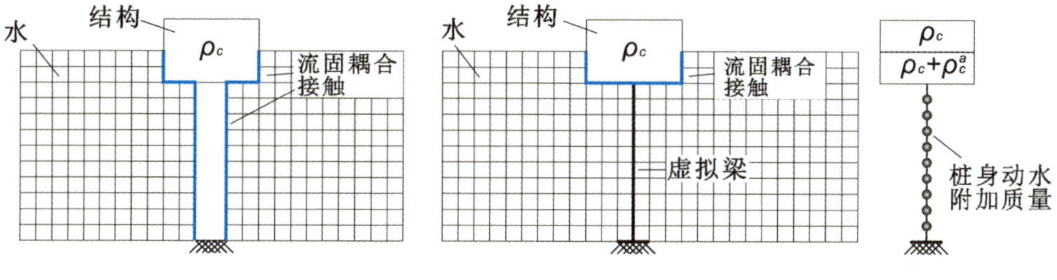

(a) 全实体模型　　(b) 求解承台附加质量　　(c) 简化模型

图 6-7　实用算法计算模型简化流程

6.3.4　模型合理性验证

在上述简化模型的基本假设中，作者提出忽略承台动水效应与桩身动水效应的相互影响，从而可以采用虚拟梁简化模型独立计算承台动水效应。

实际高桩承台基础中,桩-承台-水体之间存在复杂的动力耦合,桩的存在,也会一定程度上改变承台的动水效应。因此,为了使方法更有说服力,本节通过研究单桩和群桩承台周围动水压力的空间分布,证明这一基本假设的合理性。

1. 单桩承台模型

以长 15 m、宽 10 m、高 3.5 m 的承台为对象,建立了如图 6-8 所示的单桩实体模型以及简化模型,桩的直径为 2 m。简化模型中虚拟梁采用单桩实体模型中的桩的截面特性,以实现无水情况下两种模型振动特性的完全相同。结构统一采用 C30 混凝土。使用势流体单元模拟水体,水体参数同第 4.1 节。使用 20 节点单元划分结构和水体。

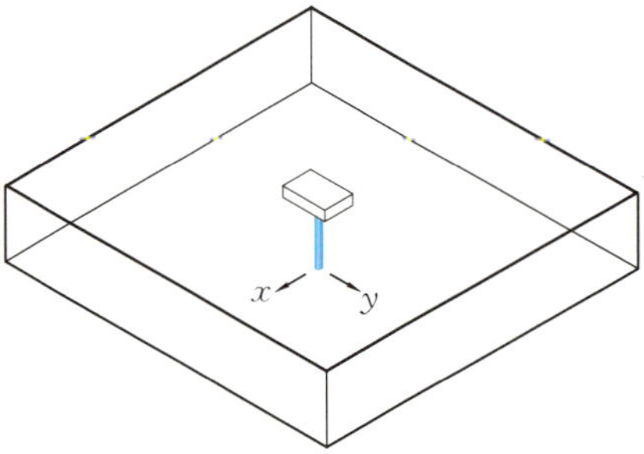

(a) 单桩实体模型

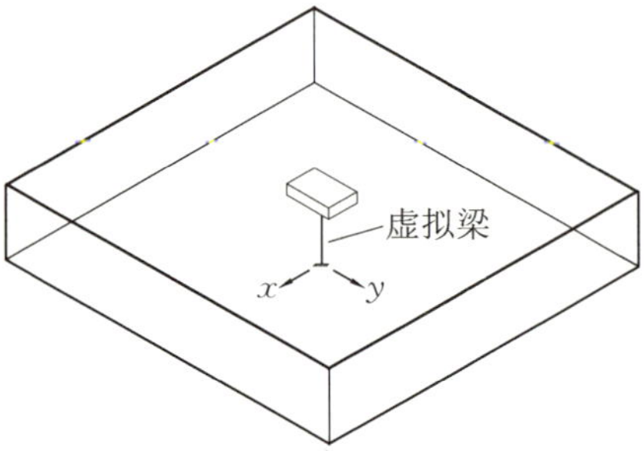

(b) 单桩简化模型

图 6-8　单桩承台模型示意图

因为水体无黏无旋,因此,承台以下区域动水压力的变化不会对承台动水效应产生明显影响。由于计算承台地震动水效应时主要关注承台侧向振动产生的动水效应[185],因此,承台动水效应主要由承台侧迎水面的动水压力分布控制。

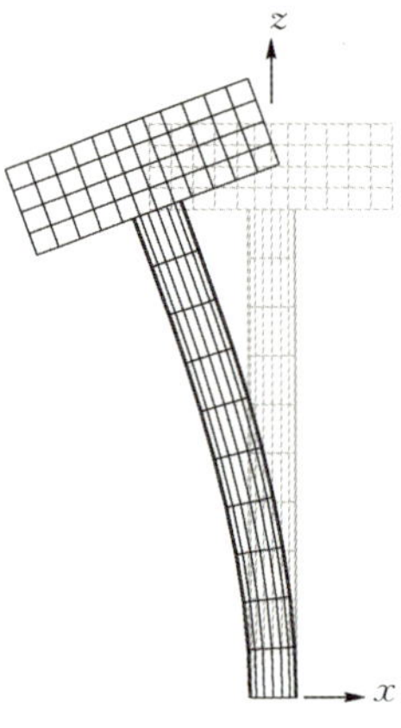

图 6-9　单桩承台模型一阶振型

图 6-10 给出了如图 6-9 所示承台沿 x 向一阶模态振动时,结构不同截面处两种模型模态动水压力的分布对比图(左-桩基实体建模时动水压力,右-虚拟梁单元建模时动水压力)。从图 6-10 中可以看出,承台发生一阶侧向振动的时候,最大动水压力位于承台侧面,这与之前的推断相符;桩身建模方法的简化无疑会影响桩身外侧动水压力分布,不考虑桩-水相互作用,结构振动所影响的水体区域小于考虑桩-水相互作用的情况。就承台周围而言,根

据图6-10A-A截面，考虑桩-水相互作用及不考虑桩-水相互作用所引起的动水压力分布仅在承台底面与桩顶连接处有差异；而根据 B-B 截面，简化模型与实体模型承台侧迎水面的动水压力分布几乎相同。因此，通过上述分析，可以近似认为在计算承台动水压力效应时，简化模型与实体模型是等价的，即忽略承台、桩基的动水效应相互影响对单桩模型是可接受的。

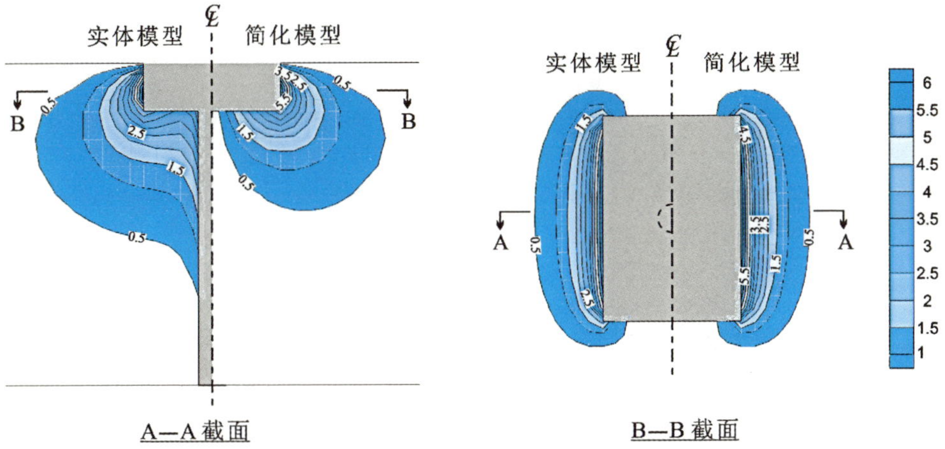

图 6-10　单桩实体、虚拟梁简化模型动水压力分布对比

2. 群桩承台模型

为验证以简化模型计算群桩基础承台动水效应的适用性，保持承台尺寸不变，下部采用五根混凝土桩，实体模型桩基布置如图 6-11(a)所示。根据第 6.3 节的方法，建立简化模型如图 6-11(b)所示，通过合理设置虚拟梁的刚度，保证无水条件下简化模型 x 向一阶侧向振动频率与五桩实体模型一阶侧向振动频率一致。

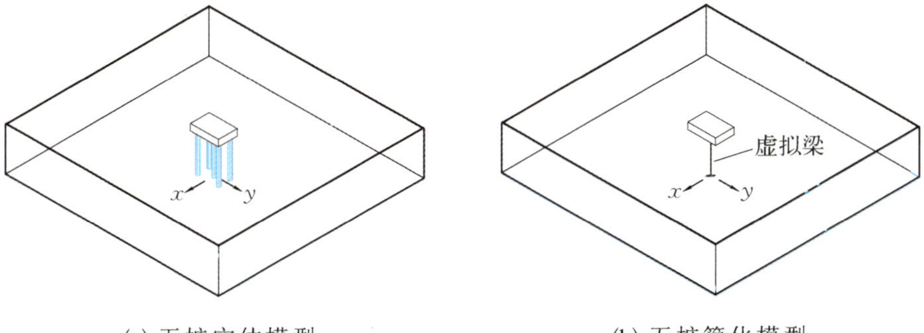

(a) 五桩实体模型　　(b) 五桩简化模型

图 6-11　五桩承台模型示意图

图 6-12 给出了五桩模型按照 x 向一阶侧向振动时，结构不同截面处两种模型的模态动水压力分布。与单桩模型相同，根据图 6-12 A—A 截面和 B—B 截面，群桩的存在改变了承台以下水体的动水压力分布，且 A—A 截面差异最大；但是对比 C—C 截面所示承台侧面动水压力，简化模型仍然可以得到与五桩实体模型近似相同的动水压力分布。

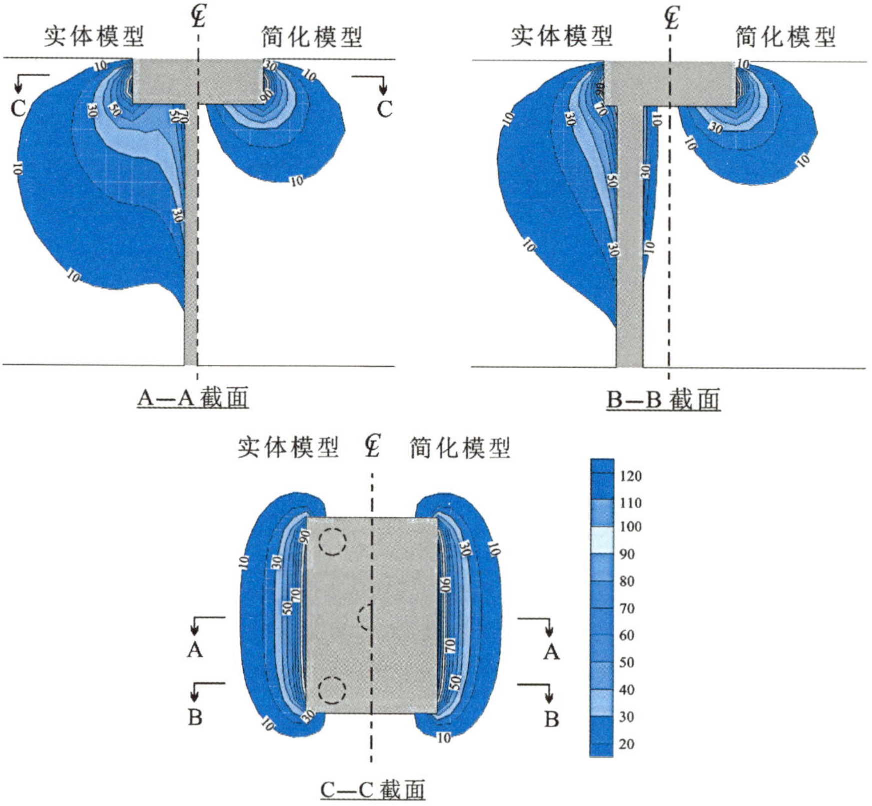

图 6-12　五桩实体、虚拟梁简化模型动水压力分布对比

综上可认为，简化模型采用的承台、桩基分割求解动水效应的方案是可行且合理的。

6.4　模态试验验证

为验证本书算法的正确性，我们利用第 5 章四桩模型水池试验结果对基于该方法计算所得的模态分析结果进行了校核。首先，建立图 6－13(a)所示简化分析模型，根据本书算法，计算了不同水深情况下结构的 x 向侧弯、y 向侧弯、扭转振动周期。因为模型桩基尺寸，$S/D_s = 5 > 4$，根据表 6－3 群桩系数取 1；当水深为 0.30 m 时，水下桩基尺度为 0.2，根据式(6－5)，桩基附加质量用式(6－4)计算；对其他水深则用式(6－4)计算。

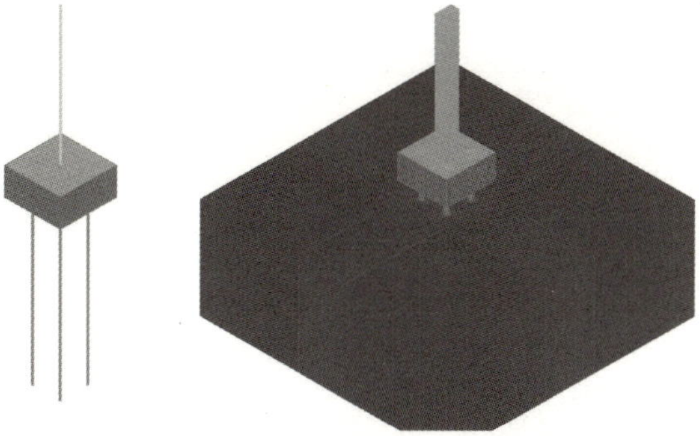

(a) 本文模型　　(b) 完全数值模型　　(c) 文献[9]模型

图 6－13　四桩高桩承台试验数值分析模型

作为参考，我们还用 ADINA 软件建立了试验模型在不同水深下的势流体单元完全数值模型(图 6－13(b))并进行频率分析；基于文献[51]方法建立图 6－13(c)所示简化模型得到了模型 x，y 向侧弯频率。根据第 5 章的经验，为消除各方法无水模态的误差，文章使用结构考虑水体的周期 $\widetilde{T}_j$ 与无水周期 T_j 的比值表征周期随水深的变化情况，并将试验、本书方法、完全数值方法和文献[51]方法计算得到的结构 x 向一阶侧弯、y 向一阶侧弯、扭转振型的结果绘于图 6－14。

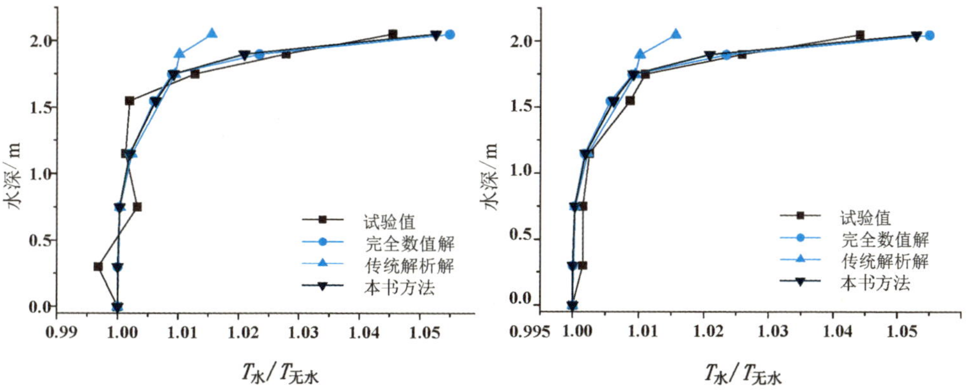

(a)　x向一阶侧弯　　(b)　y向一阶侧弯

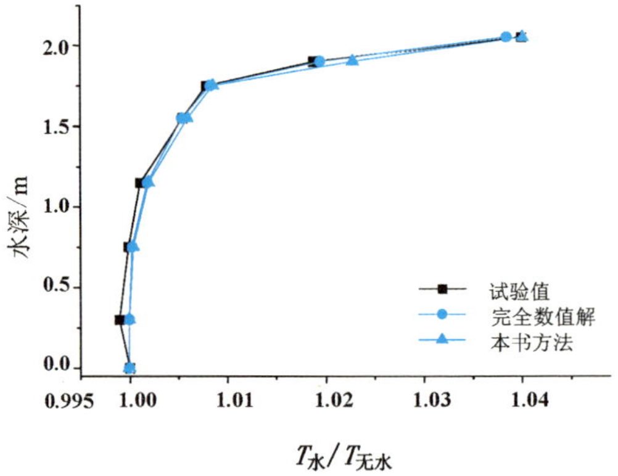

(c) 一阶扭转

图 6-14　模型周期比随水深变化情况

由图 6-14 知，结构各阶周期随水深增大而增加，且承台与水体相互作用对结构周期的变化贡献最大。本书方法与试验及完全数值解在三阶振型的周期变化上完全吻合，计算精度较高，这也说明本节提出的高桩承台基础简化模型及其假设是合理可靠的。而文献[51]方法在承台-水体耦合作用的计算上与试验值出入较大，仅仅基于辐射和散射计算承台附加质量低估了水体对承台的影响。

6.5　数值时程分析验证

作者通过比较本书方法与势流体有限元方法的地震时程分析结果，对该简化实用方法的时程分析结果进行了校核。

以水深为 1.90 m 时的四桩试验模型为研究对象，沿 y 向输入图 2-12 所示 El centro 波，利用图 6-13(a)所示简化模型与图 6-13(b)所示完全数值模型分别进行地震反应时程分析，考虑 5%的瑞利阻尼。图 6-15 给出了利用两种方法得到的墩顶及承台中心位移及加速度时程曲线。

由图 6-15 知，本书算法与完全数值模型计算得到的位移、加速度结果吻合良好，方法在时程分析中同样具有较高精度。此外，在计算效率方面，使用一台配置四核处理器、8 GB 内存的计算机，基于完全数值模型进行时程计算约耗时 1 820 s，而本书算法基于同样网格划分的简化模型从首次时程分析求解附加质量到得到二次时程分析得到结果，仅耗时 830 s，在相同精度的情况下，计算效率提高一倍还多。且随着分析模型的单元增多，性能提升越明显。

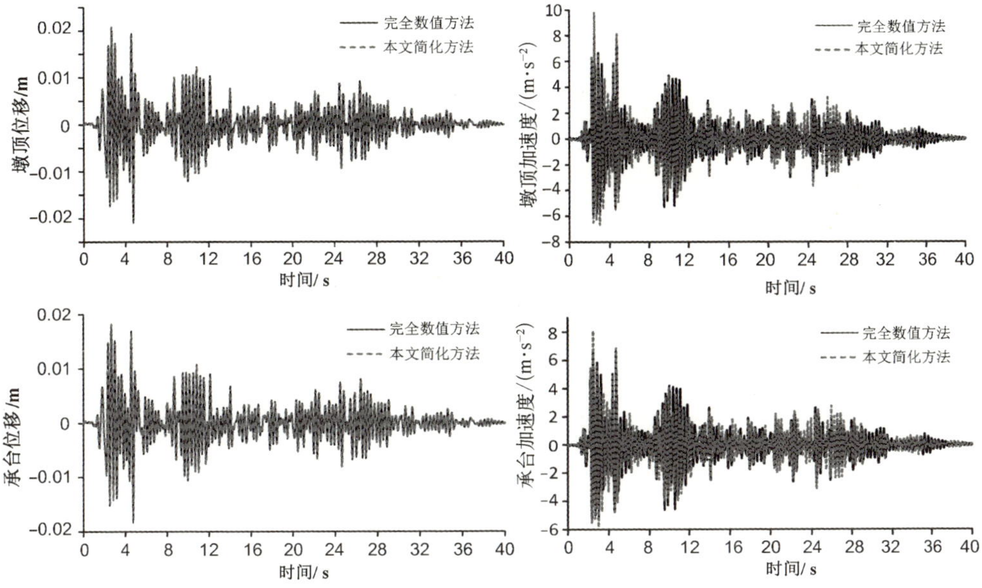

图 6-15　时程分析结果比较

6.6　承台动水效应参数化研究

过去的承台附加质量计算多集中于圆形承台[53,186]，对矩形或具有复杂几何外形的承台，因为缺乏相关简化算法，一般采取如下近似处理方式[49,52]：根据与结构运动方向垂直的矩形截面边长，将矩形柱体等效为以迎水面边长为直径的圆柱体；而后通过计算等效圆柱体单位高度上的动水附加质量再乘上由式(6-16)[186]给出的形状修正系数 K_c 得到矩形承台的附加质量 M_c^a：

$$K_c = 0.947\,32 + \frac{2.596\,48}{1 + \left(\dfrac{D/B}{0.095\,16}\right)^{0.546\,38}},\ 0.1 \leqslant D/B \leqslant 10 \qquad (6-16)$$

然而，作为计算思路中的重要一环，式(6-16)是一个根据少量的试验数据拟合而来的经验公式，其适应范围有限；同时，实际工程中的承台(图 6-16)，经常具有倒角等构造措施，显然，基于式(6-16)的方法无法考虑这一因素对结构动水效应的影响。

因此，鉴于第 6.3 节提出的承台动水附加质量数值求解方法可以考虑承台

图 6-16　实际工程中的承台截面

真实几何尺寸对其地震动水附加质量的影响，为了更加细致的讨论振动频率、承台几何形状以及承台所处水深等因素对承台流固耦合效应的影响，我们以图 6-17 所示承台作为研究对象，分别取长 L_c、宽 W_c、高 H_c 为 15 m，10 m，3.5 m，承台底距水底的距离 H_{w1} 为 20 m。通过变换承台及水体参数，基于第 6.3 节势流体有限元简化方法研究了不同参数下承台的动水效应变化。

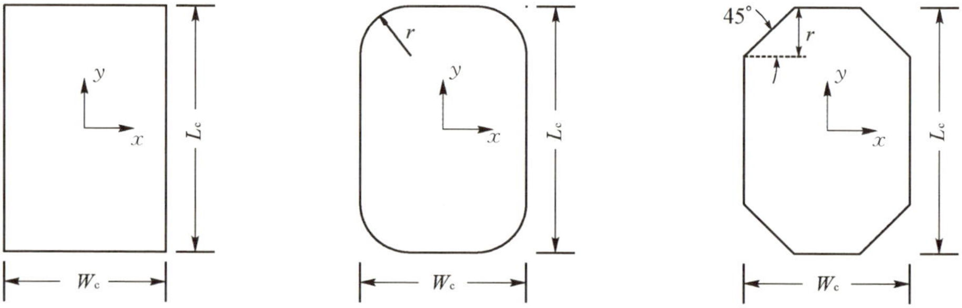

(a) 矩形承台　(b) 圆倒角承台　(c) 45°倒角承台

图 6-17　常见承台几何截面

6.6.1　振动频率的影响

为研究不同振动频率下承台的动水效应变化，采用第 6.3 节的方法，通过改变虚拟梁的刚度，进而改变承台的振动频率。根据常见基础及地震波的频响特性，取频率变化范围为 0.1～12 Hz[187]。以图 6-17(a)所示矩形承台作为研究对象，假设承台恰好完全浸没于水中，此时水深 $H_w=23.5$ m。采用动水附加质量 M_c^a 以及动水附加质量系数 C_a 来衡量承台动水效应的大小。动水附加质量 M_c^a 及附加质量系数 C_a 分别由第 6.3 节和式(6-2)给出。计算不同自振频率承台的动水附加质量及附加质量系数，绘于图 6-19 中。

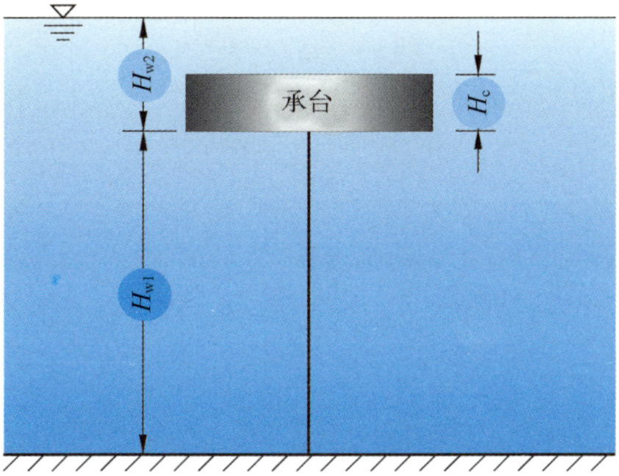

图 6-18　承台立面图

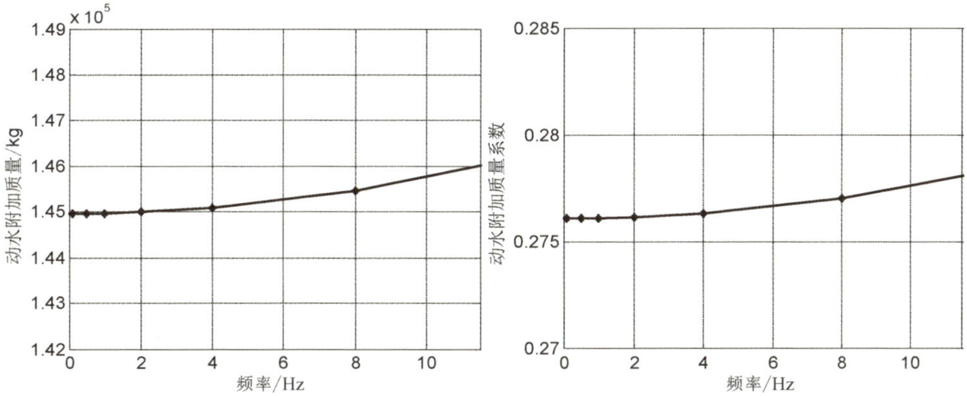

图 6-19　矩形承台动水附加质量 M_c^a、系数 C_a 与承台自振频率的关系

由图 6-19 知，随着频率的增大，承台的动水附加质量 M_c^a 及附加质量系数 C_a 也随之增加，但从其变化的幅度来看，在本书所探讨的区间范围之内，从 0.1 Hz 至 12 Hz，无论是附加质量还是附加质量系数，增幅都不到 1%，故可以近似认为频率对承台动水效应的影响不大。因此，在下面的参数分析中，如无特殊说明，都是建立在假设承台无水振动频率为 1 Hz 的基础上计算得到的结果。

6.6.2 承台尺寸的影响

1. 长宽比

仍以图 6－17(a)所示矩形承台为研究对象，保持矩形承台宽度 $W_c = 10$ m、承台厚度 $H_c = 3.5$ m 及水深 $H_w = 23.5$ m 不变，如图 6－20 所示依次取承台的长度 L_c 为 2.5 m，5 m，7.5 m，10 m，12 m，15 m，20 m，采用两种方法研究长宽比 L_c/W_c 的改变对矩形承台动水效应的影响。

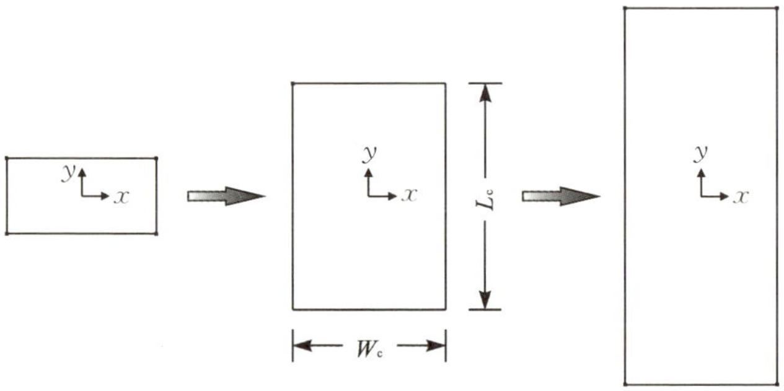

图 6－20　长宽比 L_c/W_c 变化示意图

(1) 本书方法：利用第 6.3 节的方法直接计算矩形承台 x 方向和 y 方向的动水附加质量及附加质量系数；

(2) 传统方法：采用文献[49]提出的简化计算思路，将矩形承台等效为圆形承台，使用第 6.3 节方法计算圆柱体承台动水附加质量，而后乘以式(6－16)系数得到矩形承台附加质量。

将上述两种方法计算得到的承台不同长宽比时，x 和 y 方向动水附加质量 M_c^a 及附加质量系数 C_a 分别绘于图 6－21—图 6－24。

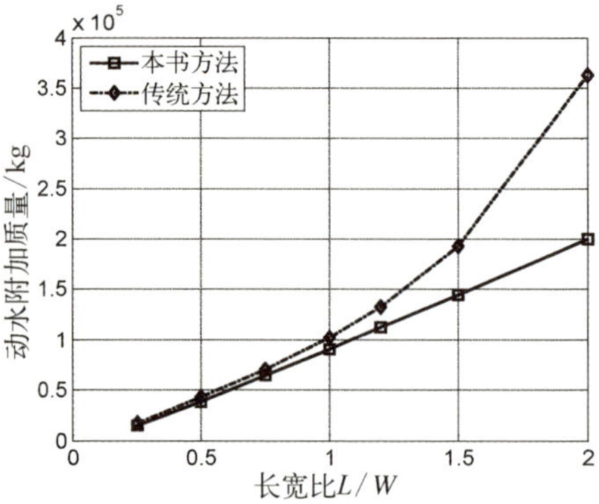

图 6－21　x 向动水附加质量 M_c^a

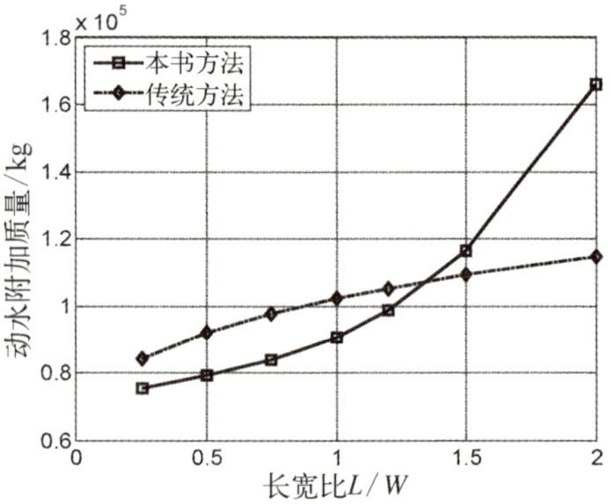

图 6－22　y 向动水附加质量 M_c^a

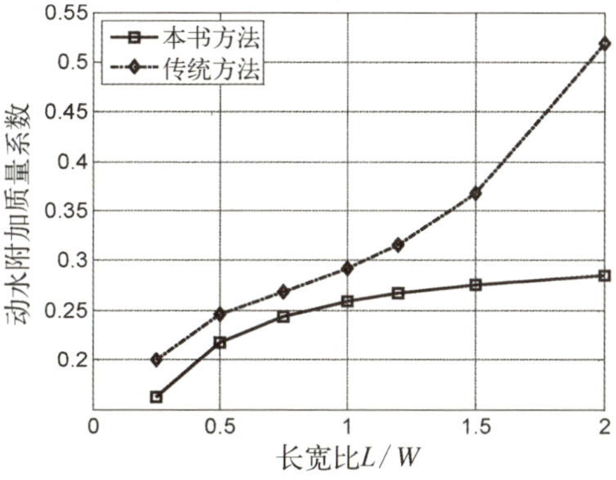

图 6-23　x 向动水附加质量系数 C_a

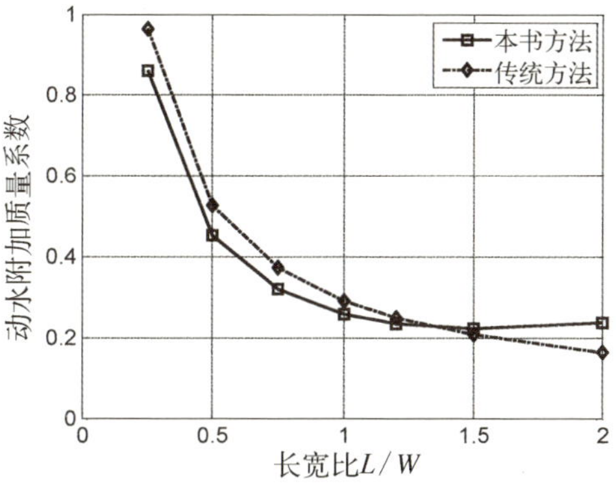

图 6-24　y 向动水附加质量系数 C_a

根据图 6-21 和图 6-22，无论采用哪种方法，承台动水附加质量 M_c^a 都随长宽比 L_c/W_c 的增大而增大。对于本书模型，长宽比越大，承台入水体积 $\hat{V}_c$ 也越大，承台入水体积增大造成了承台动水附加质量增加。

由图 6-23 和图 6-24 发现：x 方向动水附加质量系数随着长宽比的增大而增大；y 方向随着长宽比的增大而减小。分析造成上述差异的原因：当 y 向振动时，宽度 W_c 方向变为迎水面，如果与 x 向计算结果比较，则应以迎水面边长作为长度，那么，此时的长宽比应为 W_c/L_c。从这个角度出发，图 6-23 和图 6-24 的规律又是一致的。

此外，根据图 6-21—图 6-24 比较本书方法与传统方法：在长宽比小于 1.5 时，无论是从 x 方向还是 y 方向上看，两种方法差异不大，传统方法所求得的动水附加质量及动水附加质量系数略大于本书方法的结果；当长宽比大于 1.5 时，传统方法在 x 方向上的动水附加质量及动水附加质量系数都要明显大于本书方法，在 y 方向上传统方法动水附加质量及动水附加质量系数都小于本书的方法，且随着长宽比的增大，这种趋势越明显。

这主要是因为当长宽比较大时，对于 x 方向，传统方法以长边方向将矩形承台等效成圆形，相比于矩形承台，即便采用了修正系数，仍然放大了承台的入水体积；而对于 x 方向，传统方法以短边方向将矩形承台等效成圆形，相比于矩形承台，减少了承台的入水体积。

2. 倒角

由于目前尚缺乏求解带倒角的承台理论解析方法，同时，传统方法也无法考虑倒角对矩形承台动水效应的影响。因此，本节着重讨论了不同倒角形式

(图 6-17)和倒角大小对承台动水效应的影响。

就倒角形式而言,讨论图 6-17(b)、(c)所示圆形倒角形式及 45°倒角形式这两种,就倒角大小 r 而言,二者分别用圆倒角的半径大小表示,45°倒角的直角边长表示。保持矩形承台长度 L_c=15 m、宽度 W_c=10 m、厚度 H_c=3.5 m 及水深 H_w=23.5 m 不变,在此承台基础上采用上述两种方式进行倒角,倒角大小取为 0 m,1 m,2 m,3 m,4 m,5 m。承台圆、45°倒角变化趋势分别如图 6-25 和图 6-26 所示。

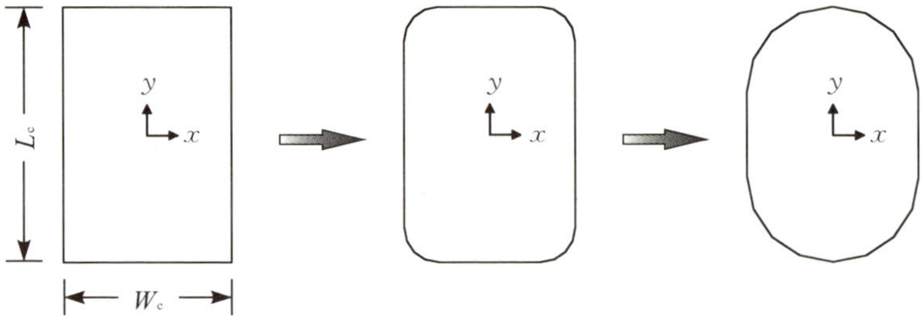

图 6-25　承台圆倒角半径 r 变化示意图

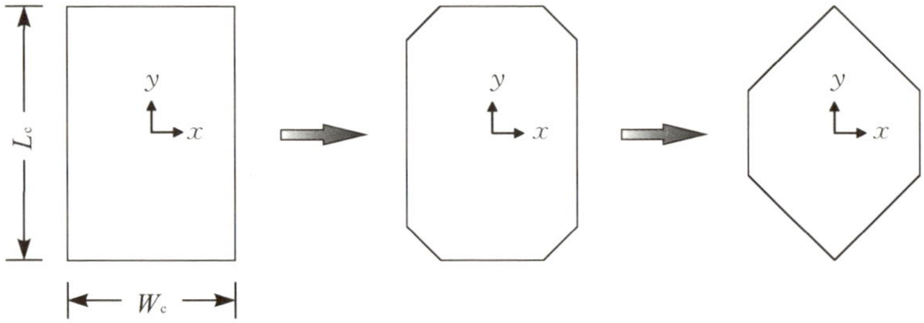

图 6-26　承台 45°倒角边长 r 变化示意图

水深 H_w = 23.5 m,承台恰好完全浸没于水中。为比较两种倒角形式的影响,首先将承台采用不同圆倒角及 45°倒角下的动水附加质量及动水附加质量系数绘于图 6-27。

从图 6-27 可以看出,采用圆倒角和 45°倒角后,承台动水质量随着倒角的增大不断变小;两种倒角形式呈现相同的规律;倒角大小相同时,45°倒角对承台体积的削减大于圆倒角,故 45°倒角的动水附加质量随倒角增大而降低的速度大于圆倒角。考虑倒角效应后,承台动水附加质量明显减小,最大可削减 20%～30%。因此,过去方法完全不考虑倒角的做法将高估承台的动水效应。

深入研究承台附加质量系数发现,附加质量系数随着倒角的增大先减小后增大,且 45°倒角动水附加质量系数比圆倒角动水附加质量系数变化得更为剧

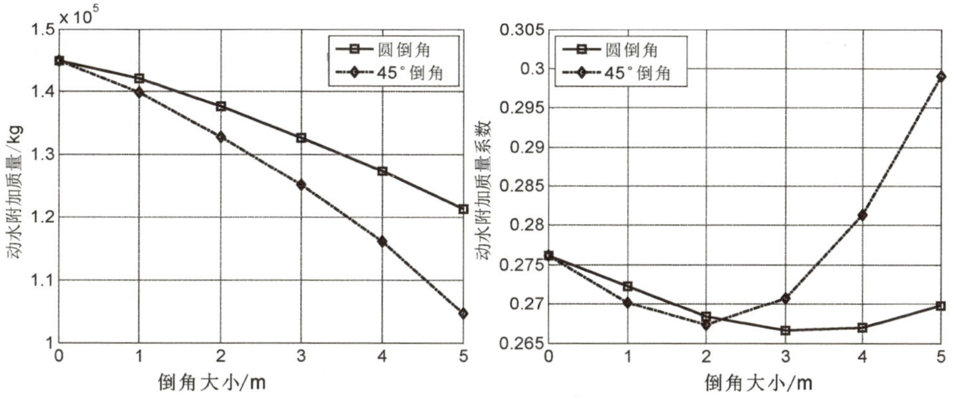

图 6-27　承台动水附加质量 M_c^a、系数 C_a 与倒角大小 r 的关系

烈，在倒角大小小于 2 m 时，45°倒角形式附加质量系数下降趋势大于圆倒角形式，而当倒角大小超过 2 m 后，45°倒角形式附加质量系数快速增大，甚至超过无倒角的矩形承台。

鉴于采用倒角后的承台具有复杂的边界条件，为了验证上述按照 1 Hz 基频计算出的结论的普遍适用性，作者运用敏感性分析法[188]，对承台动水附加质量和附加质量系数的变动情况进行了分析，分析了同时考虑承台频率和倒角大小变化引起的承台动水效应变化。动水附加质量和附加质量系数与承台频率和倒角的关系见图 6-28 和图 6-29。

从图 6-28 和图 6-29 中知，即使在不同振动频率下，承台动水附加质量始终随倒角增大而减小，同时，附加质量系数也始终保持先减小后增大的趋势。从而证明上述结论具有普遍适用性，同时也再次验证了第 6.6.1 节的结论——承台振动频率对承台动水效应的影响很小。

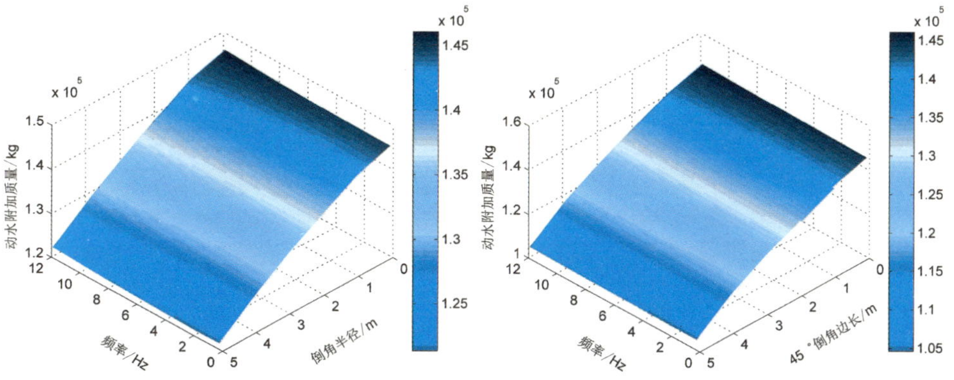

图 6-28　频率和倒角大小对承台附加质量 M_c^a 的影响

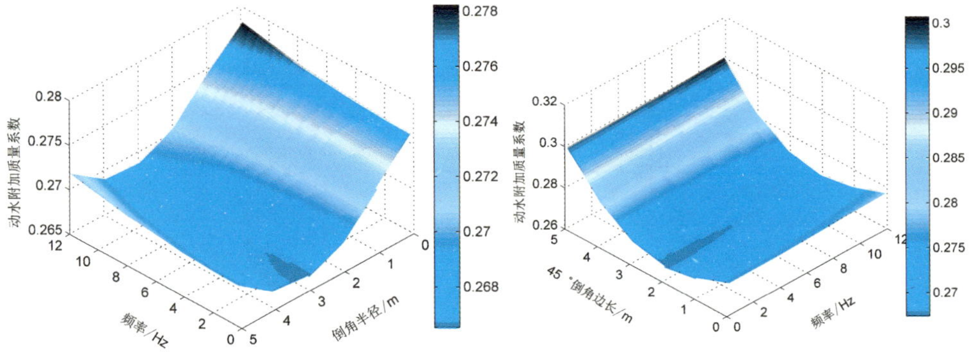

图 6-29　频率和倒角大小对承台附加质量系数 C_a 的影响

3. 承台厚度的影响

保持承台长度 L_c＝15 m、宽度 W_c＝10 m 及水深 H_w＝23.5 m 不变，针对无倒角及采用半径为 3.0 m，5.05 m 圆倒角的三种承台形式，研究了承台高度的变化对动水效应的影响。保持承台顶部距离水底的距离不变，承台厚度 H_c 依次取 2.5 m，3.5 m，4.5 m，5.5 m，6.5 m。双参数敏感性分析同时考虑了承台厚度变化和倒角大小变化。承台动水附加质量、附加质量系数与承台厚度和倒角的二维、三维关系如图 6-30—图 6-33 所示。

由图 6-30 和图 6-31 可以看出，动水效应与厚度成近似线性的关系，随承台厚度增大，动水附加质量增大，同时，动水附加质量系数也随之增大。这主要是因为随着厚度增加，承台入水体积增大造成的。

此外，由图 6-32 和图 6-33 给出的双参数敏感性分析图可以清晰地发现，承台厚度变化对承台动水效应的影响要明显强于承台倒角的影响。

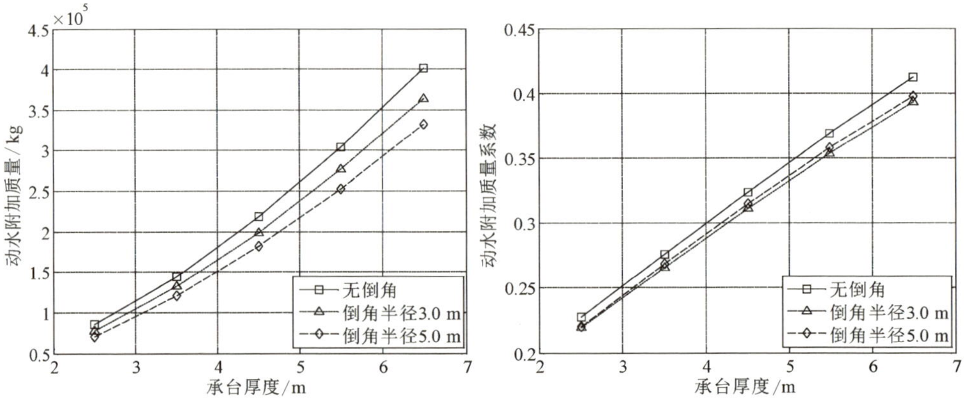

图 6-30　承台 x 向动水附加质量 M_c^a、系数 C_a 与承台厚度 H_c 的关系

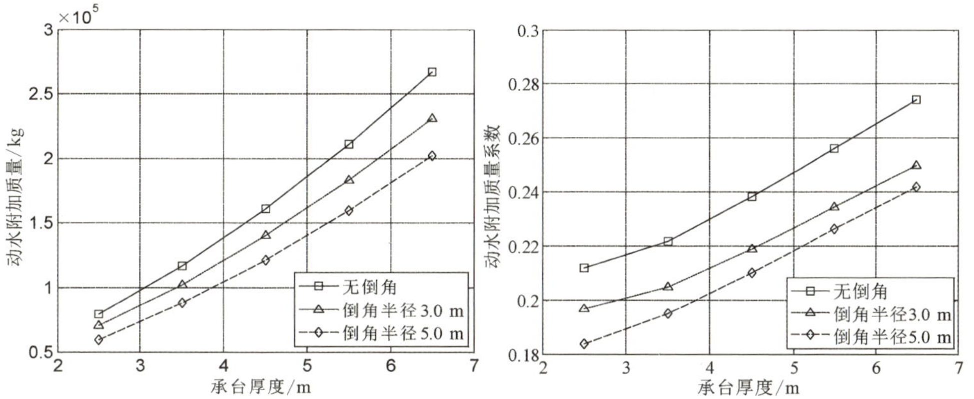

图 6-31 承台 y 向动水附加质量 M_c^a、系数 C_a 与承台厚度 H_c 的关系

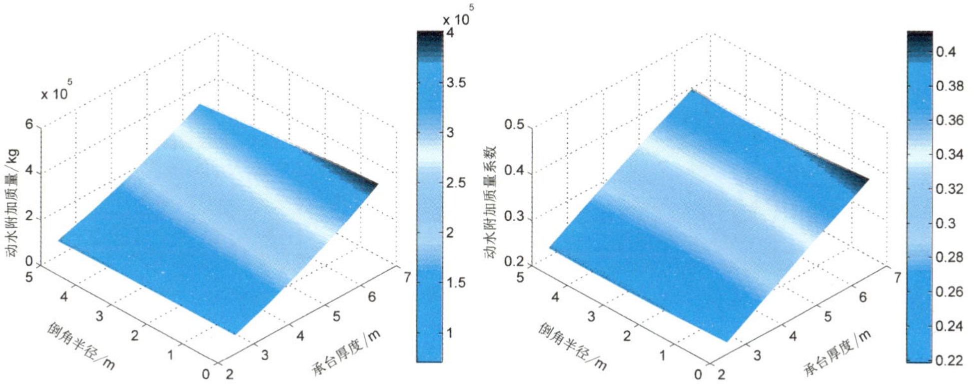

图 6-32 承台厚度 H_c 和倒角半径 r 对承台 x 向动水附加质量、系数的影响

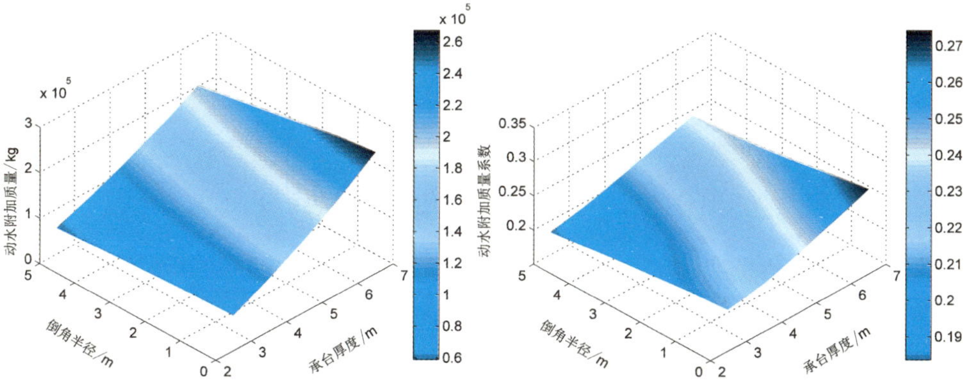

图 6-33 承台厚度 H_c 和倒角半径 r 对承台 y 向动水附加质量、系数的影响

6.6.3 承台入水深度

实际工程中，由于桥址处水位的变化，承台往往会出现部分浸入水中、恰好完全浸于水中以及完全位于水下三种情况。根据文献[50]，承台的辐射及绕射理论解均与图 6-18 所示承台入水深度 H_{w2}（水面距承台底的距离）有关。因此，本节将就承台入水深度 H_{w2} 对动水效应的影响展开讨论。

保持承台长度 $L_c=15$ m、宽度 $W_c=10$ m、厚度 $H_c=3.5$ m 不变，改变承台的入水深度，使承台由部分浸入水中直至完全浸没至水面以下。H_{w2} 依次取 0.875 m, 1.75 m, 2.625 m, 3.5 m, 4.5 m, 5.5 m, 7.5 m 和 11.5 m，当 H_{w2} 大于 3.5 m 时，表示承台已经完全位于水面以下。承台 x 向动水附加质量、附加质量系数与承台入水深度 H_{w2}（水面距承台底的距离）和倒角 r 的二维、三维关系如图 6-34 和图 6-35 所示。

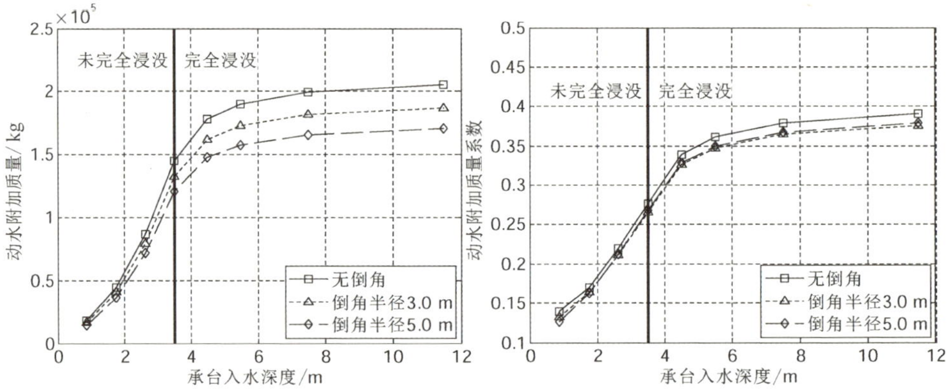

图 6-34　承台 x 向动水附加质量 M_c^a、系数 C_a 与承台入水深度 H_{w2} 的关系

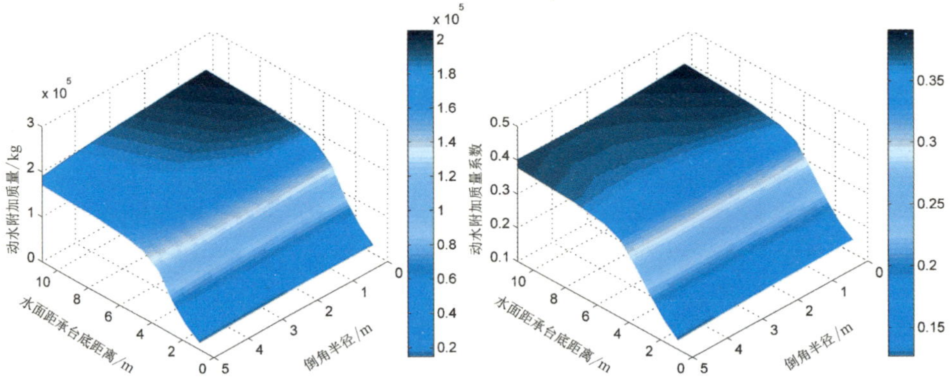

图 6-35　承台入水深度 H_{w2}、倒角半径 r 对承台 x 向动水附加质量、系数的影响

从图 6 - 34 和图 6 - 35 中可以看出，当承台尚未完全浸入水中时，随着承台入水深度 H_{w2} 增大，承台的动水附加质量及动水质量系数快速增大，当承台完全浸入水中之后，随着承台入水深度继续增加，承台动水质量与动水系数增速变缓并逐渐趋于稳定，即承台完全进入水中之后，承台入水深度增加虽然仍会增大承台动水效应，但深度超过一定范围后，动水效应就基本保持不变了。另外，通过敏感性分析还发现，与承台厚度一样，承台入水深度变化对承台动水质量及系数的影响要明显强于倒角变化产生的影响。

综上，我们可以得出以下结论：

(1) 承台厚度、承台入水深度的变化会对承台动水效应产生明显影响；

(2) 承台倒角对动水效应的影响较大，如果忽略倒角的影响，将会增大承台的动水效应；

(3) 承台自振频率会对承台动水效应产生影响，但与上述因素相比，其影响基本可以忽略。

6.7　本 章 小 结

本章首先在深水群桩基础考虑动水效应时的简化地震分析模型的基础上，结合解析及有限元数值方法各自的优势，给出了深水高桩承台基础地震动水效应数值解析混合算法。算法既考虑了桩基尺度、承台真实几何尺寸，又兼顾了结构振动对地震动水效应的影响。通过利用本书方法对四桩试验模型进行模态及时程分析，并与试验数据及其他数值、解析结果比较发现，算法很好的消除了传统高桩承台基础动水解析方法[51]的误差，同时，大大缩减了有限元数值方法的工作量，从而能够高效精准的对地震作用下深水桥梁高桩承台-水耦合系统的动水效应进行计算。

针对传统方法在计算承台动水效应时无法考虑承台复杂几何参数的不足，作者采用上述方法，建立承台流固耦合简化模型，研究了承台振动频率、倒角、几何尺寸，及入水深度对承台地震动水效应的影响。研究发现：① 承台自振频率会影响承台的附加质量，但其影响较小；② 承台长宽比或厚度的增加都会增大承台的附加质量；同时，承台倒角形式和大小对承台附加质量有明显影响，忽略倒角的影响，将放大承台的动水效应；③ 承台入水深度的增加会引起承台动水附加质量的增大，但深度超过一定范围后，附加质量基本保持稳定。

第7章

深水群桩-桁架组合基础抗震体系研究

群桩基础作为深水桥梁抗震体系的关键一环，其重要性已无须多言。然而，过去的研究多为针对深水基础地震动水效应计算方法开展研究，却少有针对深水群桩基础的合理抗震体系及构造措施的研究。本章从探索群桩流固耦合机理出发，利用三维有限元分析，研究了水中相邻圆柱桩同向、反向振动频率及动水压力分布与柱体间距的关系及变化规律，研究群桩振型与动水效应的关系；在此基础上，研发群桩基础结构新方案，并利用水池模态试验和有限元数值分析验证了不同设计方案下该体系的动力性能；最后，以实际桥梁为例，研究了采用新型深水群桩基础体系桥梁的地震响应及抗震设计思路。

7.1 群桩效应对结构模态动水效应的影响

与传统的水下单桩振动不同，相邻桩的存在改变了作用于群桩各桩身上的动水压力分布，使结构-水动力耦合效应更加复杂。为研究群桩耦合效应，以桩顶自由和桩顶刚性连接的两根相邻圆柱桩为研究对象，研究了桩间距、振型对桩身动水压力分布及桩自振频率的影响规律。

7.1.1 桩顶自由的相邻桩

如图 7-1(a)所示两根高 10 m，直径 1 m 的相邻悬臂圆柱桩，桩身材料为 C30 混凝土，水深 $H_w = 10$ m，恰好没过桩顶。采用 ADINA[136] 建立了三维有限元模型，分别采用 20 节点实体、势流体单元模拟结构和水体；结构与水体单元之间设置流固耦合接触，水体边界与结构距离取为水深的 2 倍，以近似模拟无限水体。

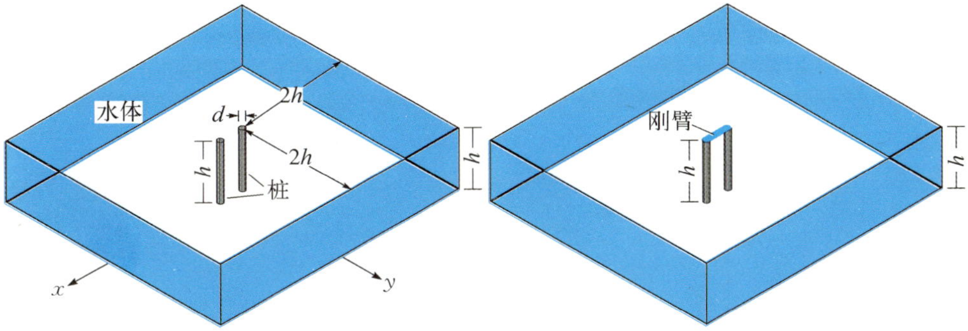

(a) 桩顶自由　　(b) 桩顶固结

图 7-1　水下相临圆柱桩分析模型

如果相邻桩的存在不会改变桩身动水压力分布，那么，在水深不变的情况下，无论桩间距怎样变化，单独一根悬臂桩的振动周期都不会发生改变。作为参照，给出了无水条件下单桩的一、二阶振动频率数值解，分别为 4.454 Hz 和 27.07 Hz；以及有水条件下单桩的第一、二阶振动频率：3.871 Hz 和 23.57 Hz。为表示水体对水下桩振动频率的影响，定义水体影响系数 β 如下：

$$\beta = \frac{R_{\mathrm{w}} - R_{\mathrm{d}}}{R_{\mathrm{d}}} \tag{7-1}$$

式中，R_{w} 取为水下双桩系统振动周期 $\widetilde{T}_j$，R_{d} 取无水单桩同阶振动周期 T_j，根据式(7-1)计算得出水体影响随桩间距的变化规律，并绘制结果于图 7-2 中。根据图 7-2 可知，当间距较大(>10 倍桩径)时，水体对同向与异向振型振动频率的影响几乎相同，此时，两根悬臂桩的振动已不再受相邻桩振动的影响，可以看作独立的桩进行处理；但随着桩间距减小，水体存在对反向振型的影响逐渐增大，而对同向振型的影响则逐渐减小，当桩间距缩小到 3 倍桩径以下时，这种群桩动水效应将变得更加明显。

为了解释上述现象，图 7-3 和图 7-4 分别给出了基于三维势流体单元计算得到的不同桩间距下两根桩反向、同向一、二阶振动时的模态动水压力分布图。根据动水压力分布图，当桩间距相同且小于 10 倍桩径时，两桩各阶反向(非一致)振型都会明显增强桩间区域的动水压力(见图(a)，桩间高亮区域)，增强作用于桩身的动水效应，而同向振型因为结构运动的一致性，对桩间水体扰动较小，使中间部分具有刚体运动的状态，从而削弱了动水影响(图(b)，桩间深色区域)；随桩间距增大，相邻桩对桩间水体运动的影响逐渐减小，当桩距增大到一定程度时，相邻桩的耦合作用可忽略，故结构表现为水下单桩的振动特性。

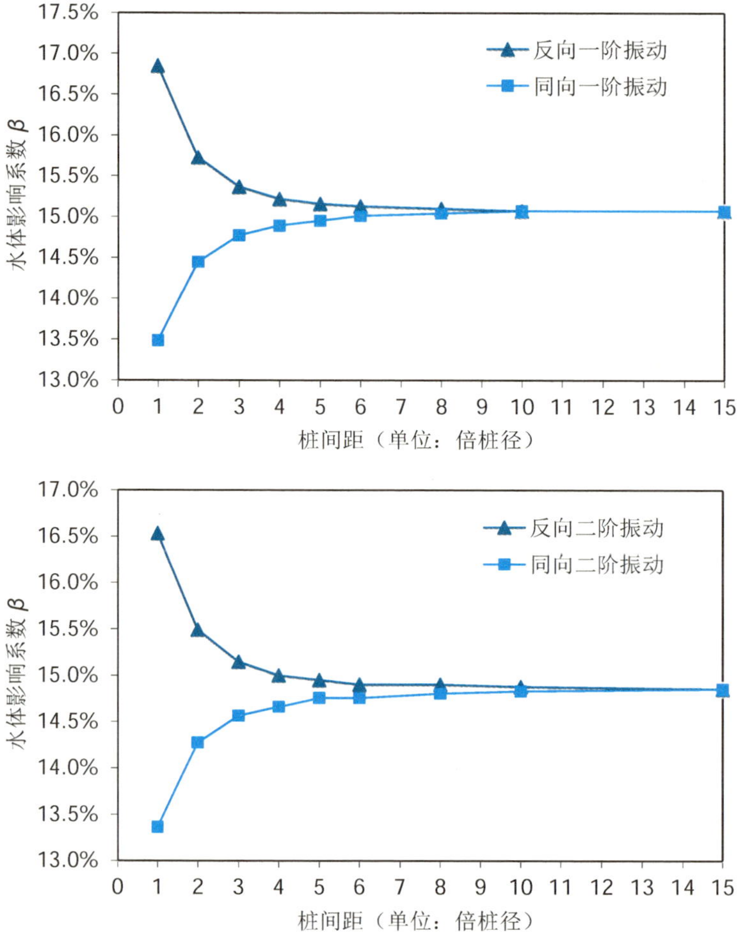

图 7－2　水体对桩顶自由模型振动频率影响与桩间距的关系

7.1.2　桩顶固结的相邻桩

考虑到群桩与承台连接端不是自由端，而为固结，为证明上述结论对于考虑承台约束的真实群桩边界依然成立，我们又以图 7－1(b)所示相邻圆柱桩为研究对象重复了以上计算。为模拟承台的约束作用，在其他参数都不变的情况下，图 7－1(b)中使用刚臂(Rigid link)连接两根桩顶。无水时，桩的振动频率与桩间距无关，因为桩顶约束的原因，反向一阶振型不再存在，图 7－5 给出了无水时此系统前三阶振型，其频率分别为 4.454 Hz，27.07 Hz，27.34 Hz。

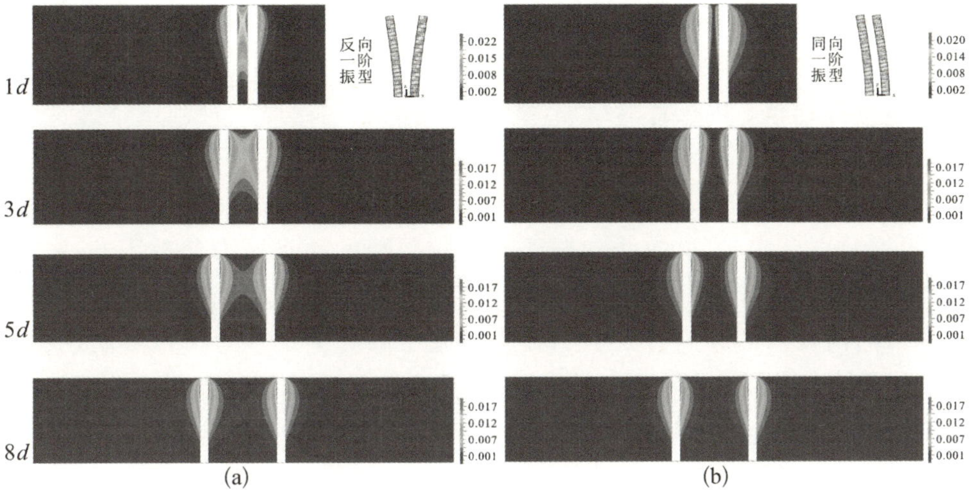

图 7－3　桩顶自由模型一阶模态动水压力分布剖面图

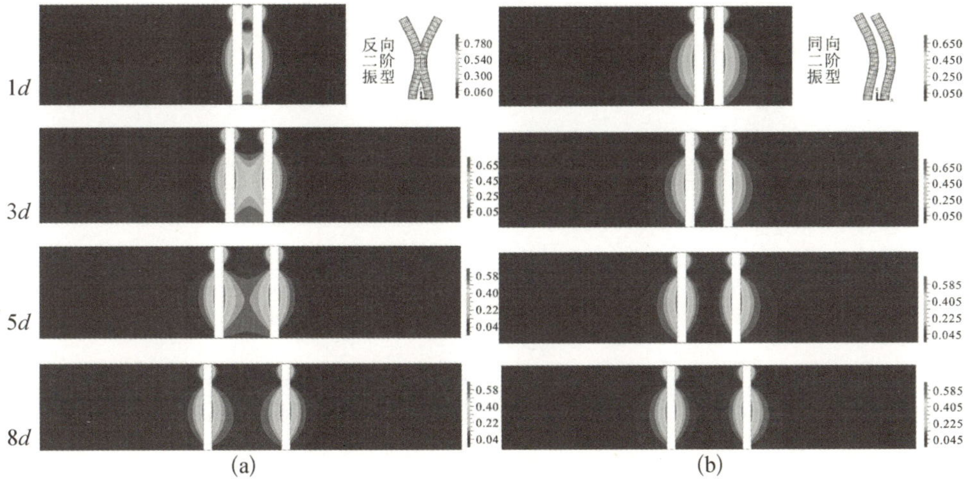

图 7－4　桩顶自由模型二阶模态动水压力分布剖面图

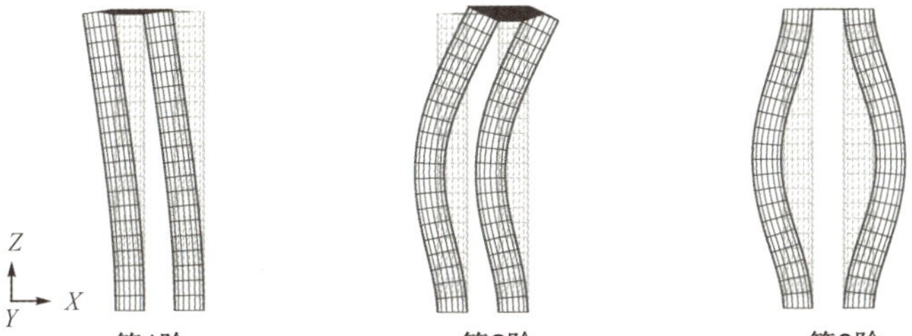

图 7－5　水下相临圆柱桩 X－Z 平面前三阶振型

图 7-6 给出了桩顶刚性连接时水体对自振频率的影响随桩间距的变化曲线，图 7-7 则给出了此时不同桩间距下两根桩反向、同向二阶振动的模态动水压力分布。根据计算结果，我们发现上述规律对于桩顶刚性连接的相邻桩仍然存在，即随着桩间距减小，水体存在对反向振型的影响逐渐增大，而对同向振型的影响则逐渐减小，且桩间距越小，这种效应越明显；同时，根据对存在同向、反向两种振动的二阶振型的动水压力分析还发现，顶部固结后，同向振动产生的动水效应，明显小于反向振动产生的动水效应，即水对同向振型的影响明显小于对反向振型的影响。因为篇幅限制，我们未给出更多振型的计算结果，但根据作者计算，上述结论对于更高阶振型依然成立。

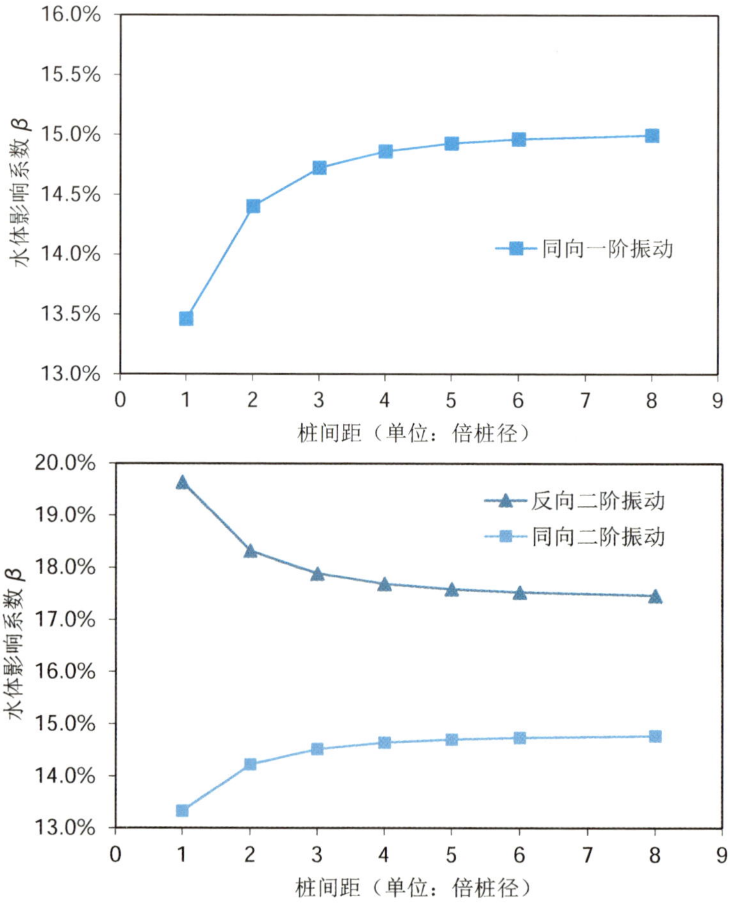

图 7-6　水体对桩顶固结模型振动频率影响与桩间距的关系

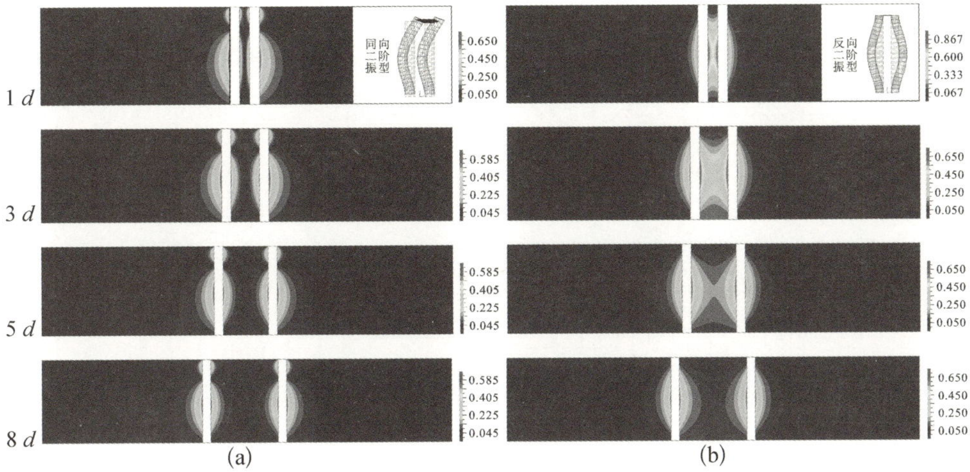

图 7－7　桩顶固结模型二阶模态动水压力分布剖面图

考虑到实际工程采用的群桩基础的桩数越来越多，群桩间距往往不会超过 5 倍桩径，且间距越小，更有利削弱水对同向振型的影响，但会明显增大动水压力对结构反向振型振动的影响。因此，若能通过采取一定构造措施增强群桩间联系，降低反向（非一致）振型的贡献，将可以减少深水对群桩基础结构动力特性的影响，从而有利于结构抗震设计。

7.2　斜桩基础构造方案评价

在海洋结构中，斜桩还常用来抵抗波浪等作用产生的斜向拔出力[189]。因为斜桩在群桩中可以承受较大水平荷载，近年来也在深水桥梁基础中得到了应用[190]，如图 7－8 所示的东海大桥和图 7－9 所示的陇海大桥。

当深水桩群采用斜桩时，其作用机理以及是否能够减小水体对基础的动力特性的影响尚不明确。为分析斜桩对深水群桩基础动力特性的效应，作者以第 5.2.2.2 节群桩基础作为工程背景，将原先直桩承台的四个对角桩分别换为斜桩，斜桩的材料与承台一样为 C40 混凝土，四根斜桩沿对角线向外倾斜，斜桩中心线与底面对角线夹角的正切值为 5，无水情况下，直桩与斜桩基础的实体有限元模型如图 7－10 所示。我们首先分析了无水情况下，直桩与斜桩方案的前六阶自振周期 T_j；随后，采用势流体单元对水体进

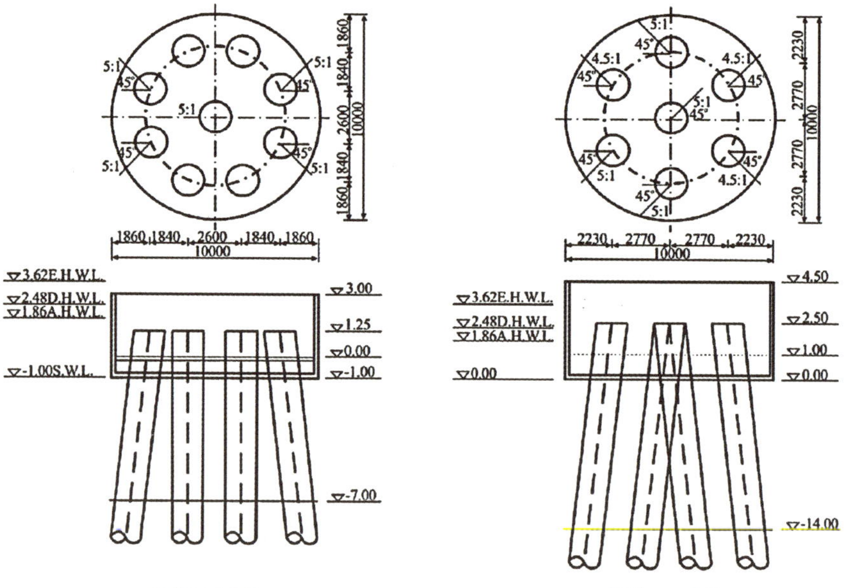

图 7－8　东海大桥[29]

图 7－9　咸阳陇海铁路大桥

行建模，计算了水面刚好位于承台顶面时，两种基础考虑流固耦合作用后的结构自振周期$\widetilde{T}_j$。通过计算$\widetilde{T}_j/T_j$，研究水体对不同结构动力特性的影响。计算结果列于表 7－1。

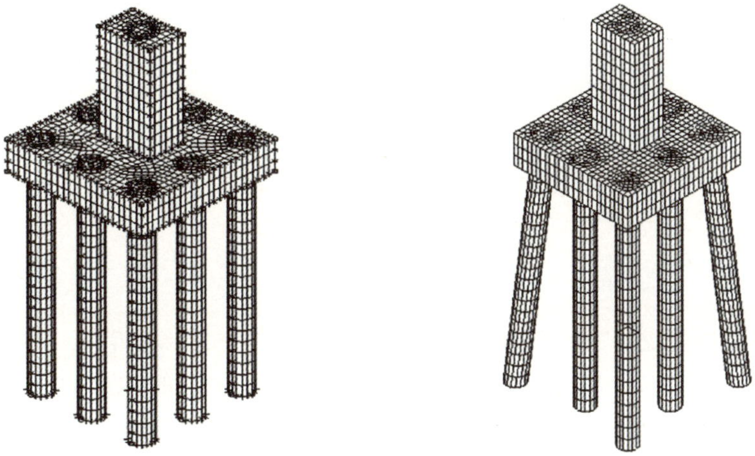

(a) 直桩方案　　　　(b) 斜桩方案

图 7-10　普通及斜桩方案有限元模型图

表 7-1　无水及有水情况下基础采用斜桩与采用直桩时自振周期对比/s

振型描述	斜桩			直桩		
	T_j	$\widetilde{T}_j$	$\widetilde{T}_j/T_j$	T_j	$\widetilde{T}_j$	$\widetilde{T}_j/T_j$
沿 x 一阶侧弯	0.864	0.874	1.012	1.046	1.066	1.019
沿 y 一阶侧弯	0.835	0.846	1.013	1.021	1.042	1.021
一阶扭转	0.383	0.398	1.040	0.398	0.419	1.051
沿 x 二阶侧弯	0.253	0.262	1.036	0.241	0.254	1.053
沿 y 二阶侧弯	0.207	0.215	1.039	0.195	0.206	1.054
一阶竖向	0.090	0.093	1.039	0.090	0.094	1.044

从表 7-1 可知，无论是否考虑水体，深水群桩基础采用斜桩后，刚度增大，周期减小，一阶周期减小近 20%；根据 $\widetilde{T}_j/T_j$，斜桩的使用能在一定程度上减小水体对结构各阶动力特性的影响。从机理上来讲，这种变化也是因为斜桩结构刚度增大所致。

虽然斜桩基础具有诸多优点，但斜桩对竖向和水平荷载的分担作用不只是简单的力的分解问题，还与群桩中斜桩与直桩的单桩轴向和侧向刚度比值有关；桩的倾斜角度、桩长、抗弯刚度、抗压刚度以及桩顶约束等都会影响斜桩的竖向与水平刚度，从而造成计算困难。此外，斜桩倾斜荷载作用导致地基土体受力分布不均匀，根据文献[191]的研究，在循环承载作用下，这种受力不均会降低地基土的承载能力。

因此,若能寻找一种新的群桩基础结构形式,可以在不用斜桩的情况下,实现增强桩基刚度的目的,就可以弥补上述缺陷,亦能成为深水群桩基础设计的有力补充。

7.3 群桩-桁架组合基础结构方案

7.3.1 方案的提出

根据上述发现,当桩间距一定时,若能通过采取一定构造措施增强群桩间联系,降低反向(非一致)振型的贡献,将能够减少深水对群桩基础结构动力特性的影响,有利于结构抗震设计。参考图 7-11 所示海洋石油钻井平台常用剪刀撑、贝雷架等桁架式构件来加强深水塔架的联系[24,192,193],提高稳定性的做法,作者提出了将桁架式连接构件与高桩承台基础相结合的群桩-桁架组合基础方案:通过在桩基自由段内安装桁架结构连接,有效限制相邻桩反向振型,同时提高体系的整体刚度,从而达到减小动水影响、增强深水基础抗震能力的效果。

图 7-11 深水海洋平台示例(文献[193])

7.3.2 试验验证

为验证不同桁架体系与群桩基础组合后的性能,作者在第 5 章四桩群桩试验模型(下文称"无桁架"模型)的基础上,试验装置、模型和试验水深位置如图 7-12所示。随后,将横截面为 3 cm×0.3 cm 的钢杆依次按照横撑、剪刀撑及贝雷架形式安装在原四桩试验模型上组成图 7-13(a)、(b)、(c)所示三种不同的群桩-桁架组合基础体系,采用相同手段重新测试各组合基础体系在不同水深条件下的动力特性。杆件采用抱箍式节点与钢管桩连接以模拟铰接。表 7－2 给出了原四桩模型和各组合体系在不同试验水深环境下的一阶频率值。为评价采用不同组合基础形式时，动水效应对结构动力特性的影响，根据式(7－1)计算各方案在不同水深时的水体影响系数 β，并绘于图 7－14 中。

表 7－2　各组合基础体系频率试验值/Hz

频　率	水深/m	无桁架	组合(a)	组合(b)	组合(c)
一阶侧弯频率	0	3.105	3.106	3.721	3.72
	0.75	3.095	3.096	3.719	3.72
	1.75	3.066	3.068	3.689	3.69
	1.9	3.062	3.060	3.666	3.672
二阶侧弯频率	0	25.101	25.094	25.185	25.233
	75	25.013	25.09	25.146	25.218
	175	24.682	24.738	24.813	24.845
	190	24.684	24.729	24.769	24.845

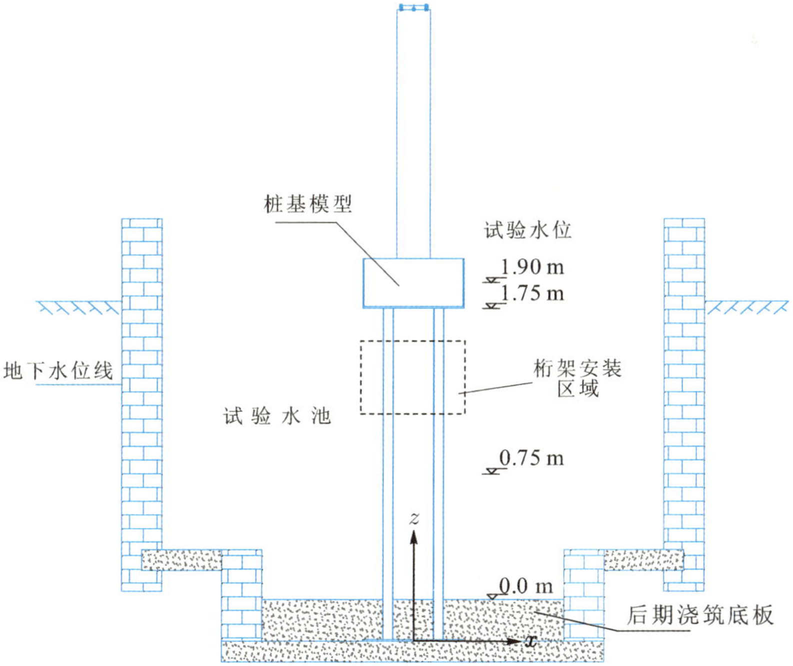

图 7－12　试验装置、模型示意图

(a) 横撑　　(b) 剪刀撑　　(c) 贝雷架

图 7－13　三种深水群桩-桁架组合基础

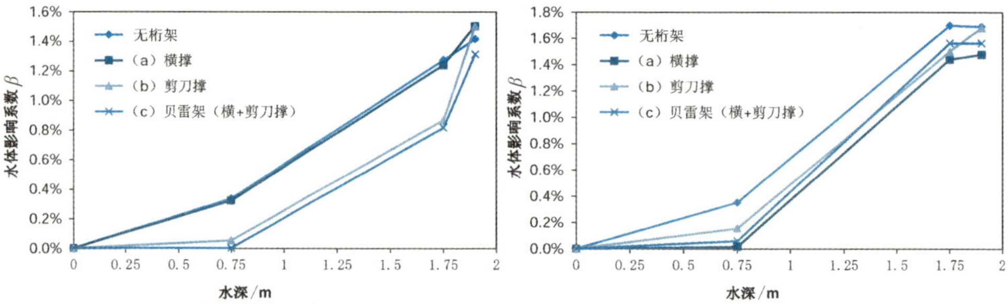

(a) 一阶侧弯振型　　(b) 二阶侧弯振型

图 7－14　水体系数 β 与水深的关系

分析表 7－2 结果，对应于相同水深来说，采取无桁架及采用横撑、剪刀撑、贝雷架的四桩模型，其一阶频率值逐渐增加，说明采用桁架构件后，结构整体刚度有所提高。对比图 7－14 无桁架和组合方案(a)及对比方案(b)和(c)的试验结果可以发现：动水效应对采用群桩-桁架组合基础的影响大多小于对无桁架基础的影响，这说明桁架构件减小了水体对基础动力特性的影响；采用剪刀撑比采用横撑式桁架对减弱及改善水体对结构一阶振型影响更加有效。同时，相比贝雷架，采用剪刀撑式桁架可在性能接近的情况下，具有更优越的工程经济性。

7.4　组合基础抗震性能分析

7.4.1　工程背景

本节以跨越钱塘江的杭州九堡大桥为背景[194]，研究群桩-桁架组合基础体系对深水桥梁地震响应的影响。跨径布置及水文情况如图 7 - 15 所示，上部结构采用图 7 - 16 所示钢-混凝土组合箱梁（截面积为 2.054 m^2，抗弯惯矩 120.7 m^4）；桥墩为箱形空心桥墩，采用 C40 混凝土，截面积为 15.91 m^2，横桥向抗弯惯矩 179.43 m^4，纵桥向抗弯惯矩 16.35 m^4，见图 7 - 17；#3 和 #4 承台混凝土为 C30，截面见图 7 - 18。采用如表 7 - 3 所列三种方案建立 SAP2000 梁单元分析模型。

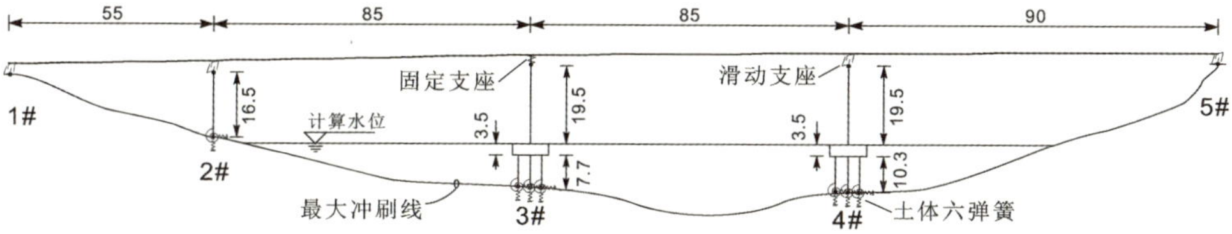

图 7 - 15　全桥计算模型（单位：m）

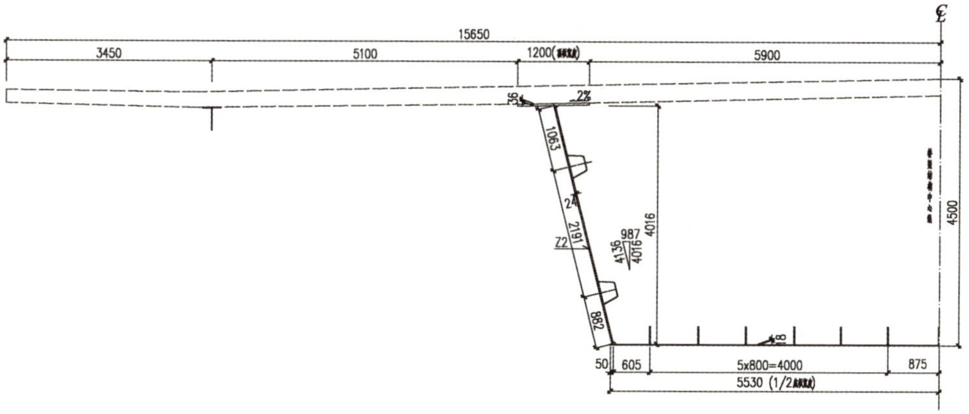

图 7 - 16　钢-混凝土组合箱梁平面图（单位：mm）

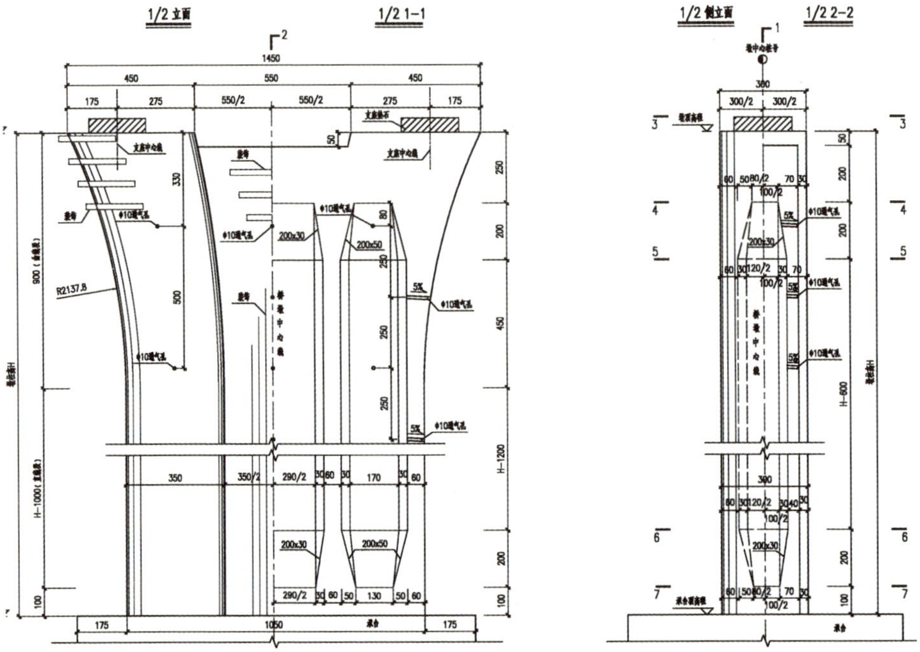

图 7-17 #3 和 #4 桥墩构造图(单位：cm)

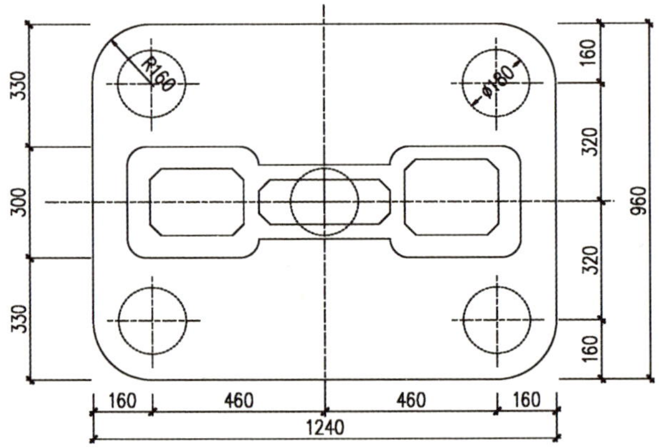

图 7-18 #3 和 #4 墩承台平面图(单位：cm)

表 7-3 计 算 方 法

方 案	描 述
一	采用普通高桩承台基础
二	采用高桩承台-桁架组合基础
三	采用组合基础及柔性桥墩

其中，假定承台为刚性体，采用集中质量节点模拟承台的作用；方案二、方案三中将采用图 7 - 13(b)所示群桩与剪刀撑桁架组合基础，桁架杆件采用 I400×300×50 的工字钢，截面积为 0.04 m^2；组合基础建模细部如图 7 - 19 所示；根据设计提供的桥址处土层信息，采用 m 法计算土体六弹簧模拟桩-土相互作用。

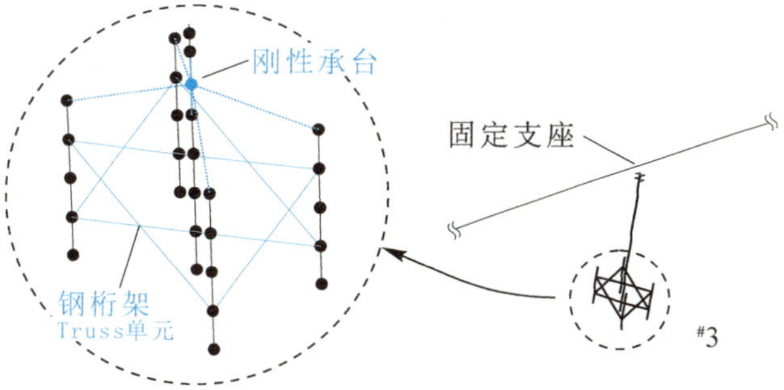

图 7 - 19　群桩-桁架组合基础 SAP2000 建模

7.4.2　地震反应分析

选用该桥地震安评报告[195]提供的 50 年超越概率 3%反应谱作为地震动输入，如图 7 - 20 所示。考虑前 200 阶振型贡献，计入 5%的模态阻尼，分别计算了各方案在不考虑水和考虑水(图 7 - 15 所示计算水位)时的纵桥向地震响应。按照第 6 章简化实用方法求解桩身和承台的地震动水附加质量(图 7 - 4)，并将算得的动水附加质量附加到 SAP2000 模型的相应节点上。

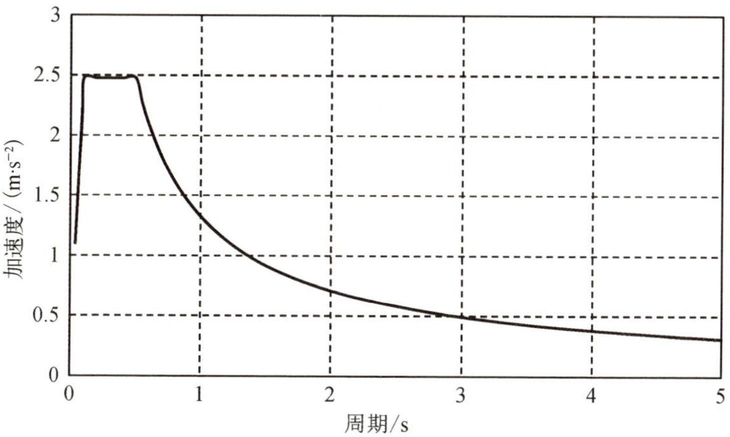

图 7 - 20　50 年超越概率 3%反应谱

表 7-4 桩身、承台动水附加质量

方　案	桩身/(kg·m^{-1})	承台/kg
方案一	2.543×10^3	1.102×10^5
方案二	2.543×10^3	1.099×10^5
方案三	2.543×10^3	1.114×10^5

7.4.3 计算结果与讨论

取#3 固定墩、#4 滑动墩位置的地震响应作为主要研究对象，表 7-5 和表 7-6列出了各方案在有、无水工况下计算得到的该墩墩顶、承台位移及桩身、墩身关键位置的地震响应结果；根据第 2 章有限元分析结果，水体对滑动墩内力影响较大，因此，图 7-21 给出了根据式(7-1)计算水体对各方案桩基内力的影响 β,式中，R_w为考虑动水附加质量时的结构地震响应，R_d则取不考虑动水影响时的结构地震响应。

表 7-5 各方案地震位移响应

桥墩	方案	墩顶位移/m		承台位移/m	
		无水	有水	无水	有水
#3	一	0.071 6	0.071 7	0.012 2	0.012 2
	二	0.069 4	0.069 4	0.008 9	0.008 9
	三	0.075 4	0.075 5	0.008 3	0.008 3
#4	一	0.020 6	0.021 5	0.007 6	0.008 2
	二	0.016 6	0.017 3	0.004	0.004 3
	三	0.017 7	0.018 2	0.003 9	0.004

表 7-6 各方案地震内力响应

桥墩	方案	墩底剪力/kN		墩底弯矩/(kN·bm)		桩顶剪力/kN		桩顶弯矩/(kN·bm)	
		无水	有水	无水	有水	无水	有水	无水	有水
#3	一	10 753	10 766	207 790	208 102	2 265	2 284	8 470	8 571
	二	10 932	10 942	211 220	200 540	2 563	2 584	5 649	5 719
	三	10 215	10 220	197 320	197 458	2 415	2 432	5 345	5 399

续　表

桥墩	方案	墩底剪力/kN		墩底弯矩/(kN·bm)		桩顶剪力/kN		桩顶弯矩/(kN·bm)	
		无水	有水	无水	有水	无水	有水	无水	有水
#4	一	2 932	3 001	40 251	41 111	1 050	1 121	5 100	5 482
	二	2 794	2 879	40 374	41 610	1 055	1 122	2 841	3 038
	三	2 707	2 760	39 667	40 466	1 024	1 071	2 706	2 900

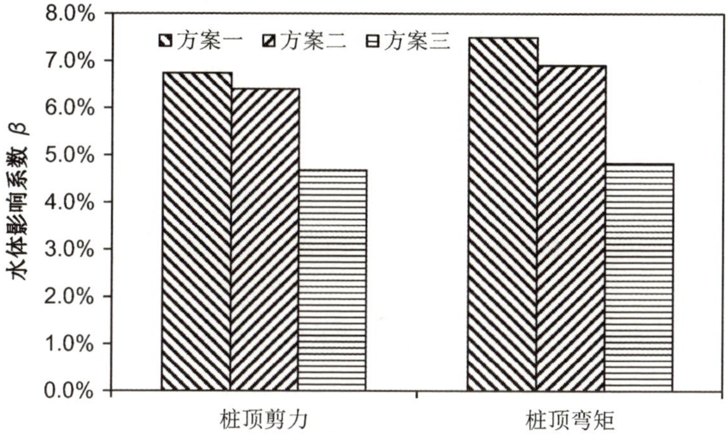

图 7-21　水体对#4 墩桩基地震响应的影响

根据图 7-21 可知，采用群桩-桁架组合基础的方案二和方案三相比采用传统群桩基础的方案一，明显减少了地震动水效应对桩身内力的影响，这说明采用桁架构造来改善群桩地震动水效应的做法是有效的。

根据表 7-5 和表 7-6，结构无水及考虑水体时的地震响应，考虑水体后，无论哪种方案，地震动水效应都不同程度地放大了结构的地震响应。考虑水体后，因为附加质量的原因，结构自振周期延长。控制桥墩地震响应的低阶模态反应谱值变化不大，但是动水附加质量的存在增大了结构地震响应；桩基内力由高阶振型控制，多处于反应谱上升段，周期延长，地震动反应谱值增大，地震需求亦增大。

比较表 7-5 和表 7-6 中方案一和方案二的结果：无论有水、无水，相比方案一，方案二桥墩以及成桥体系的整体刚度提高，墩顶及承台位移减小；方案二#3 固定墩墩底内力及桩顶剪力，相比方案一，有所增加，而桩顶弯矩明显减小，减幅达 33%；对于#4 滑动墩，方案二相比方案一，除墩底弯矩略有增加之外,其他地震力需求都有所降低,其中桩顶弯矩需求减幅达到 45%。采用群桩-桁架组合基础后,结构刚度增加,结构位移明显减小,但是结构的刚度调整,造成了结构内力重分配,改善了桩基受力,但对桥墩受力不利。

因此,如果通过对结构进行适当的重新设计,通过采用更加轻巧的桥墩,以适应组合基础刚度增加的特点,组合基础的能力将可以得到更大的发挥。基于该思路,提出方案三,在其他参数与方案二完全一致的情况下,降低桥墩刚度,使其减小为原桥墩刚度的 80%,重新计算地震响应,补充于表 7-5 和表 7-6。

采用柔性桥墩的方案三比方案二桥墩刚度减小,虽然位移略有增加,但是内力有了大幅度减小;与方案一相比,方案三桥墩虽然刚度减小,但结构变形因为基础的作用得到了有效控制;且无论固定墩还是滑动墩,方案三的桥墩及桩基内力都小于原方案的结果,结构地震需求有了明显改善,实现了位移控制与内力控制的双赢。

对于设计人员比较关心的群桩-桁架组合基础在实际工程中如何施工,因为作者水平有限,仅对其未来应用进行了如下的初步设想:① 桁架结构首先根据实际桥梁需要、桩基工程与力学性能、施工场地条件等来合理确定其材料与尺寸,其材料可采用钢材、钢绞线或钢-混凝土组合材料等,为保证耐久性,表面进行防腐处理;② 目前深水群桩施工时,普遍采用钢护筒结构[173]。此时,桁架与桩可以通过在钢护筒上的预留牛腿、嵌入块或衔接板,采用螺栓、铆钉、扣件装配或者焊接、嵌入方式相连接;③ 桁架构件在工厂预制、拼装,随钢护筒整体一起吊装水下就位,随后进行桩基混凝土施工。

7.5 本章小结

本章通过对水中相邻圆柱体进行数值模拟,首先探讨了相邻圆桩体的振型对动水效应的影响,从限制反向振型和增大基础整体刚度的角度出发,提出了群桩-桁架组合基础结构体系。利用群桩模型水池模态试验和全桥地震响应数值模拟,对群桩-桁架组合基础的动力和抗震性能进行了全面评估。主要结论如下:

(1) 当两桩间距小于 10 倍的桩径时,水中相邻两桩的反向(非一致)振型会明显增强桩间区域的动水压力,从而增大作用于桩身的动水效应;

(2) 采取桩间带有横撑、剪刀撑、贝雷架等横向连接构件的群桩-桁架组合基础体系，能提高结构整体刚度与自振频率，并可以降低地震作用下水对结构动力特性和地震响应的影响，有利于结构的抗震设计，其中，以剪刀撑式构件性价比最高；

(3) 对处于强震区的深水桥梁而言，群桩-桁架组合基础作为一种新颖、可行的深水抗震基础形式，不仅有效减小了结构的地震动水效应，也具有改善、优化桥梁地震响应的能力。从抗震优化设计的角度，如果能对采用此类基础的桥梁进行合理设计，比如使用柔性桥墩，即能很好地消除组合基础对结构动力特性的影响，并达到位移和内力需求控制的双赢。

目前对于这种新型基础结构的研究仍处理论研究阶段，未来有待对其实际推广、应用进行更加深入的研究。

第8章 结论

8.1 本书的主要工作

本书以深水圆柱桥墩和深水群桩基础为研究对象，针对深水基础桥梁地震灾变过程中的流固耦合效应问题开展了以下几个方面的工作：

(1) 充分论证了采用先进的 $\phi-U$ 格式势流体理论进行深水基础三维流固耦合动力反应分析的可行性，通过对模拟过程进行系统研究，建立了深水基础灾变过程的精确数值分析方法。而后，有限元分析了流固耦合效应对深水桥墩和深水连续梁桥地震响应的影响。

(2) 推导了深水桥墩流固耦合频域、时域地震响应的闭合解析解，推导过程兼顾了结构柔性、高阶振型、上部结构贡献、结构-土相互作用、水深变化及水体可压缩性等因素；通过对解析解进行合理简化，进一步得出了桥墩-水-土耦合自振周期快速计算方法。

(3) 采用试验、数值相结合的方法研究了深水群桩模型的模态流固耦合效应，研究了水深变化、不同桩基布置形式等对深水群桩基础动力特性的影响。在对试验模型进行精细化三维势流体有限元数值建模的基础上，数值分析了各模型在不同试验水位下的动力特性。通过对比试验和数值结果验证势流体流固耦合建模求解方法的有效性。

(4) 基于经过试验验证的群桩基础数值模型，计算了不同水深和桩基形式下结构高阶周期和周围水体中的动水压力三维分布图，从机理上研究了动水压力和结构动力特性变化的原因。

(5) 提出了深水高桩承台基础地震响应实用分析方法。该方法不仅具有合理的流体动力学数值表达，还考虑了群桩效应、承台真实几何尺寸，又兼顾了其振动周期对承台动水效应的影响。

(6) 提出并从理论和试验两方面研究了深水桥梁群桩-桁架组合基础体系的抗震性能。通过在原群桩体系上安装桁架结构，控制桩间反向振型并增强基础刚度，利用水池模态试验和有限元数值分析验证了该体系的动力性能及抗震性能。

本书的研究工作流程如图 8-1 所示。

8.2 本书的主要结论

(1) 当网格划分精度满足要求，接触、边界条件定义准确时，采用 $\phi-U$ 格式势流体有限元能对深水圆截面桥墩和群桩基础进行频域、时域动力分析，通过与单桩、群桩模态试验结果比较，有限元计算结果与试验结果吻合良好，数值计算可靠、有效、可行。

(2) 通过有限元分析发现，不考虑流固耦合效应将会低估桥墩，尤其是滑动墩的地震力需求，从而影响深水桥梁的地震安全性。

(3) 推导了深水桥墩考虑多介质耦合地震响应和自振周期解析算法，算法可以考虑结构柔性、高阶振型、上部结构贡献、场地条件、水深变化及水体可压缩性等因素。算法具有计算精度高、速度快的特点；与有限元方法相比，省去了有限元建模等复杂步骤，对水下桥墩抗震设计具有重要的应用价值。

(4) 群桩基础的流固耦合效应随着水深的增加而增加，结构振动时，动水压力主要集中在承台周围，因此，高桩承台基础的流固耦合效应主要由承台-水相互作用造成。

(5) 各群桩模型的同阶有水与无水周期比随水深变化呈现相同的变化规律，随着桩基数目减少，动水压力也随之降低；相同水深下，水对结构侧弯模态的影响要强于其对扭转模态的影响。

(6) 给出了深水高桩承台基础地震响应实用反应分析。方法结合解析及有限元数值方法各自的优势，大大提高了计算效率。方法能考虑桩基尺度、承台真实几何尺寸、结构振动等因素对动水效应的影响。通过对比试验及其他数值、解析方法，证明该算法具有精度高、速度快的特点。

(7) 采用上述方法，首次研究了承台振动频率、倒角、几何尺寸，及入水深度对承台地震动水效应的影响。研究发现：承台倒角形式和尺寸大小都会对承台附加质量有明显影响，过去忽略倒角的做法，将放大承台的动水效应。

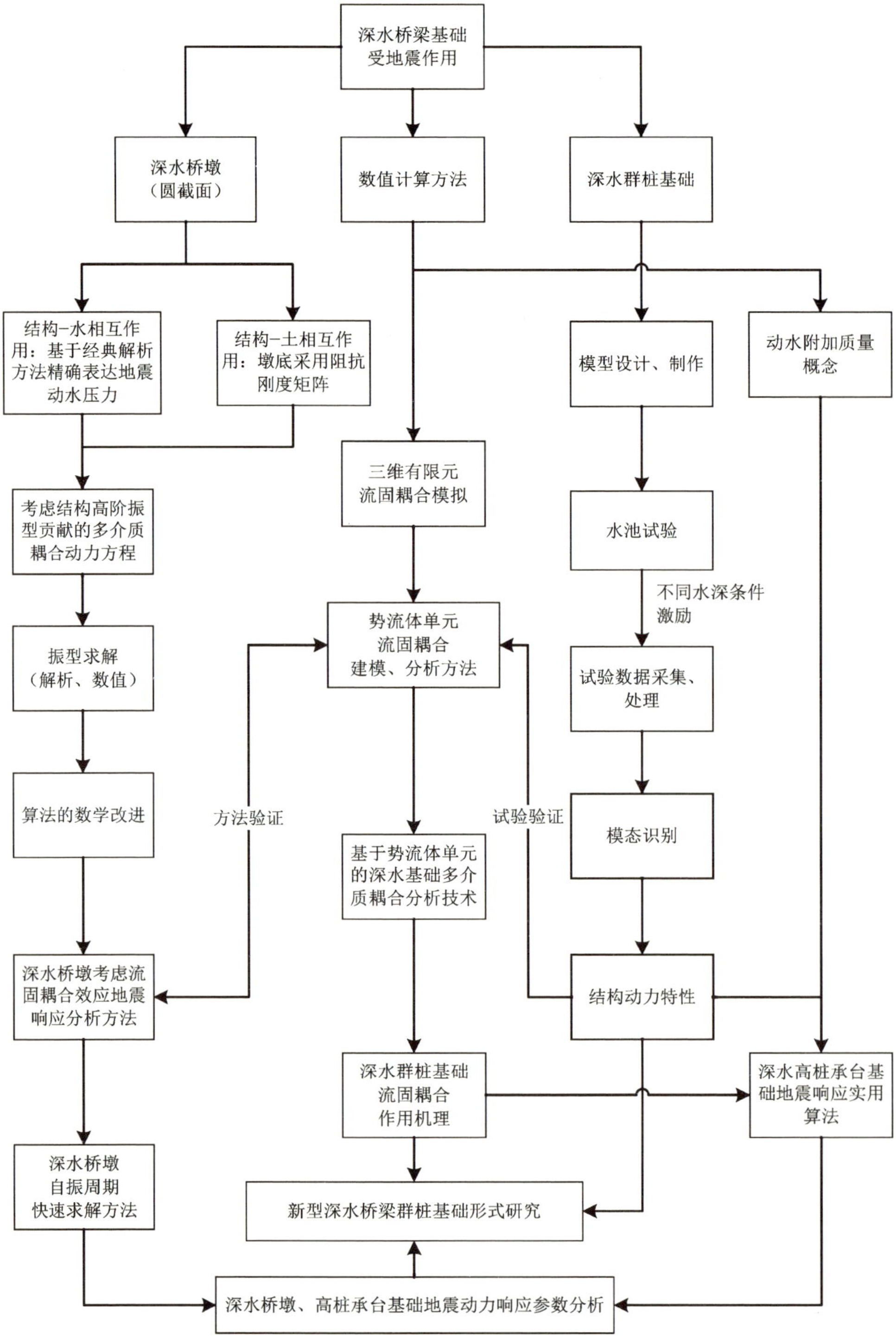

图 8-1　本书的主要研究工作

(8) 基于水中相邻圆柱体不同振型的流固耦合动力响应研究,提出了群桩-桁架组合基础结构体系,通过试验、数值手段证明了群桩-桁架组合基础体系,能提高结构整体刚度与自振频率,并可以降低地震作用下水对结构动力特性和地震响应的影响。

8.3 未来研究展望

本书以理论数值和试验分析为手段,对地震作用下桥梁深水基础流固耦合效应及深水基础的抗震计算方法进行了研究,得到了一些有意义的方法和结论。然而限于水平、试验室条件和计算机运算能力的限制,仍有部分问题没有得到深入解决,值得以后继续进行研究,这些问题包括:

(1) 地震、波浪共同作用的非线性流固耦合数值模拟

本书无论是理论研究还是试验方法,都属于线性范畴,所用的结构及水体单元也为线弹性,且只考虑地震作用引起的流固耦合作用。但是,这样理想的深水环境是不存在的,真实深海环境中,潮汐、波流始终伴随深水基础[196]。因此,未来的流固耦合数值模拟,必须能对一系列非线性因素加以考虑:波流扰流、湍流的模拟,水面的波浪破碎,非线性风致波浪对结构的作用以及波浪、地震共同作用下的大规模数值仿真问题等。计算流体力学中常用的 Navier-Stokes 方程有解决上述问题的能力[197],但计算效率低,收敛难,控制参数多。未来,利用一些更加先进的数值方法,如边界元、Lattice Boltzeman[198] 或 SPH[199] 方法进行求解,将成为数值模拟的发展方向。

(2) 深水桥梁易损性评价与倒塌分析

桥梁工程地震易损性分析是桥梁地震风险及地震损失评估的前提和基础,其主要任务就是桥梁在受到地震动作用时,对其损伤程度进行评估[200]。随着深水桥梁的不断修建,水的存在势必会使易损部分出现转移,传统不考虑流固耦合作用的易损性评价方法显然不再适用,需要寻求既有效考虑水体作用,又能准确判断结构地震响应的计算方法。此外,深水环境下结构的倒塌分析也值得在现有计算方法的基础上开展工作,从而为跨江海大桥的动力灾变研究提供理论基础。

(3) 结构-土-水相互作用研究

在简化计算方面,现有计算中关于土-结相互作用基本还是采用的线性阻

抗，没有涉及土的弹塑性研究，虽然土体弹塑性不会影响结构流固耦合作用机理。但是，对于强震作用，水平变形较大的情况，线弹性变形条件不再符合，采用弹塑性方法计算桩基承载力更为准确[201]。在基于边界元理论的土-结构、水-结构非线性相互作用分析方法飞速发展的今天，若可以通过边界元处理好水、土、结构单元彼此之间的相互接触问题，对结构-水-土耦合作用进行合理、准确的三维弹塑性分析将是可以实现的。

（4）试验方法

通过第 5 章研究发现，动水压力的复杂分布会严重影响结构的地震响应，而因为试验条件所限，本试验未获得与之相关的试验数据。因此，未来再进行群桩基础水下试验时，应考虑安装动水压力传感器，对试验过程中的真实压力分布进行全面采集。

参考文献

［1］ 项海帆. 21世纪世界桥梁工程的展望[J]. 土木工程学报，2000，33(3)：1－6.

［2］ Feng M. China's major bridges[J]. IABSE Symposium Report，2009，95：1－24.

［3］ Virola J. A review of long-span suspension bridges：a case of Akashi-Kaikyo and Runyang south bridges[J]. Botswana Journal of Technology，2005，14(1)：43－50.

［4］ You Q Z，He P，Dong X W，et al. Sutong bridge — The longest cable-stayed bridge in the world[J]. Structural Engineering International：Journal of IABSE，2008，18(4)：390－395.

［5］ Ingham T J，Rodriguez S，Donikian R，et al. Seismic analysis of bridges with pile foundations[J]. Computers & Structures，1999，72(1)：49－62.

［6］ DiMaggio J A，Goble G G. Developments in deep foundation highway practice — the last quarter century[J]. ASCE Con. Proc.，volume 142，2003. 110－127.

［7］ AbdelSalam S S，Sritharan S，Suleiman M T. Current design and construction practices of bridge pile foundations with emphasis on implementation of LRFD[J]. Journal of Bridge Engineering，2010，15(6)：749－758.

［8］ Lin C，Bennett C，Han J，et al. Integrated analysis of the performance of pile-supported bridges under scoured conditions[J]. Engineering Structures，2012，36：27－38.

［9］ 翟世鸿，杨炎华，张照霞. 桥梁深水主墩基础的现状与发展趋势探讨[J]. 中外公路，2007，27(6)：116－119.

［10］ 黄宏伟，张冬梅，徐凌，等. 国内外桥梁深基础形式的现状[J]. 公路交通科技，2002，19(4)：60－64.

［11］ 夏志华. 庙子坪岷江大桥地震反应分析[J]. 铁道建筑，2005(3)：2－7.

［12］ 钟明全，姚小松，潘亦苏. 奉节长江公路大桥桥墩地震动水压力的分析研究[C]. 中国公路学会桥梁和结构工程学会2002年全国桥梁学术会议论文集，2002.

［13］ 赖伟，王君杰，胡世德. 地震下桥墩动水压力分析[J]. 同济大学学报(自然科学版)，

2004,32(1):1-5.

[14] Combault J, Pecker A, Teyssandier J P, et al. Rion-Antirion Bridge, Greece - Concept, design, and construction[J]. Structural Engineering International, 2005, 1: 22-27.

[15] Priestley M J N, Seible F, Calvi G M. Seismic design and retrofit of bridges[M]. New York: Wiley, 1996.

[16] Wang Z Q, Lee G C. A comparative study of bridge damage due to the Wenchuan, Northridge, Loma Prieta and San Fernando earthquakes[J]. Earthquake Engineering & Engineering Vibration, 2009, 8(2): 251-261.

[17] Dai J W, Wang Y R, Guan Q S, et al. Three dimensional temporal characteristics of ground motions and building responses in Wenchuan earthquake[J]. Earthquake Engineering & Engineering Vibration, 2009, 8(2): 287-299.

[18] Takewaki I, Murakami S, Fujita K, et al. The 2011 off the Pacific coast of Tohoku earthquake and response of high-rise buildings under long-period ground motions[J]. Soil Dynamics & Earthquake Engineering, 2011, 31(11): 1511-1528.

[19] Sasaki J, Ito K, Suzuki T, et al. Behavior of the 2011 Tohoku earthquake tsunami and resultant damage in Tokyo Bay[J]. Coastal Engineering Journal, 2012, 54(1): 1250012-1-1250012-26.

[20] 李本伟,姚红兵,汪军,等."5·12"汶川大地震后庙子坪岷江大桥掉落梁体和水下墩柱检测[J].西南公路,2008,(4):25-31.

[21] 黄麟,蒋劲松,姚红兵.庙子坪岷江大桥震后主墩裂缝的成因分析以及深水修复与加固[J].西南公路,2008,(4):32-35.

[22] 庄卫林,刘振宇,蒋劲松.汶川大地震公路桥梁震害分析及对策[J].岩石力学与工程学报,2009,28(7):1377-1387.

[23] Goto H, Toki K. Vibration characteristics and aseismic design of submerged bridge piers[C]//Proceedings of the 3rd World Conference on earthquake engineering. New Zealand, 1965: 107-125.

[24] 尚久铨,杨连第.导管架式海洋平台模型的静态试验与计算[J].振动与冲击,1990,9(1):22-26.

[25] Maheri M R, Severn R T. Experimental added-mass in modal vibration of cylindrical structures[J]. Engineering Structures, 1992, 14(3): 163-175.

[26] 赖伟,王君杰,韦晓,等.桥墩地震动水效应的水下振动台试验研究[J].地震工程与工程振动,2006,26(6):164-171.

[27] 宋波,张国明,李悦.桥墩与水相互作用的振动台试验[J].北京科技大学学报,2010,32(3):403-408.

[28] Bittner R B, Zhang X, Jensen O J. Design and construction of the sutong bridge foundations[J]. DFI Journal, 2007, 1(1): 2-9.

[29] Liu S X, Li Y C, Li G W. Wave current forces on the pile group of base foundation for the east sea bridge, China[J]. Journal of Hydrodynamics, Ser. B, 2007, 19(6): 661-670.

[30] 叶爱君. 大跨度桥梁抗震设计[D]. 上海：同济大学，1998.

[31] 中华人民共和国交通部. 公路桥梁抗震设计细则：JTG/T B02-01—2008[S]. 北京：人民交通出版社，2008.

[32] 习近平，李克强，刘云山，等. 十八大报告学习辅导百问[M]. 北京：学习出版社，党建读物出版社，2012.

[33] Westergaard H M. Water pressures on dams during earthquakes[J]. Transactions, ASCE, 1933, 98: 418-433.

[34] Morison J, O'Brien M, Johnson J, et al. The force exerted by surface waves on piles [J]. Petroleum Transactions, AIME, 1950, 189: 149-154.

[35] Todd F H. Ship Hull Vibration[M]. London: Edward Arnold Ltd, 1961.

[36] Sarpkaya T. Forces on cylinders and spheres in a sinusoidally oscillating fluid[J]. Journal of Applied Mechanics, ASME, 1975, 42: 32-37.

[37] Nagaya K, Hai Y. Seismic response of underwater members of variable cross section [J]. Journal of Sound & Vibration, 1985, 103(1): 119-138.

[38] Chang J Y, Liu W H. Some studies on the natural frequencies of immersed restrained column[J]. Journal of Sound & Vibration, 1989, 130(3): 516-524.

[39] Uściłowska A, Kołodziej J A. Free vibration of immersed column carrying a tip mass [J]. Journal of Sound & Vibration, 1998, 216(1): 147-157.

[40] Öz H. Natural frequencies of an immersed beam carrying a tip mass with rotatory inertia[J]. Journal of Sound & Vibration, 2003, 266(5): 1099-1108.

[41] Wu J S, Chen K W. An alternative approach to the structural motion analysis of wedge-beam offshore structures supporting a load[J]. Ocean Engineering, 2003, 30 (14): 1791-1806.

[42] Wu J S, Chen C T. An exact solution for the natural frequencies and mode shapes of an immersed elastically restrained wedge beam carrying an eccentric tip mass with mass moment of inertia[J]. Journal of Sound & Vibration, 2005, 286(3): 549-568.

[43] Wu J S, Hsu S H. A unified approach for the free vibration analysis of an elastically supported immersed uniform beam carrying an eccentric tip mass with rotary inertia [J]. Journal of Sound & Vibration, 2006, 291(3-5): 1122-1147.

[44] Wu J S, Chen C T. Forced vibration analysis of an offshore tower carrying an eccentric tip mass with rotary inertia due to support excitation[J]. Ocean Engineering, 2007, 34(8 - 9): 1235 - 1244.

[45] Byrd R C, Nilrat F. Earthquake excitation of submerged tanks and caissons[J]. Offshore Technology Conference, 1978: 503 - 508.

[46] 郑海荣. 桩-土-上部结构(桥墩)-流体相互作用体系的地震反应分析[J]. 桥梁建设, 1992, (04): 67 - 74.

[47] 袁迎春,赖伟,王君杰,等. Morison方程中动水阻力项对桥梁桩柱地震反应的影响[J]. 世界地震工程, 2005, 21(4): 88 - 94.

[48] 高学奎,朱晞. 地震动水压力对深水桥墩的影响[J]. 北京交通大学学报, 2006, 30(1): 55 - 58.

[49] 赖伟. 地震和波浪作用下深水桥梁的动力响应研究[D]. 上海: 同济大学,2004.

[50] Bhatta D D, Rahman M. On scattering and radiation problem for a cylinder in water of finite depth[J]. International Journal of Engineering Science, 2003, 41(9): 931 - 967.

[51] Gao Y, Yuan W C, Jin X G. Soil-structure-water ineraction of a cable-stayed bridge under seisimic excitation[J]. The 14th World Conference on Earthquake Engineering, Beijing, China, 2008.

[52] 曹新建,熊永光,傅翼,等. 地震作用下桥梁结构-水相互作用分析[J]. 结构工程师, 2010,26(4): 69 - 73.

[53] 宋波,李悦. 高桩承台动水力简便计算方法[J]. 北京科技大学学报,2011,33(4): 509 - 514.

[54] 白德贵. 深水桥梁桩基础考虑流固耦合效应的地震反应分析方法综述[J]. 防灾减灾工程学报,2007,27(S1): 88 - 93.

[55] Xu C, Yuan W C, Wei K, et al. Computation of dynamic characteristics of deepwater group pile foundation for bridges[J]. Advanced Materials Research, 2011, 261 - 263: 1510 - 14.

[56] Liaw C Y, Chopra A K. Earthquake response of axisymmetric tower structures surrounded by water[R]. Technical Report UCB/EERC - 73/25, 1973.

[57] 杜修力,赵娟,赵密. 大直径深水圆柱结构动水压力的时域算法[J]. 土木工程学报, 2012,45(S1): 316 - 320.

[58] Penzien J, Kaul M K. Response of offshore towers to strong motion earthquakes[J]. International journal of earthquake engineering and structural dynamics, 1972, 1(July-Sept.): 55 - 68.

[59] Liaw C Y, Chopra A K. Dynamics of towers surrounded by water[J]. Earthquake Engineering & Structure Dynamics, 1974, 3(1): 33 - 49.

[60] 居荣初,曾心传. 弹性结构与液体的耦联振动理论[M]. 北京:地震出版社,1983.

[61] Xing J T, Price W G, Pomfret M J, et al. Natural vibration of a beam — water interaction system[J]. Journal of Sound & Vibration, 1997, 199(3): 491 - 512.

[62] Han R P S, Xu H Z. A simple and accurate added mass model for hydrodynamic fluid - Structure interaction analysis[J]. Journal of the Franklin Institute, 1996, 333(6): 929 - 945.

[63] Bathe K J, Hahn W. On transient analysis of fluid - structure systems[J]. Computers & Structures, 1979, 10(1 - 2): 383 - 391.

[64] Belytschko T. Fluid - structure interaction[J]. Computers & Structures, 1980, 12 (4): 459 - 469.

[65] Müller W C. Simplified analysis of linear fluid-structure interaction[J]. International Journal for Numerical Methods in Engineering, 1981, 17(1): 113 - 121.

[66] Wilson E L, Khalvati M. Finite elements for the dynamics analysis of fluid - solid systems[J]. International Journal for Numerical Methods in Engineering, 1983, 19 (1): 1657 - 1668.

[67] Lamb H. Hydrodynamics[M]. 6th ed. Cambridge Eng. : The cambridge university press, 1932.

[68] Everstine G C. A symmetric potential formulation for fluid-structure interaction[J]. Journal of Sound & Vibration, 1981, 79(1): 157 - 160.

[69] Olson L G, Bathe K J. Analysis of fluid-structure interactions, a direct symmetric coupled formulation based on the fluid velocity potential[J]. Computers & Structures, 1985, 21(1 - 2): 21 - 32.

[70] Bathe K J. Fluid-structure interactions[J]. Mechanical Engineering, 1998, 120(4): 66 - 68.

[71] Bathe K J, Zhang H, Ji S H. Finite element analysis of fluid flows fully coupled with structural interactions[J]. Computers & Structures, 1999, 72(1 - 3): 1 - 16.

[72] Saini S S, Bettess P, Zienkiewicz O C. Coupled hydrodynamic response of concrete gravity dams using finite and infinite elements [J]. Earthquake Engineering & Structural Dynamics, 1978, 6(4): 363 - 374.

[73] Olson L G, Bathe K J. An infinite element for analysis of transient fluid-structure interactions[J]. Engineering Computers, 1985, 2(Dec.): 319 - 329.

[74] Bathe K J. Some remarks and references on recent developments in finite element analysis procedures[J]. Computers & Structures, 1991, 40(2): 201 - 202.

[75] Sussman T, Sundqvist J. Fluid-structure interaction analysis with a subsonic potential-based fluid formulation[J]. Computers & Structures, 2003, 81(8 - 11): 949 - 962.

[76] 岳戈，梁宇白，陈晨，等. ADINA 流体与流固耦合功能的高级应用[M]. 北京：人民交通出版社，2010.

[77] Bouaanani N, Lu F Y. Assessment of potential-based fluid finite elements for seismic analysis of dam - reservoir systems[J]. Computers & Structures, 2009, 87(3 - 4): 206 - 224.

[78] Chatjigeorgiou I K. The hydrodynamics of arrays of truncated elliptical cylinders[J]. European Journal of Mechanics - B/Fluids, 2013, 37(0): 153 - 164.

[79] 戴大农. 流固耦合系统动力分析的若干基本问题与数值方法[D]. 北京：清华大学，1988.

[80] 戴大农，王勖成，杜庆华. 流固祸合系统动力响应的模态分析理诊[J]. 固体力学学报，1990，11(4)：305 - 311.

[81] 朱晞，高学奎. 桥梁抗震分析中动水压力的计算[J]. 中国铁道科学，2007，28(3)：44 - 48.

[82] Zhang G, Song B, Liu H. Study of hydrodynamic pressure on the cylindrical pile-cap pier in deep water subjected to seismic action[J]. Proceeding of ICCTP 2009, Harbin, China, 2009: 528 - 535.

[83] 杨吉新，张可，党慧慧. 基于 ANSYS 的流固耦合动力分析方法[J]. 船海工程，2008，37(06)：86 - 89.

[84] 杨吉新，党慧慧，雷凡. 考虑水作用的桥墩自振特性计算方法对比分析[J]. 世界地震工程，2010，26(3)：91 - 95.

[85] 杨万理，李乔. 墩-水耦合计算模式及深水桥墩动力响应研究[J]. 地震工程与工程振动，2012，32(03)：130 - 137.

[86] Chen B F. 3d nonlinear hydrodynamic analysis of vertical cylinder during earthquakes. 1. Rigid motion[J]. Journal of Engineering Mechanics-ASCE, 1997, 123(5): 458 - 465.

[87] Ali L Y, Mehdi M, Amin L Y. Wave force on double cylindrical piles: a comparison between exact and finite difference solutions[J]. Journal of Marine Science and Application, 2011, 10(1): 33 - 40.

[88] Xing J T, Price W G, Chen Y G. A mixed finite - element finite - difference method for nonlinear fluid - structure interaction dynamics. I. Fluid - rigid structure interaction [C]//Proceedings of the Royal Society of London. Series A: Mathematical, Physical and Engineering Sciences, 2003, 459(2038): 2399 - 2430.

[89] Brebbia C A. The boundary element method for engineers[M]. London: Pentech Press, 1978: 189.

[90] Eatock Taylor R, Duncan P E. Fluid-induced inertia and damping in vibrating offshore structures[J]. Applied Ocean Research, 1980, 2(1): 3 - 12.

[91] Williams A N. Earthquake response of submerged circular cylinder[J]. Ocean Engineering, 1986, 13(6): 569 - 585.

[92] Williams A N, Moubayed W I. Earthquake-induced hydrodynamic pressures on submerged cylindrical storage tanks[J]. Ocean Engineering, 1990, 17(3): 181 - 199.

[93] Sun K, Nogami T. Earthquake induced hydrodynamic pressure on axisymmetric offshore structures[J]. Earthquake Engineering & Structural Dynamics, 1991, 20(5): 429 - 440.

[94] Liu P H, Cheng A. Boundary solutions for fluid - structure interaction[J]. Journal of Hydraulic Engineering, ASCE, 1984, 110(1): 51 - 64.

[95] Tsai C S, Lee G C. Arch dam - fluid interactions: by FEM - BEM and substructure concept[J]. International Journal for Numerical Methods in Engineering, 1987, 24(12): 2367 - 2388.

[96] Humar J L, Jablonski A M. Boundary element reservoir model for seismic analysis of gravity dams[J]. Earthquake Engineering & Structural Dynamics, 1988, 16(8): 1129 - 1156.

[97] Czygan O, Estorff O. Fluid - structure interaction by coupling BEM and nonlinear FEM[J]. Engineering Analysis with Boundary Elements, 2002, 26(9): 773 - 779.

[98] Lee S T, Yu G Y. Application of BEM/FEM coupling procedure to dynamic fluid - structure interaction problems[J]. International Journal of Computational Engineering Science, 2002, 3(4): 425 - 443.

[99] Wu G X, Eatock Taylor R. The coupled finite element and boundary element analysis of nonlinear interactions between waves and bodies[J]. Ocean Engineering, 2003, 30(3): 387 - 400.

[100] Maeso O, Aznarez J J, Dominguez J. Three-dimensional models of reservoir sediment and effects on the seismic response of arch dams[J]. Earthquake Engineering & Structural Dynamics, 2004, 33(10): 1103 - 1123.

[101] Tao L, Song H, Chakrabarti S. Scaled boundary FEM solution of short-crested wave diffraction by a vertical cylinder[J]. Computer Methods in Applied Mechanics and Engineering, 2007, 197(1): 232 - 242.

[102] Bai W, Eatock Taylor R. Fully nonlinear simulation of wave interaction with fixed and floating flared structures[J]. Ocean Engineering, 2009, 36(3 - 4): 223 - 236.

[103] Li M, Zhang H, Guan H. Study of offshore monopile behaviour due to ocean waves[J]. Ocean Engineering, 2011, 38(17 - 18): 1946 - 1956.

[104] Meng X N, Zou Z J. Wave interaction with a uniform porous cylinder of arbitrary shape[J]. Ocean Engineering, 2012, 44(0): 90 - 99.

[105] Li M, Zhang H, Guan H, et al. Three-dimensional investigation of wave - pile group interaction using the scaled boundary finite element method. Part I: Theoretical developments[J]. Ocean Engineering, 2013, In press.

[106] 孔德森,栾茂田,杨庆. 桩土相互作用分析中的动力 Winkler 模型研究评述[J]. 世界地震工程,2005, 21(1): 6.

[107] Chen M C, Penzien J. An investigation of the effectiveness of existing bridge design methodology in providing adequate structural resistance to seismic disturbances: Phase III, Non-linear soil-structure interaction of skew highway bridges: final report [R]. Washington, D. C. Springfield, Va.: Office of Research, Federal Highway Administration, United States, 1977.

[108] Matlock H, Foo S H C. Simulation of lateral pile behavior under earthquake motion [M]. Austin, Texas: Dept. of Civil Engineering University of Texas, 1978.

[109] Novak M. Dynamic stiffness and damping of piles[J]. Canadian Geotechnical Journal, 1974, 11(4): 574 - 598.

[110] Nogami T, Otani J, Konagai K, et al. Nonlinear soil-pile interaction model for dynamic lateral motion[J]. Journal of Geotechnical Engineering, 1992, 118(1): 89 - 106.

[111] Tajimi H. Seismic Effects on Piles[J]. Proceedings of the 9th International Conference on Soil Mechanics and Foundation Engineering, 1977, 549 - 558.

[112] Novak M. Piles under dynamic loads[J]. Proceedings of the 2nd International Conference on Recent Advances in Geotechnical Engineering and Soil Dynamics, 1991, 2433 - 2456.

[113] 韦晓. 考虑桥梁结构-桩-土相互作用振动台试验与理论分析[D]. 上海: 同济大学,1999.

[114] Stefanou G D. Aspects of soil-structure-water interaction problems[J]. Computers & Structures, 1983, 16(5): 629 - 638.

[115] Yamada Y, Iemura H, Kawano K, et al. Seismic response of offshore structures in random seas[J]. Earthquake Engineering & Structural Dynamics, 1989, 18(7): 965 - 981.

[116] Venkataramana K, Kawano K. Nonlinear dynamics of offshore structures under sea wave and earthquake forces[J]. Sadhana-Academy Proceedings in Engineering Sciences, 1995, 20: 501 - 512.

[117] Parra J G, Arias N, Abreu E. Seismic performance of concrete oil platforms in shallow waters: the lake maracaibo case[C]//Proceedings of 11th world conference on earthquake engineering, 1996: 1295 - 1302.

[118] Ganev T, Yamazaki F, Ishizaki H, et al. Response analysis of the Higashi - Kobe Bridge and surrounding soil in the 1995 Hyogoken - Nanbu Earthquake[J]. Earthquake Engineering & Structural Dynamics, 1998, 27(6): 557 - 576.

[119] Livaoglu R, Dogangun A. Seismic evaluation of fluid-elevated tank-foundation/soil systems in frequency domain[J]. Structural Engineering and Mechanics, 2005, 21(1): 101 - 119.

[120] 陈熙之,解明雨,孙焕纯. 桩-土-结构-水体系相互作用的弹塑性地震反应分析[J]. 计算结构力学及其应用,1985,2(1): 31 - 37.

[121] 房营光,孙钧. 平台-群桩-水流-土体系统的地震反应分析[J]. 土木工程学报,1998,31(5): 56 - 60.

[122] 郑史雄. 深水桥墩考虑液固相互作用的地震反应分析[J]. 桥梁建设,1998,1998(1): 52 - 54.

[123] 冯玉涛,戎进章,曹芳,等. 动水及桩-土-结构相互作用对跨江大桥稳定性的地震影响分析[J]. 岩石力学与工程学报,2006, 25(S1): 2713 - 2718.

[124] 李彤. 地震作用下土-群桩-结构-水相互作用体系的动力反应分析[D]. 上海: 同济大学, 1999.

[125] 陈国兴. 考虑波流影响的深水群桩基础桥墩地震反应分析[J]. 地震工程与工程振动,2008,28(5): 170 - 177.

[126] 黄信,李忠献. 动水压力作用对深水桥墩地震响应的影响[J]. 土木工程学报,2011,44(1): 65 - 73.

[127] Pegg N G. An experimental study of the seismic forces on submerged structures: [D]. University of Britain Columbia, 1983.

[128] 张敏. 桥墩与河水流固耦合振动分析[D]. 大连: 大连交通大学, 2006.

[129] 杨吉新,秦延飞,刘素云,等. 水中结构振动特性的实验研究[J]. 武汉理工大学学报(交通科学与工程版),2010,34(6): 1104 - 1107.

[130] 董涛. 动水压力对深水桥墩地震反应影响的研究[D]. 北京: 北京科技大学,2006.

[131] 王君杰,赖伟,胡世德. 深水高桩基础桥梁地震水动力效应分析[J]. 同济大学学报(自然科学版),2011,39(5): 650 - 655.

[132] 兰雅梅,薛雷平,刘桦,等. 东海大桥桥梁桩柱承台水动力模型试验研究-第一部分: 作用于单个小尺度桩柱上的波流力[J]. 水动力学研究与进展 A 辑,2004,19(6): 753 - 758.

[133] 兰雅梅,刘桦,皇甫熹,等. 东海大桥桥梁桩柱承台水动力模型试验研究-第二部分: 作用于群桩及承台上的波流力[J]. 水动力学研究与进展 A 辑,2005,20(3): 332 - 339.

[134] 黄信. 水-桥墩动力相互作用机理及深水桥梁非线性地震响应研究[D]. 天津: 天津大

学,2012.
[135] 柳春光,孙国帅,韩亮. 水下桩墩结构体系的动力模型试验研究[J]. 地震工程与工程振动,2012, 32(5): 97 - 102.
[136] ADINA. ADINA Theory and Modeling Guide[R]. Technical Report ARD 10 - 7, June, 2010.
[137] Olson L G, Bathe K J. A study of displacement-based fluid finite elements for calculating frequencies of fluid and fluid-structure systems[J]. Nuclear Engineering and Design, 1983, 76(2): 137 - 151.
[138] Bathe K J. Finite element procedures [M]. Englewood Cliffs, N. J.: Prentice Hall, 1996.
[139] Bathe K J, Hiller J F, Zhang H. On the finite element analysis of shells and their full interaction with Navier-Stokes fluid flows[J]. The 6th International Conference on Computational Structures Technology, 2002: 1 - 31.
[140] 魏凯,伍勇吉,徐灿,等. 桥梁群桩基础-水耦合系统动力特性数值模拟[J]. 工程力学,2011,28(S1): 195 - 201.
[141] ADINA. Official Website. http://www.adina.com/, 2013.
[142] Lysmer J, Kuhlemeyer R L. Finite-dynamic model for infinite media[J]. Journal of Engineering Mechanics Division, ASCE, 1969, 95(4): 859 - 877.
[143] Kouroussis G, Verlinden O, Conti C. Finite-dynamic model for infinite media: corrected solution of viscous boundary efficiency. Journal of Engineering Mechanics-ASCE, 2011, 137(7): 509 - 511.
[144] Research P E E. Strong Motion Database. http://peer.berkeley.edu/smcat/, 2011.
[145] Miquel B, Bouaanani N. Practical dynamic analysis of structures laterally vibrating in contact with water[J]. Computers & Structures, 2011, 89(23 - 24): 2195 - 2210.
[146] Fenves G, Chopra A K. EAGD - 84, a computer program for earthquake analysis of concrete gravity dams[R]. Technical Report UCB/EERC - 84/11, 1984.
[147] Wei K, Yuan W C, Bouaanani N, et al. An improved HSFR method for natural vibration analysis of an immersed cylinder pile with a tip mass[J]. Theoretical and Applied Mechanics Letters, 2012, 2(2): 023002.
[148] Kim J M, Chang S H, Yun C B. Fluid-structure-soil interaction analysis of cylindrical liq-uid storage tanks subjected to horizontal earthquake loading [J]. Structural Engineering and Mechanics, 2002, 13(6): 615 - 638.
[149] Shimabuku J, Takemiya H. Inelastic seismic response of bridge piles: Effects of superstructure properties and soil layering[J]. Structural Engineering & Earthquake Engineering, JSCE, 2002, 19(1): 11 - 20.

[150] Randolph M F, Dolwin J, Beck R. Design of driven piles in sand[J]. Geotechnique, 1994, 44(3): 427 - 448.

[151] Auciello N M. Transverse vibrations of a linearly tapered cantilever beam with tip mass of rotatory inertia and eccentricity[J]. Journal of Sound and Vibration, 1996, 194(1): 25 - 34.

[152] Michaltsos G T, Ermopoulos J C. Dynamic response of column bases[J]. Engineering Structures, 2001, 23(1): 58 - 71.

[153] Zaaijer M B. Foundation modelling to assess dynamic behaviour of offshore wind turbines[J]. Applied Ocean Research, 2006, 28(1): 45 - 57.

[154] 屈宏雅. 典型桥梁桩基础 m 法与 $p-y$ 曲线法简化模型比较研究[D]. 上海：同济大学,2012.

[155] Clough R W, Penzien J. Dynamics of structures[M]. 2nd ed. New York: McGraw-Hill, 1993.

[156] Mathews J H. Numerical methods for mathematics, science, and engineering[M]. 2nd ed. Englewood Cliffs, N. J. : Prentice Hall, 1992.

[157] Bouaanani N, Perrault C. Practical formulas for frequency domain analysis of earthquake-induced dam-reservoir interaction[J]. Journal of Engineering Mechanics, 2010, 136(1): 107 - 119.

[158] Goyal A, Chopra A K. Earthquake Response Spectrum Analysis of Intake-Outlet Towers[J]. Journal of Engineering Mechanics, 1989, 115(7): 1413 - 1433.

[159] Sigrist J F, Garreau S. Dynamic analysis of fluid - structure interaction problems with modal methods using pressure-based fluid finite elements[J]. Finite Elements in Analysis and Design, 2007, 43(4): 287 - 300.

[160] 中华人民共和国铁道部. 铁路工程抗震设计规范：GB 50111—2006[S]. 北京：中国计划出版社,2009.

[161] Chopra A K. Dynamics of structures: theory and applications to earthquake engineering[M]. 2nd ed. Upper Saddle River, NJ: Prentice Hall, 2001.

[162] Han S M, Benaroya H, Wei T. Dynamics of transversely vibrating beams using four engineering theories[J]. Journal of Sound and Vibration, 1999, 225(5): 935 - 988.

[163] 刘玉丽,刘海波. Timoshenko 梁和 Euler-Bernoulli 梁计算 I 字型钢简支梁固有频率的临界长细比探讨[J]. 世界地震工程, 2008, 24(2): 158 - 160.

[164] 叶爱君,刘伟岸,王斌斌. 高桩承台基础与桥梁结构的动力相互作用[J]. 同济大学学报(自然科学版), 2007, 35(9): 1163 - 1168.

[165] Priestley M J N, Seible F, Chai Y H. Design guidelines for assessment retrofit and repair of bridges for seismic performance[J]. La Jolla, Calif. : Dept. of Applied

Mechanics & Engineering Sciences, University of California, San Diego, 1992.
[166] 李富荣.考虑动水压力影响的单柱式桥墩地震反应分析[J].地震工程与工程振动,2008,28(2):114-121.
[167] 刘振宇,李乔,赵灿晖,等.圆形空心深水桥墩在地震作用下的附加动水压力[J].西南交通大学学报,2008,43(2):200-205.
[168] 刘振宇,李乔,赵灿晖,等.深水矩形空心桥墩在地震作用下附加动水压力分析[J].振动与冲击,2008,27(2):53-56.
[169] 黄信,李忠献.考虑水底柔性反射边界的深水桥墩地震动水压力分析[J].工程力学,2012,29(7):102-106.
[170] Proulx J, Paultre P, Rheault J, et al. An experimental investigation of water level effects on the dynamic behaviour of a large arch dam[J]. Earthquake Engineering & Structural Dynamics, 2001, 30(8): 1147-1166.
[171] 刘俊起,韦玉林.紫阳汉江特大桥深水基础施工[J].公路交通科技(应用技术版),2010,27(3):120-122.
[172] Bouaanani N, Goulmot D, Miquel B. Seismic response of asymmetric rectangular liquid-containing structures[J]. Journal of Engineering Mechanics, 2012, 138(10): 1288-1297.
[173] 周敉.高桩承台桥梁抗震性能试验和理论研究[D].上海:同济大学,2008.
[174] 中华人民共和国交通部.公路钢筋混凝土及预应力混凝土桥涵设计规范:JTG D62—2004[S].北京:人民交通出版社,2004.
[175] 戴诗亮.随机振动实验技术[M].北京:清华大学出版社,1984.
[176] 章关永.桥梁结构试验[M].2版.北京:人民交通出版社,2010.
[177] Ying H Q, Shen S, Lei S H, et al. Yellow river railway bridge's modal test exciting with hammer [J]. The International Modal Analysis Conference IMAC. SEM, Bethel, CT, United States., 1999,1: 1089-1092.
[178] Bathe K J, Wilson E L. Solution methods for eigenvalue problems in structural mechanics[J]. International Journal for Numerical Methods in Engineering, 1973, 6(2): 213-226.
[179] 中华人民共和国交通部.公路桥涵地基与基础设计规范:JTG D63—2007[S].北京:人民交通出版社,2007.
[180] 范立础.桥梁抗震[M].上海:同济大学出版社,1997.
[181] 柳春光.考虑流固耦合作用的深水桥墩地震响应分析[J].防灾减灾工程学报,2009,29(4):433-436.
[182] Barltrop N D P, Adams A J. Dynamics of fixed marine structures[M]. 3rd ed. Oxford: Butterworth-Heinemann, 1991.

[183] 中华人民共和国交通部. 海洋水文规范：JTJ 213—98[S]. 北京：人民交通出版社,1998.
[184] Rahman M, Bhatta D D. Evaluation of added mass and damping coefficient of an oscillating circular cylinder[J]. Applied Mathematical Modelling, 1993, 17(2): 70 - 79.
[185] 高永. 大型桥梁高桩承台群桩基础抗震能力研究[D]. 上海：同济大学,2009.
[186] 赖伟,王君杰,胡世德. 桩基础承台水平附加质量分析[J]. 同济大学学报(自然科学版),2004,32(10)：1339 - 1343.
[187] Ren W X, Zatar W, Harik I E. Ambient vibration-based seismic evaluation of a continuous girder bridge[J]. Engineering Structures, 2004, 26(5): 631 - 640.
[188] 薛薇. 统计分析与 SPSS 的应用[M]. 3 版. 北京：中国人民大学出版社,2011.
[189] 黄融. 跨海大桥设计与施工：东海大桥[M]. 北京：人民交通出版社,2009.
[190] 王云岗,章光,胡琦. 斜桩基础受力特性研究[J]. 岩土力学,2011,32(7)：2184 - 2190.
[191] 范书立,陈健云,张俊清. 波浪荷载作用下斜向抗拔桩的承载特性分析[J]. 岩土力学,2012,33(1)：301 - 306.
[192] 杨飏. 导管架式海洋平台磁流变阻尼隔震结构的模型试验[J]. 振动与冲击,2006,25(5)：1 - 5.
[193] Park M S, Koo W, Kawano K. Dynamic response analysis of an offshore platform due to seismic motions[J]. Engineering Structures, 2011, 33(5): 1607 - 1616.
[194] Wei K, Xiong Y, Fu Y, et al. Seismic analyses of long span steel-concrete composite bridge[C]//Proceeding of the 5th Civil Engineering Conference in the Asian Region and Australian Structural Engineering Conference 2010. Sydney, Australia, 2010.
[195] 浙江省工程地震研究所. 杭州九堡大桥工程场地地震安全性评价报告[R]. 杭州,2005.
[196] Janssen P. The interaction of ocean waves and wind[M]. Cambridge: Cambridge University Press, 2004.
[197] Bathe K J, Zhang H. Finite element developments for general fluid flows with structural interactions [J]. International Journal for Numerical Methods in Engineering, 2004, 60(1): 213 - 232.
[198] Zhu L, He G, Wang S, et al. An immersed boundary method based on the lattice Boltzmann approach in three dimensions, with application [J]. Computers & Mathematics with Applications, 2011, 61(12): 3506 - 3518.
[199] Viccione G, Dentale F, Bovolin V, et al. Simulation of wave impact pressure on vertical structutes with the SPH method[R]. 3rd ERCOFTAC SPHERIC workshop on SPH applications, 2008.

[200] 冯清海. 特大桥梁地震易损性与风险概率分析[D]. 上海：同济大学，2008.

[201] 燕斌，王志强，王君杰. 桥梁桩基础计算中 $p-y$ 曲线法与 m 法的对比研究[J]. 结构工程师，2007，23(4)：62－68.

后 记

本书根据笔者的博士论文撰写而成。

同济十年，弹指一挥间。从开始的懵懂青涩、一无所知，到如今已能徜徉于科研殿堂，中间得到太多太多帮助。此时此刻，万千思绪落于纸上，唯有感谢和感恩。

首先，感谢我的导师袁万城教授。六年来，老师待我如子：2007 年，我离开您去云南支教，您坚决支持我的决定，隔三岔五地给我打电话嘘寒问暖；2008 年，我回校时专业知识遗忘殆尽，您没有放弃我，拉我到今天；2009 年，我第一次出差开会，您每半天一条短信询问生活起居；2010 年，我硕博连读，您毫不犹豫地把重点项目的研究任务给了我。三年多来，您为我一路遮风挡雨，最终换来这本沉甸甸的专著。未来，学生唯有更加努力以报答您的知遇和栽培之恩。

感谢我在蒙特利尔大学工学院访学期间的指导教师 Najib Bouaanani 教授。您一句句教我写作，一步步教我建模，您就像一位魔术师，把一切不可能变成可能。您严谨求真态度让我钦佩。您对我生活和学术上的热情帮助以及对中国人民的伟大评价，让我终生感激。

本书的完成，得益于范立础院士领导的同济大学桥梁抗震课题组的深厚积淀。范老师开阔的视野和对科学永无止境的追求使同济桥梁抗震学科始终处于领先行列。感谢李建中教授、叶爱君教授、魏红一教授、王志强副教授、彭天波副教授、徐艳副教授、管仲国副教授、杨澄宇老师、贾乐盈老师在我十年同济求学过程中的关心和帮助。感谢桥梁工程系孙利民教授、朱乐东教授、张启伟教授、吴定俊教授、金平老师在试验及论文写作过程中给予的大力支持和宝贵建议。感谢香港科技大学 C. C. Chang 教授对论文进展的关心和鼓励。感谢桥梁工程系吴培峰老师、高海鸿老师、梅英慧老师等在求学路上的指导和帮助。

感谢曾经与我一起在深水基础课题中摸爬滚打的同门“战友”党新志、庞于涛、伍勇吉、徐灿、游科华几年来前仆后继的帮助。感谢在抗震组大家庭一起学习的师兄、师弟、师姐、师妹，以及我的朋友们，他们是邵长江、夏修身、周敉、曹新建、高永、郑玉国、王斌斌、盛光祖、杨喜文、吴陶晶、徐略勤、樊伟、张于晔、张华、孟晓亮、谢文、罗征、卢浩、蔡宏伟、王正阳、李扬、魏斌、蒋娜芳、王兹刚、杨智、富海东、韦正华、汤虎、马婷婷、张春雷、周强、郭增伟、周毅、曹飒飒、钟剑、闫聚考、赫中营、宋飞、聂瑞峰、马明雷、田雨、薛瑞杰、李博、陈张伟、朱钊、胡薇、贺金海、王江波、宋德琴、沈国煜、杨浩林、陈卫伟、屈小伟、李杰、刘伟、沈星、王晓伟、李田田、伍隋文、张洁、王瑞龙、庄鑫、吕龙、杨怀宇、王翼、于训涛、王振南、韩磊、赵艺、嵇东冰、史先飞、谢馨、孙兵、柏小勇、刘世佳、高康、黄石、王凤鸣、王征南、安纪蓉、李婷、翟庆华、孟庆恺、王军、王小燕、AnneMarie 女士、Damian Goulmot、Kimiya Zakikhani、Carl Gazarian-Page 等，还有很多人，恕我无法一一列出，感谢你们陪我走过最美的青春岁月。

感谢我的妻子李文星女士，我无大才，你却偏爱！我们开始于始料未及的初见，四年的时光，即使曾经相隔千里，距离也没有让我们疏远，今生有你，我已心安。感谢我的爸爸妈妈、岳父岳母，焉得谖草，言树之背。养育之恩，无以为报，只希望你们永远健康快乐。

魏　凯